环境保护税系列教材

吉林师范大学教材出版基金资助

水污染与应税污染物监测

主　编◎滕洪辉

副主编◎王艺璇　孙玉伟　刘　伟

WATER POLLUTION
AND MONITORING OF TAXABLE POLLUTANTS

·北京·

图书在版编目（CIP）数据

水污染与应税污染物监测 / 滕洪辉主编 . --北京：中国经济出版社，2022. 7

ISBN 978-7-5136-6953-5

Ⅰ. ①水… Ⅱ. ①滕… Ⅲ. ①水污染-环境监测-研究②水污染-环境税-研究 Ⅳ. ①X52

中国版本图书馆 CIP 数据核字（2022）第 099501 号

组稿编辑　崔姜薇
责任编辑　焦晓云
责任印制　马小宾
封面设计　任燕飞

出版发行　中国经济出版社
印 刷 者　北京柏力行彩印有限公司
经 销 者　各地新华书店
开　　本　787mm×1092mm　1/16
印　　张　15. 75
字　　数　326 千字
版　　次　2022 年 7 月第 1 版
印　　次　2022 年 7 月第 1 次
定　　价　68. 00 元
广告经营许可证　京西工商广字第 8179 号

中国经济出版社 **网址** www. economyph. com **社址** 北京市东城区安定门外大街 58 号 **邮编** 100011
本版图书如存在印装质量问题，请与本社销售中心联系调换（联系电话：010-57512564）

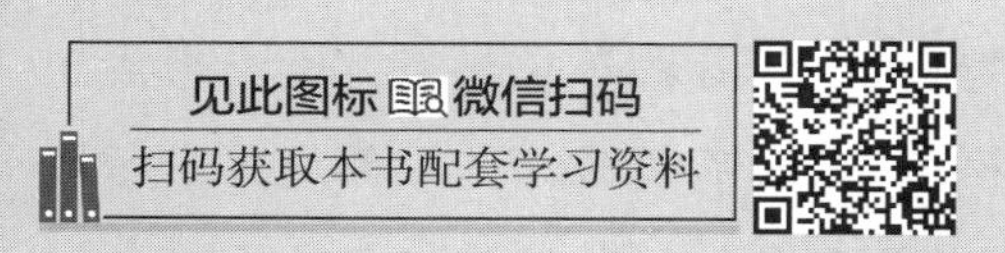

2018年10月，《中华人民共和国环境保护税法》颁布，环境保护税作为一个新的税种被提出并实施。环境保护税主要是为了提升我国在环境保护方面的国家调控力量，充分发挥环境保护的经济杠杆作用，规范各级各类企业、地方政府环境保护收费行为，进一步强化政府在生态环境保护方面的职能，加强对企业排污行为和污染治理的规范和管理。通过近几年的实施，取得了明显成效，但也出现一些问题。环境保护税采用环保技术手段核定征收额度，与其他税种通过公司财务信息核定征收额度有明显区别。环境保护税是一种具有行业技术性特点的税种，其申报、征收和监管等都需要具备环境保护相关专业知识的人员。

目前，我国各类各级院校还没有较为完善的相关人才培养计划，虽然部分高校开设了相关课程，但是缺少综合性、通用性较强的，既适合环境保护相关专业又适合财税相关专业学生使用的教材。因此，我们组织吉林师范大学环境保护和财务税收方面的专业教师，以及中翰格瑞（大连）环保技术有限公司从事环境保护税申报、核定征收服务的行业专家，共同编写了“环境保护税系列教材”。《水污染与应税污染物监测》是环境保护税系列教材之一，主要介绍水污染与治理工艺，工业废水排放标准和污染当量核算，应税污染物的监测方法、原理与技术要求等。应税水污染物监测是水环境科学与环境经济学交叉产生的分支学科——环境保护税学的重要支撑技术。

水环境科学以水为研究对象。水是地球上分布最广的物质之一，是人类和其他生物赖以生存、生活和生产的物质基础。地球上水资源虽然丰富，但是人类可以直接利用的淡水资源还不到地球水资源总量的0.3%。18世纪工业革命以来，工业经济的快速发展加速了水资源的消耗，同时带来了严重的水污染问题，破坏了水生态系统平衡，危及人类身体健康甚至生命，制约了经济社会可持续发展。水污染等环境问题的出现逐渐引起人们的重视，相关科学研究工作随之活跃起来，逐渐形成了环境科学这门新兴的综合性学科。随着环境科学研究的不断深入，人们发现水污染等环境问题的解决涉及技术、经济、社会等多个层面多种学科的知识与方法，包括生物学、化学、地理学、医学、工程学、物理学、经济学和社会学等，需要相关专家学者共同进行调查研究，从而衍生出一系列分支学科，如水环境生物学、水环境化学、环境物理学、环境医学、环境工程学、环境经济学、环境法学、环境管理学等。环境保护税学是环境科学与税收学、财政学和管理学等学科交叉融合的一个新兴分支学科，主要研究环境污染物排放量、税收征收标准及它们之间的相关性与系统性，以及如何科学合理有效利用税收经济手段调控污染物排放并推动污染物治理技术创新等。

20 世纪，英国经济学家庇古最先提出环境保护税的概念，即对污水、废气、噪声和废弃物等突出的“显性污染”进行强制征税，目的是逐渐减少运用直接干预手段，越来越多地采用环保税等经济措施来保护生态环境。荷兰是最早开展环境保护税研究的国家之一，制定并实施了燃料税、噪声税、水污染税等，推动了环境保护税在其他发达国家的研究和实施。我国环境保护税是从排污费衍生而来的，其研究历史可以追溯到 20 世纪 80 年代。在 1978 年改革开放之初，为了控制粗放型经济带来的环境污染问题，我国首次提出开展排放污染物收费制度研究的构想。1979 年颁布实施的《中华人民共和国环境保护法（试行）》（简称“环保法”）将排污收费制度以法律条文的形式正式确定下来。环保法中规定，超过国家标准排放污染物需要按照污染物排放浓度和数量收取排污费。1982 年，国务院正式颁布实施《征收排污费暂行办法》，这一收费原则也成为现有环境保护税的缴费基本原则。随着研究的深入和经济社会环境的变化，排污收费制度也在不断完善。2003 年，国务院颁布实施新的排污费收费制度，确定按照排污总量收费的办法，覆盖废气、废水、废渣、噪声和放射性五大领域，收费项目增至 113 项，这也是环境保护税的雏形。排污费的征收对防治环境污染发挥了重要作用，但是与环境保护税相比，其强制性和执法力度还存在明显不足。因此，相关学者提出排污费改税的建议，受到国务院相关部委的重视。2007 年，国务院组织专家研究开征环境保护税的具体政策措施，环境保护税研究进入快速发展期。2013 年党的十八大以后，环境保护费改税被列入《中共中央关于全面深化改革若干重大问题的决定》，环境保护税研究进入税法制定期。2016 年，全国人大常委会正式批准《中华人民共和国环境保护税法》，环境保护税立法研究告一段落。随后，国家开展了环境保护税实施办法研究，出台了一系列配套制度和政策，初步形成了具有中国特色的环境保护税学的完整知识体系。

环境保护税学、环境工程学、环境管理学等环境科学的分支学科，都需要在了解、掌握环境质量现状和变化趋势的基础上，开展相关研究或管理工作。环境保护税征收与审核更是需要环境监测的数据支撑。环境监测作为环境科学的一门重要分支学科，也是一门理论与实践并重的应用学科，涉及水、大气、土壤等环境质量监测，废水、废气、固体废弃物、噪声、热污染、放射性污染监测等污染源监测。其中，废水中应税污染物的监测是环境监测的一个重要方向，每种应税污染物都研制出了多种监测方法，相对成熟稳定的监测方法被制定为标准方法加以推广。本书主要对列入国家标准的应税污染物的监测方法进行介绍，具体包括方法原理、适用范围、主要步骤和注意事项等内容，以使学生和相关技术人员能够根据工作实际合理选择和运用监测方法，提高监测数据的准确性。

本书编写分工如下：孙玉伟编写第一章，王艺璇编写第二章，滕洪辉、刘伟编写第三章和第四章，最后由主编滕洪辉统稿审校。此外，朴明月、汤茜、陈钰琦、张静、张萌也参与了部分章节的资料收集和整理工作。

在本书编写过程中，我们得到了吉林师范大学和中翰格瑞（大连）环保技术有限公司相关领导的关心和指导，以及吉林师范大学教材出版基金的资助；在本书出版过程中，我们得到了中国经济出版社焦晓云编辑给予的建议和支持，在此表示衷心感谢！

限于学识和文字水平，疏漏在所难免，请广大读者批评指正。

编　者

2022年5月22日

本书配套学习资料

微信扫描本书二维码，获取更多线上资源

- 微课视频：视频讲解，重点难点全掌握
- 同步教案：与教材同步，方便讲、学使用
- 相关表格：系统梳理、清晰呈现有关知识点
- 学习笔记：记录知识要点，提高学习效率

- 政策文件：关注行业动态，了解相关政策
- 专业标准：全面了解国家及行业相关标准
- 专业书单：图书推荐，助力专业技能提升

操作提示：

1. 微信扫描二维码，无须下载任何软件。
2. 如需重复使用，可再次扫码，或将需要多次使用的资源添加到微信“收藏”。
3. 由于版本更新及具体情况变化，部分内容可能有调整。

见此图标微信扫码
扫码获取本书配套学习资料

目录
CONTENTS

第一章 水污染概述

第二章 应税水污染物及污染当量

第三章 应税水污染物的监测方法

第四章 水污染源自动监测

附 录 常用污水监测项目的采样和保存技术

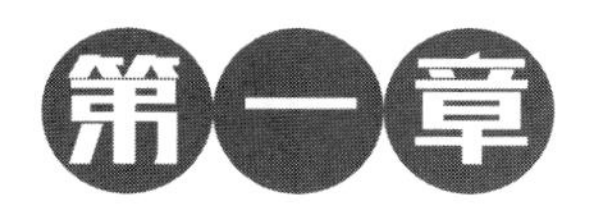

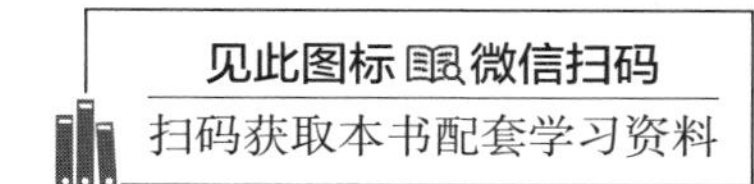

水污染概述

第一节 水污染基本知识

废水（wastewater）是对居民活动过程中排出的水及径流雨水的总称。它包括生活污水、工业废水和农业废水。

一、生活污水

生活污水是指居民日常生活中排出的废水，主要来源于居住建筑和公共建筑，包括冲厕排水、厨房排水、洗衣排水、泳池排污水及淋浴和盥洗排水等。

生活污水以有机物（如蛋白质、纤维素、脂肪、尿素等）污染为主，还包括无机物（如氯化物、硫酸盐、氮、磷等）和病原微生物（如寄生虫卵、肠道传染病毒等）。生活污水中一般不含有毒物质，但有适合微生物繁殖的条件，含有大量的病原体，其中的有机物极不稳定，容易因腐化而产生恶臭，病原微生物的大量繁殖可导致疾病蔓延。此外，生活污水中氮磷含量较高，在厌氧细菌作用下容易腐化，从而产生恶臭，故在排放前需要进行处理。

二、工业废水

随着我国工业的迅速发展，工业废水的排放量日益增多，若达不到排放标准的工业废水排入水体，会污染地表水和地下水，从而直接或间接地给人们的生活和健康带来危害。工业废水是指在工业生产过程中所排放的废水，包括生产废水、生产污水及冷却水。由工业生产车间与厂矿排出的绝大部分工业废水用于冷却、洗涤及地面冲洗，因此，一般会含有工业生产所用的原料、产品、副产品和中间产物。我国工业行业种类繁多，各行业产生废水的成分差异较大。为了了解不同工业废水的性质和危害，通常对其进行分类（见表 1-1）。

表 1-1　工业废水的分类

分类依据	废水类型
污染物性质	有机废水、无机废水、重金属废水、放射性废水、热污染废水等
污染物种类	酸性废水、碱性废水、含酚废水、含丙烯腈废水、含铬废水、含汞废水、含氟废水等
产生废水的工业部门	冶金工业废水、化学工业废水、纺织工业废水、煤炭工业废水、石油工业废水、造纸工业废水、纺织印染工业废水、制革工业废水等
产生废水的行业	制浆造纸工业废水、印染工业废水、焦化工业废水、啤酒工业废水、制革工业废水
废水来源与受污染程度	冷却水、洗涤废水、工艺废水等

三、农业废水

农业废水是指农田灌溉、畜牧业养殖、农产品加工等过程中排放的废水。农业废水分散面积广，不易集中，治理困难，农药化肥、有机富营养物的含量较高。随着我国农村规模化种植业和畜禽养殖业的快速发展，农业废水污染日益加剧。造成农业面源污染的原因主要有两个：一是大量化肥、农药以及生长调节剂等农用化学品的不合理使用，使得氮、磷等化学物质随农田排灌水和雨洪径流进入地表水；二是大量养殖废水未经过处理直接排放至河流、湖泊中。农业废水中的这些污染物质会通过渗透等方式对周围的土壤、植被造成污染，甚至会渗入地下污染地下水源，严重影响人们的生活健康和农产品的质量安全。因此，农业废水是造成我国农业面源污染的重要原因之一。

第二节　水质标准

一、水环境质量标准

在我国，随着经济的高速发展和城市化进程的加速，水环境和水生态的问题日益凸显。要想实现综合的流域水环境保护、构建健全的水循环系统，水质污染防治技术的研发和社会基础设施的投资是不可或缺的。近年来，随着中国经济和科技实力的不断提高，环境保护技术不断发展，处理设施的投资也在不断加大。可见，重视和加强水资源管理，已经成为一件关乎国家发展全局的大事，对当前加快城市化建设的进程具有重要意义。

在水资源管理中，需要使水体水质达到一定的水环境质量标准。水环境质量标准，也称水质量标准，是为保护人体健康和水的正常使用而对水体中污染物或其他物质的最高容许浓度所做的规定。按水体类型划分，水质量标准包括《地表水环境质量标准》（GB 3838—2002）、《地下水质量标准》（GB/T 14848—2017）、《海水水质标准》（GB

3097—1997)；按水资源用途划分，水质量标准包括《生活饮用水卫生标准》（GB 5749—2006)、《城市供水水质标准》（CJ/T 206—2005)、《渔业水质标准》（GB 11607—89)、《农田灌溉水质标准》（GB 5084—2021）等；按制定的权限划分，水质量标准包括国家水环境质量标准和地方水环境质量标准。

水环境质量直接关系着人类的生存和发展。水环境质量标准是判断水环境污染程度、识别水环境问题的基本工具，也是环境保护及有关部门进行水环境质量管理、制定水污染物排放标准，以及确定排污行为是否会造成水体污染及是否应当承担法律责任的依据。《中华人民共和国水污染防治法》规定，国务院生态环境部门制定国家水环境质量标准。省、自治区、直辖市人民政府可以对国家水环境质量标准中未规定的项目制定地方补充标准，并报国务院生态环境部门备案。

在实践中，水环境质量标准是国家水环境管理战略目标的核心，体现了国家环境管理的最终目标，是国家水环境保护工作的出发点和归结点。

二、废水排放标准

废水排放标准包括国家排放标准、行业排放标准和地方排放标准。我国现行的国家排放标准主要有《污水综合排放标准》（GB 8978—1996)、《城镇污水处理厂污染物排放标准》（GB 18918—2002)、《污水排入城镇下水道水质标准》（GB/T 31962—2015）以及《污水海洋处置工程污染控制标准》（GB 18486—2001）等。在执行关系上，国家排放标准和行业排放标准不交叉执行，即有行业排放标准的污染源，优先执行行业排放标准，其他污染源执行综合排放标准。例如，造纸工业执行《制浆造纸工业水污染物排放标准》（GB 3544—2001)，船舶工业执行《船舶工业污染物排放标准》（GB 4286—84)，海洋石油开发工业执行《海洋石油开发工业含油污水排放标准》（GB 4914—85)，纺织染整工业执行《纺织染整工业水污染物排放标准》（GB 4287—2012)。另外，根据《环境保护法》和《水污染防治法》的规定，地方省级人民政府可以制定严于国家水污染物排放标准的地方排放标准，或对国家排放标准中未作规定的项目进行补充，有地方排放标准的，优先执行地方排放标准。在国家、行业、地方排放标准的执行关系上，若地方排放标准规定的适用范围包括污染源所属的行业，应执行地方排放标准，若不包括，则应执行国家或行业排放标准。

第三节　废水处理的基本方法

废水处理的目的是将废水中的污染物以某种方法分离出来，或者将其分解转化为无害稳定物质，从而使污水得到净化。一般要防止毒物和病菌的传染，避免有异嗅和恶感的可见物，以满足不同用途的要求。

根据原理，废水处理的基本方法可分为物理方法、化学方法和生物方法，或几种方法配合使用。按照水质状况及处理后出水的去向确定其处理程度，废水处理一般可分为一级处理、二级处理和三级处理。

一级处理采用物理方法，即用格栅、筛网、沉沙池、沉淀池、隔油池等构筑物，去除废水中的固体悬浮物、浮油，调整 pH 值，减轻废水的腐化程度。废水经一级处理后，一般达不到排放标准（BOD① 去除率仅为 25%~40%），所以一级处理通常被作为预处理，目的是减轻后续处理工序的负荷。

二级处理是指采用生物方法及某些化学方法去除废水中的可降解有机物和部分胶体污染物。经过二级处理，废水中 BOD 的去除率可达到 80%~90%。经过二级处理的水，一般可达到农业用水标准和废水排放标准。但经过二级处理的水中还存留一定量的悬浮物、生物不能分解的溶解性有机物、溶解性无机物和氮磷等藻类营养物，并含有病毒和细菌，不能满足要求较高的排放标准。

三级处理是在二级处理的基础上，进一步采用化学法（化学氧化、化学沉淀等）、物理化学法（吸附、离子交换、膜分离技术等）去除某些特定污染物的一种“深度处理”方法。显然，废水的三级处理耗资巨大，但处理后的水资源可充分利用。

习题

1. 废水有哪些类型？它们执行的排放标准是否相同？
2. 一级、二级和三级废水处理方法有何异同？
3. 结合某玉米淀粉生产企业废水处理实际案例，分析废水应该执行的排放标准。

---

① BOD，Biochemical Oxygen Demand，生化需氧量。

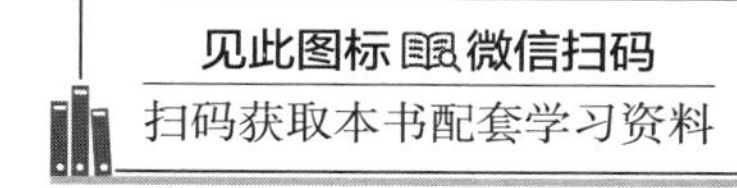

应税水污染物及污染当量

第一节 应税水污染物

一、水污染物排放标准及应税水污染物

随着水污染治理的逐步深入，除了污水综合排放标准外，生态环境部共计出台了61个行业水污染物排放标准。结合《中华人民共和国环境保护税法》规定的应税水污染物，表2-1列出了除兵器和弹药等5个行业排放标准外的56个行业及其他行业（参照废水综合排放标准）的污染物排放标准和应税水污染物。

表2-1 工业废水排放标准及应税水污染物

序号	行业类型	标准名称	应税水污染物
1	电子工业	《电子工业水污染物排放标准》（GB 39731—2020）	第一类水污染物：总铅、总镉、总铬、六价铬、总砷、总镍、总银； 第二类水污染物：悬浮物（SS）、石油类、化学需氧量（COD_{Cr}）、总有机碳（TOC）、氨氮、总磷、阴离子表面活性剂（LAS）、总氰化物、硫化物、氟化物、总铜、总锌； 其他类水污染物：pH值
2	石油炼制工业	《石油炼制工业污染物排放标准》（GB 31570—2015）	第一类水污染物：总铅、总砷、总镍、总汞、苯并（a）芘； 第二类水污染物：悬浮物（SS）、石油类、化学需氧量（COD_{Cr}）、生化需氧量（BOD_5）、总有机碳（TOC）、氨氮、总磷、挥发酚、苯、甲苯、乙苯、邻二甲苯、对二甲苯、间二甲苯、总氰化物、硫化物； 其他类水污染物：pH值
3	再生铜、铝、铅、锌工业	《再生铜、铝、铅、锌工业污染物排放标准》（GB 31574—2015）	第一类水污染物：总铅、总镉、总砷、总镍、总汞、总铬； 第二类水污染物：悬浮物（SS）、化学需氧量（COD_{Cr}）、石油类、氨氮、总磷、总铜、总锌、硫化物； 其他类水污染物：pH值

续表

序号	行业类型	标准名称	应税水污染物
4	合成树脂工业	《合成树脂工业污染物排放标准》（GB 31572—2015）	第一类水污染物：总铅、总镉、总砷、总镍、总汞、总铬、六价铬； 第二类水污染物：悬浮物（SS）、化学需氧量（COD_{Cr}）、生化需氧量（BOD_5）、氨氮、总磷、总有机碳（TOC）、可吸附有机卤化物（AOX）、丙烯腈、苯酚、甲醛、氟化物、总氰化物、苯、甲苯、乙苯、氯苯； 其他类水污染物：pH 值
5	无机化学工业	《无机化学工业污染物排放标准》（GB 31573—2015）	第一类水污染物：总铅、总镉、总砷、总镍、总汞、总铬、六价铬、总银； 第二类水污染物：悬浮物（SS）、化学需氧量（COD_{Cr}）、氨氮、总磷、氟化物、硫化物、总氰化物、石油类、总铜、总锌、总锰； 其他类水污染物：pH 值
6	电池工业	《电池工业污染物排放标准》（GB 30484—2013）	第一类水污染物：总铅、总镉、总镍、总汞、总银； 第二类水污染物：悬浮物（SS）、化学需氧量（COD_{Cr}）、氨氮、总磷、氟化物、总锌、总锰； 其他类水污染物：pH 值
7	制革及毛皮加工工业	《制革及毛皮加工工业水污染物排放标准》（GB 30486—2013）	第一类水污染物：总铬、六价铬； 第二类水污染物：悬浮物（SS）、化学需氧量（COD_{Cr}）、生化需氧量（BOD_5）、动植物油、氨氮、总磷、硫化物； 其他类水污染物：pH 值、色度
8	合成氨工业	《合成氨工业水污染物排放标准》（GB 13458—2013）	第二类水污染物：悬浮物（SS）、化学需氧量（COD_{Cr}）、氨氮、总磷、硫化物、石油类、挥发酚、氰化物； 其他类水污染物：pH 值
9	柠檬酸工业	《柠檬酸工业水污染物排放标准》（GB 19430—2013）	第二类水污染物：悬浮物（SS）、生化需氧量（BOD_5）、化学需氧量（COD_{Cr}）、氨氮、总磷； 其他类水污染物：pH 值、色度
10	麻纺工业	《麻纺工业水污染物排放标准》（GB 28938—2012）	第二类水污染物：悬浮物（SS）、生化需氧量（BOD_5）、化学需氧量（COD_{Cr}）、氨氮、总磷、可吸附有机卤化物（AOX）； 其他类水污染物：pH 值、色度
11	毛纺工业	《毛纺工业水污染物排放标准》（GB 28937—2012）	第二类水污染物：悬浮物（SS）、生化需氧量（BOD_5）、化学需氧量（COD_{Cr}）、氨氮、总磷、动植物油； 其他类水污染物：pH 值
12	缫丝工业	《缫丝工业水污染物排放标准》（GB 28936—2012）	第二类水污染物：悬浮物（SS）、生化需氧量（BOD_5）、化学需氧量（COD_{Cr}）、氨氮、总磷、动植物油； 其他类水污染物：pH 值
13	纺织染整工业	《纺织染整工业水污染物排放标准》（GB 4287—2012）	第一类水污染物：六价铬； 第二类水污染物：悬浮物（SS）、生化需氧量（BOD_5）、化学需氧量（COD_{Cr}）、氨氮、总磷、硫化物、可吸附有机卤化物（AOX）、苯胺类； 其他类水污染物：pH 值、色度

续表

序号	行业类型	标准名称	应税水污染物
14	炼焦化学工业	《炼焦化学工业污染物排放标准》（GB 16171—2012）	第一类水污染物：苯并（a）芘； 第二类水污染物：悬浮物（SS）、生化需氧量（BOD_5）、化学需氧量（COD_{Cr}）、石油类、挥发酚、硫化物、总磷、苯、氨氮、氰化物； 其他类水污染物：pH值
15	铁合金工业	《铁合金工业污染物排放标准》（GB 28666—2012）	第一类水污染物：总铬、六价铬； 第二类水污染物：悬浮物（SS）、化学需氧量（COD_{Cr}）、石油类、挥发酚、氨氮、总磷、总氰化物、总锌； 其他类水污染物：pH值
16	钢铁工业	《钢铁工业水污染物排放标准》（GB 13456—2012）	第一类水污染物：总汞、总砷、六价铬、总铬、总铅、总镍、总镉； 第二类水污染物：悬浮物（SS）、化学需氧量（COD_{Cr}）、石油类、氨氮、总氰化物、总锌、总铜、氟化物、总磷、挥发酚； 其他类水污染物：pH值
17	铁矿采选工业	《铁矿采选工业污染物排放标准》（GB 28661—2012）	第一类水污染物：总汞、总镉、总铬、六价铬、总砷、总铅、总镍、总铍、总银； 第二类水污染物：悬浮物（SS）、化学需氧量（COD_{Cr}）、石油类、氨氮、总磷、总锌、总铜、总锰、硫化物、氟化物、总硒； 其他类水污染物：pH值
18	橡胶制品工业	《橡胶制品工业污染物排放标准》（GB 27632—2011）	第二类水污染物：悬浮物（SS）、化学需氧量（COD_{Cr}）、生化需氧量（BOD_5）、氨氮、总磷、石油类、总锌； 其他类水污染物：pH值
19	发酵酒精和白酒工业	《发酵酒精和白酒工业水污染物排放标准》（GB 27631—2011）	第二类水污染物：悬浮物（SS）、生化需氧量（BOD_5）、化学需氧量（COD_{Cr}）、氨氮、总磷； 其他类水污染物：pH值、色度
20	钒工业	《钒工业污染物排放标准》（GB 26452—2011）	第一类水污染物：总汞、总镉、总铬、六价铬、总铅、总砷； 第二类水污染物：悬浮物、化学需氧量（COD_{Cr}）、硫化物、氨氮、总磷、石油类、总锌、总铜； 其他类水污染物：pH值
21	磷肥工业	《磷肥工业水污染物排放标准》（GB 15580—2011）	第一类水污染物：总砷； 第二类水污染物：悬浮物（SS）、化学需氧量（COD_{Cr}）、氟化物、总磷、氨氮； 其他类水污染物：pH值
22	硫酸工业	《硫酸工业污染物排放标准》（GB 26132—2010）	第一类水污染物：总砷、总铅； 第二类水污染物：悬浮物（SS）、化学需氧量（COD_{Cr}）、石油类、氨氮、总磷、硫化物、氟化物； 其他类水污染物：pH值
23	稀土工业	《稀土工业污染物排放标准》（GB 26451—2011）	第一类水污染物：总镉、总铅、总砷、总铬、六价铬； 第二类水污染物：悬浮物（SS）、氟化物、石油类、化学需氧量（COD_{Cr}）、总磷、氨氮、总锌； 其他类水污染物：pH值
24	硝酸工业	《硝酸工业污染物排放标准》（GB 26131—2010）	第二类水污染物：悬浮物（SS）、化学需氧量（COD_{Cr}）、石油类、氨氮、总磷； 其他类水污染物：pH值

续表

序号	行业类型	标准名称	应税水污染物
25	镁、钛工业	《镁、钛工业污染物排放标准》（GB 25468—2010）	第一类水污染物：总铬、六价铬； 第二类水污染物：悬浮物（SS）、化学需氧量（COD_{Cr}）、石油类、总磷、氨氮、总铜； 其他类水污染物：pH 值
26	铜、镍、钴工业	《铜、镍、钴工业污染物排放标准》（GB 25467—2010）	第一类水污染物：总铅、总镉、总镍、总砷、总汞； 第二类水污染物：悬浮物（SS）、化学需氧量（COD_{Cr}）、氟化物、总磷、氨氮、总锌、石油类、总铜、硫化物； 其他类水污染物：pH 值
27	铅、锌工业	《铅、锌工业污染物排放标准》（GB 25466—2010）	第一类水污染物：总铅、总镉、总铬、总汞、总砷、总镍 第二类水污染物：化学需氧量（COD_{Cr}）、悬浮物（SS）、氨氮、总磷、硫化物、氟化物、总铜、总锌； 其他类水污染物：pH 值
28	铝工业	《铝工业污染物排放标准》（GB 25465—2010）	第二类水污染物：化学需氧量（COD_{Cr}）、悬浮物（SS）、氟化物、氨氮、总磷、石油类、硫化物、总氰化物、挥发酚； 其他类水污染物：pH 值
29	陶瓷工业	《陶瓷工业污染物排放标准》（GB 25464—2010）	第一类水污染物：总镉、总铬、总铅、总镍、总铍； 第二类水污染物：化学需氧量（COD_{Cr}）、悬浮物（SS）、生化需氧量（BOD_5）、氨氮、总锌、总磷、石油类、硫化物、氟化物、总铜、可吸附有机卤化物（AOX）； 其他类水污染物：pH 值
30	油墨工业	《油墨工业水污染物排放标准》（GB 25463—2010）	第一类水污染物：总汞、总镉、总铬、总铅、六价铬； 第二类水污染物：化学需氧量（COD_{Cr}）、悬浮物（SS）、生化需氧量（BOD_5）、石油类、动植物油、挥发酚、氨氮、总磷、总铜、苯胺类、苯、甲苯、乙苯、二甲苯、总有机碳（TOC）； 其他类水污染物：pH 值、色度
31	酵母工业	《酵母工业水污染物排放标准》（GB 25462—2010）	第二类水污染物：化学需氧量（COD_{Cr}）、悬浮物（SS）、生化需氧量（BOD_5）、氨氮、总磷； 其他类水污染物：pH 值、色度
32	淀粉工业	《淀粉工业水污染物排放标准》（GB 25461—2010）	第二类水污染物：化学需氧量（COD_{Cr}）、悬浮物（SS）、生化需氧量（BOD_5）、氨氮、总磷、总氰化物； 其他类水污染物：pH 值
33	制糖工业	《制糖工业水污染物排放标准》（GB 21909—2008）	第二类水污染物：化学需氧量（COD_{Cr}）、悬浮物（SS）、生化需氧量（BOD_5）、氨氮、总磷； 其他类水污染物：pH 值
34	混装制剂类制药工业	《混装制剂类制药工业水污染物排放标准》（GB 21908—2008）	第二类水污染物：化学需氧量（COD_{Cr}）、悬浮物（SS）、生化需氧量（BOD_5）、氨氮、总磷、总有机碳（TOC）； 其他类水污染物：pH 值
35	生物工程类制药工业	《生物工程类制药工业水污染物排放标准》（GB 21907—2008）	第二类水污染物：化学需氧量（COD_{Cr}）、悬浮物（SS）、生化需氧量（BOD_5）、动植物油、挥发酚、甲醛、氨氮、总磷、总有机碳（TOC）； 其他类水污染物：pH 值、色度、余氯量、大肠菌群数

续表

序号	行业类型	标准名称	应税水污染物
36	中药类制药工业	《中药类制药工业水污染物排放标准》（GB 21906—2008）	第一类水污染物：总汞、总砷； 第二类水污染物：化学需氧量（COD_{Cr}）、悬浮物（SS）、生化需氧量（BOD_5）、动植物油、氨氮、总磷、总有机碳（TOC）、总氰化物； 其他类水污染物：pH值、色度
37	提取类制药工业	《提取类制药工业水污染物排放标准》（GB 21905—2008）	第二类水污染物：化学需氧量（COD_{Cr}）、悬浮物（SS）、生化需氧量（BOD_5）、氨氮、总磷、总有机碳（TOC）、动植物油； 其他类水污染物：pH值、色度
38	化学合成类制药工业	《化学合成类制药工业水污染物排放标准》（GB 21904—2008）	第一类水污染物：总汞、总镉、六价铬、总砷、总镍、总铅； 第二类水污染物：化学需氧量（COD_{Cr}）、生化需氧量（BOD_5）、悬浮物（SS）、氨氮、总磷、总有机碳（TOC）、总铜、总锌、总氰化物、挥发酚、硫化物、硝基苯类、苯胺类； 其他类水污染物：pH值、色度
39	发酵类制药工业	《发酵类制药工业水污染物排放标准》（GB 21903—2008）	第二类水污染物：化学需氧量（COD_{Cr}）、悬浮物（SS）、生化需氧量（BOD_5）、氨氮、总磷、总有机碳（TOC）、总锌、总氰化物； 其他类水污染物：pH值、色度
40	合成革与人造革工业	《合成革与人造革工业污染物排放标准》（GB 21902—2008）	第二类水污染物：悬浮物（SS）、化学需氧量（COD_{Cr}）、氨氮、总磷、甲苯； 其他类水污染物：pH值、色度
41	电镀工业	《电镀污染物排放标准》（GB 21900—2008）	第一类水污染物：总铬、六价铬、总镍、总镉、总银、总铅、总汞； 第二类水污染物：悬浮物（SS）、总铜、总锌、化学需氧量（COD_{Cr}）、氨氮、总磷、石油类、氟化物、总氰化物； 其他类水污染物：pH值
42	羽绒工业	《羽绒工业水污染物排放标准》（GB 21901—2008）	第二类水污染物：悬浮物（SS）、生化需氧量（BOD_5）、化学需氧量（COD_{Cr}）、氨氮、总磷、阴离子表面活性剂（LAS）、动植物油； 其他类水污染物：pH值
43	制浆造纸工业	《制浆造纸工业水污染物排放标准》（GB 3544—2008）	第二类水污染物：悬浮物（SS）、生化需氧量（BOD_5）、化学需氧量（COD_{Cr}）、氨氮、总磷、可吸附有机卤素（AOX）； 其他类水污染物：pH值、色度
44	杂环类农药工业	《杂环类农药工业水污染物排放标准》（GB 21523—2008）	第二类水污染物：悬浮物（SS）、化学需氧量（COD_{Cr}）、氨氮、总氰化合物、氟化物、甲醛、甲苯、氯苯、可吸附有机卤素（AOX）、苯胺类； 其他类水污染物：pH值、色度
45	煤炭工业	《煤炭工业污染物排放标准》（GB 20426—2006）	第一类水污染物：总汞、总镉、总铬、六价铬、总铅、总砷； 第二类水污染物：悬浮物、化学需氧量（COD_{Cr}）、石油类、总锰、氟化物、总锌； 其他类水污染物：pH值
46	皂素工业	《皂素工业水污染物排放标准》（GB 20425—2006）	第二类水污染物：生化需氧量（BOD_5）、化学需氧量（COD_{Cr}）、悬浮物（SS）、氨氮、氯化物、总磷； 其他类水污染物：pH值、色度

续表

序号	行业类型	标准名称	应税水污染物
47	啤酒工业	《啤酒工业污染物排放标准》（GB 19821—2005）	第二类水污染物：化学需氧量（COD_{Cr}）、生化需氧量（BOD_5）、悬浮物（SS）、氨氮、总磷； 其他类水污染物：pH 值
48	味精工业	《味精工业污染物排放标准》（GB 19431—2004）	第二类水污染物：化学需氧量（COD_{Cr}）、生化需氧量（BOD_5）、悬浮物（SS）、氨氮； 其他类水污染物：pH 值
49	畜禽养殖业	《畜禽养殖业污染物排放标准》（GB 18596—2001）	第二类水污染物：化学需氧量（COD_{Cr}）、生化需氧量（BOD_5）、悬浮物（SS）、氨氮、总磷； 其他类水污染物：粪大肠菌群数
50	航天推进剂	《航天推进剂水污染物排放与分析方法标准》（GB 14374—93）	第二类水污染物：化学需氧量（COD_{Cr}）、生化需氧量（BOD_5）、悬浮物（SS）、氨氮、甲醛、苯胺类、氰化物； 其他类水污染物：pH 值
51	肉类加工工业	《肉类加工工业水污染物排放标准》（GB 13457—92）	第二类水污染物：化学需氧量（COD_{Cr}）、生化需氧量（BOD_5）、悬浮物（SS）、动植物油、氨氮； 其他类水污染物：pH 值、大肠菌群数
52	海洋石油开发工业	《海洋石油开发工业含油污水排放标准》（GB 4914—85）	第二类水污染物：石油类
53	船舶工业	《船舶工业污染物排放标准》（GB 4286—84）	第一类水污染物：六价铬、总镍、总镉； 第二类水污染物：总铜、总锌、氰化物； 其他类水污染物：pH 值
54	烧碱、聚氯乙烯工业	《烧碱、聚氯乙烯工业污染物排放标准》（GB 15581—2016）	第一类水污染物：总汞、总镍 第二类水污染物：悬浮物（SS）、化学需氧量（COD_{Cr}）、生化需氧量（BOD_5）、石油类、氨氮、总磷、硫化物 其他类水污染物：pH 值
55	石油化学工业	《石油化学工业污染物排放标准》（GB 31571—2015）	第一类水污染物：总铅、总镉、总砷、总镍、总汞、总铬、六价铬、苯并芘 第二类水污染物：悬浮物（SS）、化学需氧量（COD_{Cr}）、生化需氧量（BOD_5）、氨氮、总磷、总有机碳、石油类、硫化物、氟化物、挥发酚、总铜、总锌、总氰化物、可吸附有机卤化物 其他类水污染物：pH 值
56	锡、锑、汞工业	《锡、锑、汞工业污染物排放标准》（GB 30770—2014）	第一类水污染物：总铅、总镉、总砷、总汞、六价铬 第二类水污染物：悬浮物（SS）、化学需氧量（COD_{Cr}）、氨氮、总磷、石油类、硫化物、氟化物、总铜、总锌 其他类水污染物：pH 值
57	其他行业（污水综合排放标准）	《污水综合排放标准》（GB 8978—1996）	第一类水污染物：总汞、总铬、总镉、六价铬、总砷、总铅、总镍、苯并（a）芘、总铍、总银； 第二类水污染物：悬浮物（SS）、生化需氧量（BOD_5）、化学需氧量（COD_{Cr}）、石油类、动植物油、挥发酚、总氰化物、硫化物、氨氮、氟化物、甲醛、苯胺类、硝基苯类、阴离子表面活性剂（LAS）、总铜、总锌、总锰、彩色显影剂、单质磷、有机磷农药； 其他类水污染物：pH 值、色度、大肠菌群数、余氯量

二、废水样品采集与监测要求

企业应按照有关法律和《环境监测管理办法》等的规定，建立企业监测制度，制订监测方案，对污染物排放状况及其对周边环境质量的影响开展自行监测，保存原始监测记录，并公布监测结果。新建企业和现有企业安装污染物排放自动监控设备，按有关法律和《污染源自动监控管理办法》的规定执行。按照《污水监测技术规范》（HJ 91.1—2019）的要求，在监控位置设置污水采样点。含有表 2-1 列出的第一类水污染物中任何一种污染物的废水，采样点应设置在与其他污水混合前的生产车间或设施废水排放口，有车间预处理设施或者集中预处理设施的，也可以设置在预处理设施排放口；含有表 2-1 列出的第二类水污染物和其他类水污染物的废水，采样点应设置在排污单位的总排放口。

对于石油类、总氮、阴离子表面活性剂、总有机碳、硫化物，重点排污单位每月至少自行监测一次；其他排污单位每年至少自行监测一次。安装重点水污染物排放自动监测设备的重点排污单位，要与生态环境主管部门的监控设备联网并保障监测设备正常运行。当地环境管理部门有环境管理要求的，按照当地要求设置采样点，并按监测频率要求进行采样。

第二节 应税水污染物税额核定方法

水污染物的污染当量按照式（2-1）计算，即以该污染物的排放量除以该污染物的污染当量值计算。每一排放口的应税水污染物，区分第一类、第二类和其他类水污染物，按照污染当量数从大到小排序，对第一类水污染物的前五项征收环境保护税，对第二类和其他类水污染物的前三项征收环境保护税。

$$Q_i = \frac{Q_{i,e}}{S_i} \tag{2-1}$$

式中：Q_i——第 i 种水污染物的污染当量，无量纲；

$Q_{i,e}$——第 i 种水污染物的排放量，kg；

S_i——第 i 种水污染物的污染物当量值，kg。

某种水污染物排放量（$Q_{i,e}$）的统计方法，排污单位安装使用符合国家规定和监测规范的污染物自动监测设备的，按照污染物自动监测数据计算（$Q_{i,e} = C_i \cdot q_v$）；排污单位未安装使用污染物自动监测设备的，按照监测机构出具的符合国家有关规定和监测规范的监测数据计算；因排放污染物种类多等原因不具备监测条件的，按照国务院生态环境主管部门规定的排污系数、物料衡算方法计算［相关细则参考《关于发布计算环境保护税应税污染物排放量的排污系数和物料衡算方法的公告》（生态环境部 财政部 税务总局公告 2021 年第 16 号）］；不能按照前三条规定的方法计算的，按照省、自治区、直辖市人民政府生态环境主管部门规定的抽样测算方法核定计算。

应税水污染物的应纳税额为污染当量数乘以具体适用税额，每个月核算一次，按照季度进行申报纳税。

第三节　水污染物排放标准及应税污染物

一、电子工业水污染物排放标准及应税污染物

20 世纪末以来，全球电子工业得到了蓬勃发展，我国作为“世界工厂”，在电子工业领域更是取得了令世人瞩目的成绩。据不完全统计，中国生产的通信设备、线路板等电子产品占全球的 60% 以上。电子工业的发展在给我国带来经济效益的同时，也带来了不容忽视的环境问题。

（一）电子工业废水

电子工业是指电子专用材料（special electronic material）、电子元件（electronic component）、印制电路板（printed circuit board，PCB）、半导体器件（semiconductor device）、显示器件（display device）、光电子器件（photoelectronic device）及电子终端产品（electronic terminal product）七类电子产品的制造业。这类企业在生产过程中直接或间接排放到企业厂区外的废水被称为电子工业废水，含厂区生活污水、冷却污水、厂区锅炉排水等。电子工业废水危害较大。电子产品种类比较多，生产不同的电子产品排放的废水组分不同，含有有害物质的种类和含量存在一定差异，通常含有铜、铅、锌、镉、汞、铬、镍等重金属元素和氰化物等毒性比较大的成分。若此类废水处理不当进入环境水体，将带来严重的生态环境影响，甚至引发生态灾难。此外，电子工业废水往往具有较强的酸性或者碱性，对废水处理实施及处理工艺影响较大。

（二）水污染物排放标准的制定与实施

鉴于电子工业废水的特殊性，生态环境部组织中国电子工程设计院有限公司等七家企事业单位共同制定了我国首个电子工业水污染物排放标准。2020 年 11 月 26 日，生态环境部正式批准，标准名称为《电子工业水污染物排放标准》（GB 39731—2020）。2020 年 12 月 8 日，生态环境部联合国家市场监督管理总局正式颁布该标准，新建企业于 2021 年 7 月 1 日起实施，现有企业自 2024 年 1 月 1 日起实施。

（三）排放标准及应税污染物

1. 适用范围

《电子工业水污染物排放标准》（GB 39731—2020）规定了电子工业的水污染物排放控制要求、监测要求和监督管理要求。该标准适用于现有的电子工业企业、生产设施或研制线的水污染物排放管理，电子工业建设项目的环境影响评价、环境保护设施

设计、竣工环境保护验收、排污许可证核发及其投产后的水污染物排放管理，以及电子工业污水集中处理设施的水污染物排放管理。

电子工业涉及七大类电子产品制造业：①电子专用材料制造业，指具有特定要求且仅用于电子产品材料的制造业，不包括生产电子专用材料原材料的制造业。按照作用与用途，电子专用材料可分为三类：a. 电子功能材料，包括单晶硅棒（片）、单晶锗、砷化镓等半导体材料，石英晶棒及晶片、铌酸锂晶棒及晶片、钽酸锂晶棒及晶片、频率片等压电晶体材料，电容器陶瓷材料等电子功能陶瓷材料，未化成电极箔、化成电极箔等铝电解电容器电极箔；b. 互联与封装材料，包括刚性覆铜板、挠性覆铜板、金属基覆铜板、印刷电路用粘结片等覆铜板，印制电路用电解铜箔、压延铜箔、合金箔等电子铜箔；c. 工艺与复杂材料，包括电子浆料等。②电子元件制造业，指电子电路中具有控制、变换和传输电压或者电流等独立功能单元的元件生产企业，涉及电阻器、电容器、电子变压器、电感器、压电晶体元器件、电子敏感元器件与传感器、电接插元件、控制继电器、微特电机与组件、电器器件等的生产。③印制电路板生产制造业，指在绝缘基材上按照预定设计行车印制元件、印制线路或两者结合和导电图形的印制电路或者印制线路成品板的生产，包括刚性板与挠性板，又可分为单面、双面、多层印制电路板，以及刚挠结合和高密度互联（high density interconnector，HDI）印制电路板等。④半导体器件制造业，指利用半导体材料的特性制造的具有特定功能的电子器件，包括分立器件和集成电路两大类生产企业。⑤显示器件制造业，指基于电子手段呈现信息供视觉感受的器件的生产，具体涉及薄膜晶体管液晶显示器件、低温多晶硅薄膜晶体管液晶显示器件、有机发光二极管显示器件、真空荧光显示器件、场发射显示器件、等离子显示器件、曲面显示器件以及柔性显示器件等生产制造企业。⑥光电子器件制造业，指利用半导体光-电子（或电-光子）转换效应制成各种功能器件的生产制造，具体涉及发光二极管，半导体光电器件中的光电转换器、光电探测器等，激光器件中的气体激光器件、半导体激光器件、固体激光器件、静电感应器件等，光通信电路及其他器件，半导体照明器件等生产制造企业。⑦电子终端产品制造业，指以印制电路板组装工艺技术为基础装配的具有独立应用功能电子产品或组件的制造，具体涉及通信设备、雷达设备、广播电视设备、电子计算机和视听设备等生产制造企业。

2. 应税水污染物排放控制要求

电子工业水污染物种类较多，从环境保护和有利于行业发展角度出发，为实现防治环境污染、改善环境质量、促进电子工业的技术进步和可持续发展，确定了2 项物理指标、4 项有机污染物指标、6 个非金属无机物指标、9 项金属类指标，总计 21 种污染物，其中 20 种污染物属于《中华人民共和国环境保护税法》规定的应税污染物，其排放限值及污染当量值见表 2-2。

表 2-2　电子工业废水应税污染物排放限值及污染当量值

类型	污染物	排放限值（mg/L，pH 值除外）												采样或监控位置	污染当量值（kg，pH 值除外）
		直接排放						间接排放①							
		电子专用材料	电子元件	半导体器件	印制电路板	显示器件及光电子器件	电子终端产品②	电子专用材料	电子元件	半导体器件	印制电路板	显示器件及光电子器件	电子终端产品②		
第一类	总铅	0.2						0.2						生产车间或设施废水排放口	0.025
	总镉	0.05		—			0.05	0.05							0.005
	总铬	1.0		—			1.0	1.0		—			1.0		0.04
	六价铬	0.2		0.2			0.2	0.2		—			0.2		0.02
	总砷	0.5		—	0.5		—	0.5		—	0.5		—		0.02
	总镍	0.5						0.5							0.025
	总银	0.3						0.3							0.02
第二类	总铜	0.5						2.0						企业废水总排放口	0.1
	总锌	1.5		—	1.5			1.5		—	1.5				0.2
	石油类	5.0						20							0.1
	化学需氧量（COD_{Cr}）	100						500							1.0
	总有机碳（TOC）	30						200							0.49
	阴离子表面活性剂（LAS）	5.0						20							0.2
	总氰化物	0.5						1.0							0.05
	硫化物	—	1.0		—			—	1.0		—				0.125
	氟化物	10						20							0.5
	氨氮	25						45							0.8
	总磷	1.0						8.0							0.25
	悬浮物（SS）	70						400							4
其他类	pH 值	6.0~9.0						6.0~9.0							6 级③

注：①当企业废水排向城镇污水集中处理设施时，执行本表规定的间接排放限值。当企业废水排向电子工业污水集中处理设施时，可协商确定间接排放限值，未协商的，执行本表规定的间接排放限值。如果企业废水中含第一类污染物中任一种污染物，实行分类收集、专管专送和分质集中预处理，在集中预处理单元出口执行本表规定的间接排放限值；当企业废水排向其他污水集中处理设施时，石油类、化学需氧量（COD_{Cr}）、总有机碳（TOC）、氨氮、总磷、悬浮物（SS）、pH 值 7 项指标可协商确定间接排放限值，未协商的指标及其他 13 项指标执行本表规定的间接排放限值。②适用于有电镀、化学镀工艺的电子终端产品生产企业。③pH 值等级。1 级：0~1、13~14；0.06 吨污水。2 级：1~2、12~13；0.125 吨污水。3 级：2~3、11~12；0.25 吨污水。4 级：3~4、10~11；0.5 吨污水。5 级：4~5、9~10；1.0 吨污水。6 级：5~6、8~9；5.0 吨污水。pH 值 5~6 指大于等于 5 小于 6；8~9 指大于 8 小于等于 9；其他依此类推。本书其余表格 pH 值等级同此表，不一一标注。

3. 应税水污染物排放浓度

水污染物排放限值适用于单位产品实际排水量不高于单位产品基准排水量（参见GB 39731—2020）的情况。若单位产品实际排水量超过单位产品基准排水量，需按式（2-2）将实测水污染物浓度换算为水污染物基准排水量排放浓度，并以水污染物基准排水量排放浓度作为判定排放是否达标的依据。产品产量和排水量统计周期为一个工作日。在企业的生产设施同时生产两种以上产品，适用不同排放控制要求或不同行业国家污染物排放标准，且生产设施产生的污水混合处理排放的情况下，应执行排放标准中规定最严格的浓度限值，并按式（2-2）换算为水污染物基准排水量排放浓度。

$$C_{基} = \frac{Q_{总}}{\sum Y_i \cdot Q_{i基}} \cdot C_{实} \tag{2-2}$$

式中：$C_{基}$——水污染物基准排水量排放质量浓度，mg/L；

$Q_{总}$——实测排水总量，m^3；

Y_i——第 i 种产品产量，t；

$Q_{i基}$——第 i 种产品的单位产品基准排水量，m^3/t；

$C_{实}$——实测水污染物排放浓度，mg/L。

若 $Q_{总}$ 与 $\sum Y_i Q_{i基}$ 的比值小于1，则以水污染物实测浓度作为判定排放是否达标的依据。

其他工业废水中应税污染物排放浓度也参考上述规定统计。

二、石油炼制工业水污染物排放标准及应税污染物

石油炼制工业是以原油、重油等为原料，生产汽油馏分、柴油馏分、燃料油、润滑油、石油蜡、石油沥青和石油化工原料等的工业。石油炼制工业与国民经济发展关系十分密切，工业、农业、交通运输和国防建设等都离不开石油产品。

（一）石油炼制工业废水

石油炼制工业在生产过程中产生的废水，包括工艺废水（process wastewater）、污染雨水（与工艺废水混合处理）、生活污水、循环冷却水排污水、化学水制水排污水、蒸汽发生器排污水、余热锅炉排污水等，统称为石油炼制工业废水。其中，工艺废水是指石油炼制生产过程中与物料直接接触后，从各生产设备排出的废水，例如含油废水、含碱废水（alkaline wastewater）、含硫含氨酸性废水（sour water）、含苯系物废水（aromatic hydrocarbon wastewater）、含盐废水等。当石油炼制工业企业或生产设施区域内降雨形成的地面径流中污染物浓度高于《石油炼制工业污染物排放标准》（GB 31570—2015）规定的直接排放限值时，将此类雨水称为污染

雨水（polluted rainwater）。含碱废水是石油炼制工业生产油品、气体产品碱精制，脱硫胺液再生过程产生的碱性废水。含硫含氨酸性废水是石油炼制工业生产过程中产生的含硫大于等于 50 mg/L、含氨氮大于等于 100 mg/L 的废水。含苯系物废水是芳烃（苯、甲苯、二甲苯、苯乙烯）生产过程中与物料直接接触后，从各生产设备排出的废水。石油炼制工业废水类型较多，组分相对复杂，含汞、铅、砷、镍、苯并（a）芘、氰化物等危害较大的有机污染物。因此，根据石油炼制工业污染物排放特征制定行业排放标准，有利于保护环境、防止污染、促进石油炼制工业技术进步和可持续发展。

（二）水污染物排放标准的制定与实施

环境保护部科技标准司组织抚顺石油化工研究院和中国环境科学研究院共同制定了我国首个石油炼制工业水污染物排放标准。2015 年 4 月 3 日，环境保护部正式批准，标准名称为《石油炼制工业污染物排放标准》（GB 31570—2015）。2015 年 7 月 1 日，环境保护部联合国家市场监督管理总局（原国家质量监督检验检疫总局）正式颁布该标准，新建企业于 2015 年 7 月 1 日起实施，现有企业自 2017 年 7 月 1 日起实施，不再执行《污水综合排放标准》（GB 8978—1996）中的相关规定。

地方省级人民政府也可制定地方污染物排放标准，补充该标准未作规定的项目或者实施严于该标准规定的项目。

环境影响评价文件或排污许可证要求严于该标准或者地方标准时，按照批复的环境影响评价文件或排污许可证执行。

（三）排放标准及应税污染物

1. 适用范围

《石油炼制工业污染物排放标准》（GB 31570—2015）规定了石油炼制工业企业及其生产设施的水污染物和大气污染物排放限值、监测和监督管理要求，适用于现有石油炼制工业企业或生产设施的水污染物和大气污染物排放管理，以及石油炼制工业建设项目的环境影响评价、环境保护设施设计、竣工环境保护验收及其投产后的水污染物和大气污染物排放管理。

2. 应税水污染物排放控制要求

石油炼制工业企业及其生产设施排放废水中的污染物监测项目，包括 2 项物理性监测项目、12 项有机污染物指标、5 项非金属无机物指标、6 项金属类指标，总计 25 种污染物，其中 22 种污染物属于《中华人民共和国环境保护税法》规定的应税污染物，其排放限值及污染当量值见表 2-3。

表 2-3 石油炼制工业废水应税污染物排放限值及污染当量值

类型	污染物	排放限值①（mg/L，pH 值除外）		采样或 pH 值除外监控位置	污染当量值（kg，pH 值除外）
		直接排放	间接排放①		
第一类	总铅	1.0		生产车间或设施废水排放口	0.025
	总砷	0.5			0.02
	总镍	1.0			0.025
	总汞	0.05			0.0005
	苯并（a）芘	0.00003			0.0000003
第二类	悬浮物（SS）	70（50※）	—	企业废水总排放口	4
	化学需氧量（COD_{Cr}）	60（50※）	—		1
	生化需氧量（BOD_5）	20（10※）	—		0.5
	氨氮	8.0（5.0※）	—		0.8
	总磷	1.0（0.5※）	—		0.25
	总有机碳（TOC）	20（15※）	—		0.49
	石油类	5.0（3.0※）	20（15※）		0.1
	硫化物	1.0（0.5※）	1.0		0.125
	挥发酚	0.5（0.3※）	0.5		0.08
	苯	0.1	0.2（0.1※）		0.02
	甲苯	0.1	0.2（0.1※）		0.02
	邻二甲苯	0.4（0.2※）	0.6（0.4※）		0.02
	间二甲苯	0.4（0.2※）	0.6（0.4※）		0.02
	对二甲苯	0.4（0.4※）	0.6（0.4※）		0.02
	乙苯	0.4（0.4※）	0.6（0.4※）		0.02
	总氰化物	0.5（0.3※）	0.5		0.05
其他类	pH 值	6.0~9.0	—		6 级

注：①废水进入城镇污水处理厂或经由城镇污水管线排放，应达到直接排放限值。废水进入园区（包括各类工业园区、开发区、工业聚集地等）污水处理厂，执行间接排放限值；未规定限值的污染物，由企业与园区污水处理厂根据其污水处理能力商定相关标准，并报当地环境保护主管部门备案。

※根据环境保护工作的要求，在国土开发密度已经较高、环境承载能力开始减弱，或水环境容量较小、生态环境脆弱，容易发生严重水环境污染问题而需要采取特别保护措施的地区，应严格控制企业的污染排放行为，在上述地区的企业执行规定的水污染物特别排放限值。执行水污染物特别排放限值的地域范围、时间，由国务院环境保护主管部门或省级人民政府规定。本书其他表格中※标注同此表，不一一标注。

三、再生铜、铝、铅、锌工业水污染物排放标准及应税污染物

再生有色金属工业是我国的一个新兴产业，近年来发展迅速，已连续多年位居全球第一。与原生矿冶炼相比，再生有色金属的循环利用在节约资源、减少能耗、提高效率和保护环境方面效果极其显著。但是，由于再生有色金属的原料来源不同、

成分复杂，加工利用过程中产生的污染物种类多于原生金属冶金，环保治理难度很大。

（一）再生铜、铝、铅、锌工业废水

再生有色金属工业是指以废杂有色金属为原料，生产有色金属及其合金的工业，包括再生铜工业、再生铝工业、再生铅工业和再生锌工业。这类排污单位在原料预处理、地面冲洗、冲渣、循环冷却、电解系统、烟气脱硫、初期雨水等方面产生的废水称为再生有色金属工业废水。由于生产工艺、操作方法等不同，再生有色金属工业废水成分差异很大，但通常含有铜、铅、锌、镍、镉、铬等重金属元素，虽然铜、锌等为人类必需的微量元素，但当人体中这些微量元素超过限量时，也会造成一定危害。重金属污染与其他有机化合物的污染不同。重金属进入环境后不能被生物体降解，而且会参与食物链的循环，并最终在生物体内富集，破坏正常生理代谢活动。

（二）水污染物排放标准的制定与实施

鉴于再生铜、铝、铅、锌工业废水的特殊性，环境保护部科技标准司组织北京中色再生金属研究有限公司和环境保护部标准研究所共同研制出我国首个再生铜、铝、铅、锌工业水污染物排放标准。2015 年 4 月 3 日，环境保护部正式批准了《再生铜、铝、铅、锌工业污染物排放标准》（GB 31572—2015）。该标准规定，新建企业于 2015 年 7 月 1 日起正式实施，现有企业自 2017 年 7 月 1 日起实施。

（三）排放标准及应税污染物

1. 适用范围

《再生铜、铝、铅、锌工业污染物排放标准》（GB 31572—2015）规定了再生有色金属（铜、铝、铅、锌）工业企业水污染物排放限值、监测和监控要求，以及标准的实施与监督等。该标准适用于再生有色金属（铜、铝、铅、锌）工业企业的水污染物排放管理，以及再生有色金属（铜、铝、铅、锌）工业企业建设项目的环境影响评价、环境保护设施设计、竣工环境保护验收及其投产后的水污染物排放管理；不适用于原生有色金属熔炼及压延加工等工业企业的水污染物排放管理，以及附属于再生有色金属工业企业的非特征生产工艺和装置的水污染物排放管理。

2. 应税水污染物排放控制要求

再生有色金属（铜、铝、铅、锌）工业企业及其生产设施排放废水中的污染物监测项目，包括 2 项物理指标、3 项有机污染物指标、4 项非金属无机物指标、8 项金属类指标，总计 17 种污染物，其中 15 种污染物属于《中华人民共和国环境保护税法》规定的应税污染物，其排放限值及污染当量值见表 2-4。

表 2-4 再生铜、铝、铅、锌工业应税污染物排放限值及污染当量值

类型	污染物	排放限值（mg/L，pH 值除外）		采样或监控位置	污染当量值（kg，pH 值除外）
		直接排放	间接排放		
第一类	总铅	0.2	0.2	生产车间或设施废水排放口	0.025
	总镉	0.01	0.01		0.005
	总砷	0.1	0.1		0.02
	总镍	0.1	0.1		0.025
	总汞	0.01	0.01		0.0005
	总铬	0.5	0.5		0.04
第二类	悬浮物（SS）	30（10※）	—	企业废水总排放口	4
	化学需氧量（COD_{Cr}）	50（30※）	—		1
	石油类	3（1※）	10（3※）		0.1
	氨氮	8（5※）	—		0.8
	总磷	1（0.5※）	—		0.25
	总铜	0.2	0.2		0.1
	总锌	1（0.2※）	1（0.2※）		0.2
	硫化物	1（0.3※）	1（0.3※）		0.125
其他类	pH 值	6.0~9.0	—		6 级

对于排放含有放射性物质的污水，除执行《再生铜、铝、铅、锌工业污染物排放标准》（GB 31574—2015）外，还应符合《电离辐射防护与辐射源安全基本标准》（GB 18871—2002）的规定。

3. 应税水污染物排放浓度

水污染物排放浓度限值适用于单位产品实际排水量不高于单位产品基准排水量（见表 2-5）的情况。若单位产品实际排水量超过单位产品基准排水量，需按式（2-2）将实测水污染物浓度换算为水污染物基准排水量排放浓度，并将水污染物基准排水量排放浓度作为判定排放是否达标的依据。产品产量和排水量统计周期为一个工作日。在企业的生产设施同时生产两种以上产品，适用不同排放控制要求或不同行业国家污染物排放标准，且生产设施产生的污水混合处理排放的情况下，应执行排放标准中规定最严格的浓度限值，并按式（2-2）换算为水污染物基准排水量排放浓度。

表 2-5 单位产品基准排水量

现有及新建企业（m^3/t）	特别地区企业①（m^3/t）	监控位置
1	0.5	排水量计量位置与污染物排放监控位置一致

注：①根据环境保护工作的要求，在国土开发密度已经较高、环境承载能力开始减弱，或水环境容量较小、生态环境脆弱，容易发生严重水环境污染问题而需要采取特别保护措施的地区执行。

四、合成树脂工业水污染物排放标准及应税污染物

合成树脂（synthetic resin）是一类人工合成的高分子聚合物。与传统材料相比，合成树脂具有性能高、成本低的特点。进入20世纪，合成树脂以惊人的速度不断代替各种传统天然材料，日益在经济发展和社会生活中占据重要地位。随着合成树脂工业生产规模、工艺技术不断提高，合成树脂化工废水排放因其排放污染物种类多、对环境危害大，成为又一个比较突出的环境问题。

（一）合成树脂工业废水

合成树脂工业是以单体（低分子化合物）为主要原料，采用聚合反应结合成大分子的方式生产合成树脂的工业，或者以普通合成树脂为原料，采用改性等方法生产新的合成树脂产品的工业，也包括以合成树脂为原料，采用混合、共混、改性等工艺，通过挤出、注射、压制、压延、发泡等方法生产合成树脂制品的工业，或者以废合成树脂为原料，通过再生的方法生产新的合成树脂或合成树脂制品的工业。由于企业在生产过程中会使用醇、酸及其他特种材料，且在无机酸的催化作用下发生酯化反应，合成树脂工业废水中一般含有酸、醇和酯，同时还含有较高浓度的其他有机物质。常见的合成树脂包括聚乙烯树脂、聚丙乙烯树脂、聚苯乙烯树脂、聚氯乙烯树脂和ABS树脂等。这些树脂多为高聚合的大分子有机物质。合成树脂工业废水具有分子量高、浓度高、稳定性强、成分复杂、可生化性差的特点。

（二）水污染物排放标准的制定与实施

我国首个合成树脂工业水污染物排放标准由环境保护部科技标准司组织中国石油和化工勘察设计协会等单位共同制定。2015年4月3日，环境保护部正式批准了《合成树脂工业污染物排放标准》（GB 31572—2015），新建企业自2015年7月1日起实施，现有企业自2017年7月1日起实施。

（三）排放标准及应税污染物

1. 适用范围

《合成树脂工业污染物排放标准》（GB 31572—2015）规定了合成树脂工业企业及其生产设施（包括合成树脂加工和废合成树脂回收再加工企业及其生产设施）的水污染物排放限值、监测和监督管理要求。该标准适用于现有合成树脂工业企业或生产设施的水污染物排放管理，以及合成树脂工业建设项目的环境影响评价、环境保护设施设计、竣工环境保护验收及其投产后的水污染物排放管理。

2. 应税水污染物排放控制要求

合成树脂（聚氯乙烯树脂除外）工业企业及其生产设施排放废水中包含33种污染物监测项目，其中24种污染物属于《中华人民共和国环境保护税法》规定的应税污染物，其排放限值及污染当量值见表2-6。

表 2-6　合成树脂工业应税污染物排放限值及污染当量值

类型	污染物	排放限值①（mg/L，pH 值除外）		适合的合成树脂类型	采样或监控位置	污染当量值（kg，pH 值除外）
		直接排放	间接排放			
第一类	总铅	1.0		所有合成树脂	生产车间或设施废水排放口	0.025
	总镉	0.1				0.005
	总砷	0.5				0.02
	总镍	1.0				0.025
	总汞	0.05				0.0005
	总铬	1.5				0.04
	六价铬	0.5				0.02
第二类	悬浮物（SS）	30（20※）	—	所有合成树脂	企业废水总排放口	4
	化学需氧量（COD_{Cr}）	60（50※）	—			1
	生化需氧量（BOD_5）	20（10※）	—			0.5
	氨氮	8.0（5.0※）	—			0.8
	总磷	1.0（0.5※）	—			0.25
	总有机碳（TOC）	20（15※）	—			0.49
	可吸附有机卤化物（AOX）	1.0	5.0			0.25
	丙烯腈	2.0	2.0	ABS 树脂		0.125
	苯酚	0.5（0.3※）	0.5	酚醛树脂		0.02
	甲醛	1.0	5.0（2.0※）	酚醛树脂 氨基树脂 聚甲醛树脂		0.125
	氟化物	10（8.0※）	20（15※）	氟树脂		0.5
	总氰化物	0.5（0.3※）	0.5	丙烯酸树脂		0.05
	苯	0.1	0.2（0.1※）	聚甲醛树脂		0.02
	甲苯	0.1	0.2（0.1※）	聚甲醛树脂 ABS 树脂 环氧树脂 有机硅树脂 聚砜树脂		0.02
	乙苯	0.4（0.2※）	0.6（0.4※）	聚苯乙烯树脂 ABS 树脂		0.02
	氯苯	0.2	0.4（0.2※）	聚碳酸酯树脂		0.02
其他类	pH 值	6.0~9.0	—	所有合成树脂		6 级

注：①废水进入城镇污水处理厂或经由城镇污水管线排放，应达到直接排放限值。废水进入园区（包括各类工业园区、开发区、工业聚集地等）污水处理厂，执行间接排放限值；未规定限值的污染物，由企业与园区污水处理厂根据其污水处理能力商定相关标准，并报当地环境保护主管部门备案。

五、无机化学工业水污染物排放标准及应税污染物

无机化学工业是重要的基础原料、材料工业，其产品种类繁多，主要包括硫酸盐、磷化物、氯化物、氟化物、铬化物及溴化物等，主要用于农业化学品添加剂、食品添加剂，以及纺织、轻工、钢铁等传统支柱企业。无机化学工业在国民经济中占有重要地位，其年产量在一定程度上反映了一个国家的化学工业发展水平。

（一）无机化学工业废水

无机化学工业是以天然资源和工业副产物为原料生产无机酸、碱、盐、氧化物、氢氧化物、过氧化物及单质化工产品的工业，主要包括涉重金属无机化合物工业、无机氰化合物工业、硫化合物和硫酸盐工业、卤素及其化合物工业、无机氯化合物及氯酸盐工业、无机溴及其化合物工业、无机碘及其化合物工业及无机氟化合物工业等25个工业。无机化学工业在工艺洗涤、设备清洗等过程中产生的废水称为无机化学工业废水。这些废水中通常含有重金属、硫化物、氯化物、氟化物、氰化物等污染物，部分重金属产品如锆还含有放射性元素，它们一旦进入人体，就会极大地损害身体的正常功能。另外，如果废水中氨氮含量过高，还会影响水产动物的摄食，造成中毒，甚至死亡。

（二）水污染物排放标准的制定与实施

为了促进无机化学工业生产工艺和污染治理技术的进步，环境保护部科技标准司组织中国无机盐工业协会、环境保护部环境标准研究所、昆明理工大学、生态环境部华南环境科学研究所、重庆市环境科学研究院和济南市环境保护科学研究院共同制定了我国首个无机化学工业水污染物排放标准。2015 年 4 月 3 日，环境保护部正式批准了《无机化学工业污染物排放标准》（GB 31573—2015），新建企业自 2015 年 7 月 1 日起实施，现有企业自 2017 年 7 月 1 日起实施。

（三）排放标准及应税污染物

1. 适用范围

《无机化学工业污染物排放标准》（GB 31573—2015）规定了无机酸、碱、盐、氧化物、氢氧化物、过氧化物及单质工业企业水和大气污染物的排放限值、监测和监督管理要求。该标准适用于无机酸、碱、盐、氧化物、氢氧化物、过氧化物及单质工业企业水污染物排放管理，以及无机酸、碱、盐、氧化物、氢氧化物、过氧化物及单质工业企业建设项目的环境影响评价、环境保护设施设计、竣工环境保护验收及其投产后的水污染物排放管理；不适用于硫酸、盐酸、硝酸、烧碱、纯碱、电石、无机磷、无机涂料和颜料、磷肥、氮肥和钾肥、氢氧化钾等无机化学产品及有色金属工业的水污染物排放管理。

2. 应税水污染物排放控制要求

《无机化学工业污染物排放标准》（GB 31573—2015）规定，水污染物排放浓度以

实测浓度为准，不得人为稀释排放。无机化学工业企业及其生产设施排放废水中的污染物监测项目共计30种，其中20种污染物属于《中华人民共和国环境保护税法》规定的应税污染物，其排放限值及污染当量值见表2-7。

表2-7 无机化学工业应税污染物排放限值及污染当量值

类型	污染物	控制污染源	排放限值①（mg/L，pH值除外）		采样或监控位置	污染当量值（kg，pH值除外）
			直接排放	间接排放		
第一类	总铅	所有	0.5		生产车间或设施废水排放口	0.025
	总镉	所有	0.05			0.005
	总砷	所有	0.3			0.02
	总镍	涉铬、锌、锰、镍、铜、镉、钴重金属无机化合物工业	0.5			0.025
	总汞	所有	0.005			0.0005
	总铬	氯酸盐工业、涉铬重金属无机化合物工业	1			0.04
		涉锰、镍、钼、铜重金属无机化合物工业	0.5			
	六价铬	所有	0.1			0.02
	总银	涉银重金属无机化合物工业	0.5			0.02
第二类	悬浮物（SS）	所有	50	100	企业废水总排放口	4
	化学需氧量（COD_{Cr}）	所有	50	200		1
	氨氮	所有	10	40		0.8
	总磷	所有	0.5	2		0.25
	氟化物	除硫化合物及硫酸盐工业、无机氰化合物工业外	6	6		0.5
	硫化物	除无机氰化合物工业外	0.5	1		0.125
	总氰化物	除涉重金属无机化合物工业外	0.3	0.5		0.05
	石油类	所有	3	6		0.1
	总铜	涉锌、锰、镍、钼、铜、铅、锡、汞重金属无机化合物工业	0.5			0.1
	总锌	涉锌、镍、钼、铜、铅、镉、锡、汞重金属无机化合物工业	1			0.2
	总锰	涉锌、锰无机重金属工业	1			0.2
其他类	pH值	所有	6.0~9.0	6.0~9.0		6级

注：①废水进入城镇污水处理厂或经由城镇污水管线排放，应达到直接排放限值；废水进入园区（包括各类工业园区、开发区、工业聚集地等）污水处理厂，执行间接排放限值。

六、电池工业水污染物排放标准及应税污染物

随着新能源汽车、通信等技术水平的显著提高，全球对电池的需求量越来越大。目前，我国是世界上最大的电池生产国和出口大国，每年电池的产量和消费量达140亿只以上，占世界总产量的1/3，约有70%的电池出口，其中太阳电池出口量最大，超过90%，其次是二次电池及锌锰电池。近年来，随着公众环境保护意识的不断提高，电池生产及使用所带来的环境问题日益受到社会各界的广泛关注。

（一）电池工业废水

电池工业是指以正极活性材料、负极活性材料，配合电介质，以密封式结构制成的，具有一定公称电压和额定容量的化学电源以及利用太阳辐射能直接转换成电能的太阳电池的制造业。电池主要有一次电池、二次电池、燃料电池和太阳能电池四类。其中：一次电池主要有锌锰电池、一次锂电池、锌银电池；二次电池主要有可充碱性锌锰电池、镉镍-氢镍电池、锂离子电池、锂聚合物电池和铅酸蓄电池等。电池是一种绝对干净的储能元件，但其生产工艺产生的废水却是典型的高浓度有机废水。电池工业废水还包括极板的漂洗废水、电池装成后的清洗废水和车间地面的冲洗废水。这些废水中含有大量的 Zn^{2+}、Mn^{2+}、Hg^{2+} 等重金属离子，还有少量的钴酸锂、磷酸铁锂、甲基吡啶烷酮、纳米超细碳粉及小分子酯类等。在电池生产排放的重金属废水中，以含铅废水最为广泛。铅进入人体后，会通过血液侵入大脑神经组织，使营养物质和氧气供应不足，造成脑组织损伤，严重者可能发生脑病，甚至死亡。

（二）水污染物排放标准的制定与实施

鉴于电池行业是重金属消耗和排放重点行业，环境保护部科技标准司组织中国轻工业清洁生产中心等单位共同制定了我国首个电池工业水污染物排放标准。2013 年 12 月 16 日，环境保护部正式批准了《电池工业污染物排放标准》（GB 30484—2013），新建企业自 2014 年 3 月 1 日起实施，现有企业自 2014 年 7 月 1 日起实施。

（三）排放标准及应税污染物

1. 适用范围

《电池工业污染物排放标准》（GB 30484—2013）规定了电池（包括锌锰电池①、锌空气电池、锌银电池、铅蓄电池、镉镍电池、氢镍电池、锂离子电池、锂电池、太阳电池）工业企业水污染物排放限值、监测和监控要求，以及标准的实施与监督等。该标准适用于电池工业企业或生产设施的水污染物排放管理，以及电池工业企业建设项目的环境影响评价、环境保护设施设计、竣工环境保护验收及其投产后的水污染物排放管理。

① 锌锰电池包括糊式电池、纸板电池、叠层电池、碱性锌锰电池。

2. 应税水污染物排放控制要求

电池工业企业及其生产设施排放废水中共计15种污染物监测项目，其中13种属于《中华人民共和国环境保护税法》中规定的应税污染物，其排放限值及污染当量值见表2-8。

表2-8 电池工业应税污染物排放标准限值及污染当量值

类型	污染物	排放限值（mg/L，pH值除外）						采样或监控位置	污染当量值（kg，pH值除外）
		直接排放					间接排放②		
		锌锰/锌银/锌空气电池	铅蓄电池	镉镍/氢镍电池	锂离子/锂电池	太阳电池			
第一类	总铅	—	0.5（0.1※）	—	—	—		生产车间或设施废水排放口	0.025
	总镉	—	0.02（0.01※）	0.05（0.01※）	—	—			0.005
	总镍	—	—	0.5（0.05※）	—	—			0.025
	总汞	0.005（0.001※）	—	—	—	—			0.0005
	总银①	0.2（0.1※）	—	—	—				0.02
第二类	悬浮物（SS）	50（10※）	50（10※）	50（10※）	50（10※）	50（10※）	140（50※）	企业废水总排放口	4
	化学需氧量（COD_{Cr}）	70（50※）	70（50※）	70（50※）	70（50※）	70（50※）	150（70※）		1
	氨氮	10（8※）	10（8※）	10（8※）	10（8※）	10（8※）	30（10※）		0.8
	总磷	0.5	0.5	0.5	0.5	0.5	2.0（0.5※）		0.25
	氟化物	—	—	—	—	8.0（2.0※）			0.5
	总锌	1.5（1.0※）	—	—	—	—			0.2
	总锰	1.5（1.0※）	—	—	—	—			0.2
其他类	pH值	6.0~9.0	6.0~9.0	6.0~9.0	6.0~9.0	6.0~9.0	6.0~9.0		6级

注：①总银为锌银电池监测项目。②空白项表示间接排放限值与直接排放限值一致。

3. 应税水污染物排放浓度

水污染物排放限值适用于单位产品实际排水量不高于单位产品基准排水量（见表2-9）的情况。单位产品实际排水量超过单位产品基准排水量等其他情况参照电子工业废水的核算方法，按式（2-2）换算为水污染物基准排水量排放浓度。

表 2-9　单位产品基准排水量

产品类型			现有企业及新建企业[①]	特别地区企业[①]	监控位置
锌锰/锌银/锌空气电池	糊式电池		1.3 m^3/万只	1.0 m^3/万只	企业废水总排放口
	碱性锌锰电池/纸板电池/叠层电池/锌空气电池		0.8 m^3/万只	0.6 m^3/万只	
	扣式电池/锌银电池		0.4 m^3/万只	0.3 m^3/万只	
铅蓄电池	极板制造+组装		0.2 m^3/kVAh	0.15 m^3/kVAh	
	极板制造		0.18 m^3/kVAh	0.13 m^3/kVAh	
	组装		0.025 m^3/kVAh	0.02 m^3/kVAh	
镉镍/氢镍电池			0.25 m^3/万只	0.3 m^3/万只	
锂离子/锂电池			0.8 m^3/万只	1.0 m^3/万只	
太阳电池	硅太阳电池	硅片+电池制造	2.5 m^3/kVAh	2.0 m^3/kVAh	
		电池制造	1.2 m^3/kVAh	1.0 m^3/kVAh	
		硅片制造	1.5 m^3/kVAh	1.2 m^3/kVAh	
	非晶硅太阳电池[②]		0.2 m^3/kVAh	0.15 m^3/kVAh	

注：①根据环境保护工作的要求，在国土开发密度已经较高、环境承载能力开始减弱，或环境容量较小、生态环境脆弱，容易发生严重环境污染问题而需要采取特别保护措施的地区。②其他类型太阳电池排水量按非晶硅太阳电池基准排水量执行。

七、制革及毛皮加工工业水污染物排放标准及应税污染物

我国皮革行业涵盖制革、制鞋、皮具、皮革服装、毛皮及制品等主体行业，以及皮革科技、皮革化工、皮革机械、皮革五金、鞋用材料等配套行业。经过多年发展，中国已成为世界上最大的皮具制造国家，皮具产品的出口额也一度多年居轻工行业的首位。该工业的生产过程中使用了大量的化学物质（化学助剂、颜料等），这些物质会以水、气、固体废物等方式排放到环境中，对人体健康和环境造成即时的或潜在累积性的影响。该工业排放的废水是制革及毛皮加工业的主要污染源，也是较难处理的工业废水之一。

（一）皮革及毛皮加工工业废水

制革是把从猪、牛、羊等动物体上剥下来的皮（生皮），进行系统的化学和物理处理，制作成适合各种用途的半成品革或成品革的过程。半成品革经过整饰加工成成品革也属于制革的范畴。毛皮加工是把从毛皮动物体上剥下来的皮（包括毛被和皮板），通过系统的化学和物理处理，制作成带毛加工品的过程。皮革加工大致包括准备、鞣

制和整饰三个工段，耗水量较高，准备工段和整饰工段排放的废水占全部废水的80%以上。

原料皮是指制革企业或毛皮加工企业加工皮革或毛皮所用的最初状态皮料，包括成品革或成品毛皮之前所有阶段的产品，如生皮、蓝湿皮、坯革等。成品皮革和毛皮是由原料皮加工而来的，原料皮的加工是对胶原蛋白和角蛋白的加工，在加工过程中，大量胶原和毛发被分解，以蛋白质的形式进入废渣和废水中，造成废水中的污染负荷较高，成为制革废水的主要污染源。制革废水除含有机污染物外，通常还含有S^{2-}、Cr^{3+}等。因此，制革废水是一种高浓度有机废水。另外，因为皮革和毛皮种类繁多，根据原料皮、加工工艺以及成品皮革的不同，排放的废水水质也会有很大差别，进一步加大了制革及毛皮加工工业废水治理的难度。

（二）水污染物排放标准的制定与实施

制革及毛皮加工工业是轻工行业中污染较大的行业，鉴于其具有排污量较大、污水成分较复杂等问题，环境保护部科技标准司组织中国皮革协会等单位共同制定了我国首个制革及毛皮加工工业水污染物排放标准。2013年12月16日，环境保护部正式批准了《制革及毛皮加工工业水污染物排放标准》（GB 30486—2013），新建企业于2014年3月1日起实施，现有企业自2014年7月1日起实施。

（三）排放标准及应税污染物

1. 适用范围

《制革及毛皮加工工业水污染物排放标准》（GB 30486—2013）规定了制革及毛皮加工企业水污染物排放限值、监测和监控要求，以及标准的实施与监督等。该标准适用于现有制革及毛皮加工企业的水污染物排放管理，以及对制革及毛皮加工企业建设项目的环境影响评价、环境保护设施设计、竣工环境保护验收及其投产后的水污染物排放管理。

2. 应税水污染物排放控制要求

制革及毛皮加工工业企业及其生产设施排放废水中的污染物监测项目包括3项物理指标、3项有机污染物指标、5个非金属无机物指标、2项金属类指标，总计13种污染物，其中11种污染物属于《中华人民共和国环境保护税法》规定的应税污染物，其排放限值及污染当量值见表2-10。

表2-10 制革及毛皮加工工业应税污染物排放限值及污染当量值

类型	污染物	排放限值（mg/L，其他类除外）			采样或监控位置	污染当量值（kg，其他类除外）
		直接排放		间接排放		
		制革企业	毛皮加工企业			
第一类	总铬	1.5（0.5※）			生产车间或设施废水排放口	0.04
	六价铬	0.1（0.05※）				0.02

续表

类型	污染物	排放限值（mg/L，其他类除外）			采样或监控位置	污染当量值（kg，其他类除外）
		直接排放		间接排放		
		制革企业	毛皮加工企业			
第二类	悬浮物（SS）	50（10※）	50（10※）	120（50※）	企业废水总排放口	4
	化学需氧量（COD_{Cr}）	100（60※）	100（60※）	300（100※）		1
	生化需氧量（BOD_5）	30（20※）	30（20※）	80（30※）		0.5
	动植物油	10（5※）	10（5※）	30（10※）		0.16
	氨氮	25（15※）	15	70（25※）		0.8
	总磷	1（0.5※）	1（0.5※）	4（1※）		0.25
	硫化物	0.5（0.2※）	0.5（0.2※）	1.0（0.5※）		0.125
其他类	pH 值	6.0~9.0	6.0~9.0	6.0~9.0		6 级
	色度（稀释倍数）	30（20※）	30（20※）	100（30※）		5 吨水·倍

3. 应税水污染物排放浓度

水污染物排放浓度限值适用于单位产品实际排水量不高于单位产品基准排水量（见表 2-11）的情况。单位产品实际排水量超过单位产品基准排水量等其他情况需参照电子工业废水的核算办法，按式（2-2）换算为水污染物基准排水量排放浓度。

表 2-11　单位产品基准排水量　　单位：m^3/t 原料皮

新建企业/现有企业			特别地区企业①		监控位置
直接排放		间接排放②	直接排放	间接排放	
制革企业	毛皮加工企业				
55	70		40		排水量计量位置与污染物排放监控位置一致

注：①根据环境保护工作的要求，在国土开发密度已经较高、环境承载能力开始减弱，或水环境容量较小、生态环境脆弱，容易发生严重水环境污染问题而需要采取特别保护措施的地区执行。②制革企业和毛皮加工企业的单位产品基准排水量的间接排放限值与各自的直接排放限值相同。

八、合成氨工业水污染物排放标准及应税污染物

氨作为重要的无机化工产品之一，不仅是生产硫酸铵、氯化铵、硝酸铵、碳酸氢铵、尿素等化学肥料的主要原料，对农业发展起着举足轻重的作用，而且是生产硝酸、染料、塑料、炸药、医药、合成纤维、石油化工等工业产品的重要原料，被广泛用于制药、炼油、合成纤维、合成树脂等工业部门。因此，合成氨生产在国民经济发展中始终处于十分重要的地位。随着社会经济的不断发展，合成氨工业的地位越来越重要，

但其产生的水污染问题也不容忽视。

（一）合成氨工业废水

合成氨工业包括生产合成氨以及以合成氨为原料生产尿素、硝酸铵、碳酸氢铵及醇氨联产的生产企业或生产设施。合成氨工业在生产过程中会消耗大量的水，也会有大量废水产生。这些废水主要来自造气（包括煤焦造气和油造气）生产合成氨工艺废水和气制合成氨工艺废水。煤焦造气工艺废水主要包括气化工序产生的脱硫废水、脱硫工序产生的脱硫废水和铜洗工序产生的含氨废水。油造气工艺废水主要来自除炭工序产生的碳黑和含氰废水、脱硫工序产生的脱硫废水，以及在脱除有机硫过程中产生的低压变换冷凝液及甲烷化冷凝液（即含氨废水）。气制工艺废水主要来自脱硫工序产生的脱硫废水及铜烧工序产生的合成氨废水，以及在脱除有机硫过程中产生的冷凝液。因此，合成氨废水的成分比较复杂，含有悬浮物、氨氮、硫化物、氰化物、酚类等。废水中的氨氮是水体富营养化和环境污染的重要因子，若不及时治理，易引起水中藻类及其他微生物的大量繁殖，降低水体观赏价值，生成的硝酸盐和亚硝酸盐还会对水生生物甚至人类健康构成严重威胁。

（二）水污染物排放标准的制定与实施

自《合成氨工业水污染物排放标准》（GB 13458—2001）实施以来，我国合成氨工业水污染物控制技术有了实质性进展，但该标准已难以适应新形势下环境保护工作的要求。为贯彻《中华人民共和国环境保护法》《中华人民共和国水污染防治法》等法律、法规，防治水污染，促进合成氨工业生产工艺和污染治理技术的进步，环境保护部科技标准司组织中国环境科学研究院于 2008 年启动了合成氨工业水污染物排放标准修订工作。2013 年 2 月 25 日，环境保护部正式批准了该标准，新建企业于 2013 年 7 月1 日起实施，现有企业自 2014 年 7 月 1 日起实施。

（三）排放标准及应税污染物

1. 适用范围

《合成氨工业水污染物排放标准》（GB 13458—2013）以合成氨工业现有成熟的清洁生产工艺和水污染治理技术为依托，以控制合成氨工业水污染物排放负荷为基点，明确了合成氨工业企业或生产设施水污染物排放限值、监测和监控要求，以及标准的实施与监督等。该标准适用于现有合成氨工业企业或生产设施的水污染物排放管理，以及对合成氨工业企业建设项目的环境影响评价、环境保护设施设计、竣工环境保护验收及其投产后的水污染物排放管理；不适用于硝酸、复混肥以及联碱法纯碱生产的水污染物排放管理。

2. 应税水污染物排放控制要求

合成氨工业企业及其生产设施排放废水中的污染物监测项目，包括 2 项物理指标、3 项有机污染物指标、5 项非金属无机物指标，总计 10 种污染物，其中 9 种污染物属于

《中华人民共和国环境保护税法》规定的应税污染物，其排放限值及污染当量值见表2-12。

表2-12　合成氨工业应税污染物排放限值及污染当量值

类型	污染物	排放限值（mg/L，pH值除外）		采样或监控位置	污染当量值（kg，pH值除外）
		直接排放	间接排放		
第二类	悬浮物（SS）	50（30※）	100（50※）	企业废水总排放口	4
	化学需氧量（COD_{Cr}）	80（50※）	200（80※）		1
	氨氮	25（15※）	50（25※）		0.8
	总磷	0.5	1.5（0.5※）		0.25
	硫化物	0.5	0.5		0.125
	石油类	3	3		0.1
	挥发酚	0.1	0.1		0.08
	氰化物	0.2	0.2		0.05
其他类	pH值	6.0~9.0	6.0~9.0		6级

九、柠檬酸工业水污染物排放标准及应税污染物

柠檬酸又名枸橼酸，也称第一食用酸味剂，被广泛用于饮料、食品、医药、化学和洗涤工业，是目前世界上需求量最大的一种有机酸。生产方法主要有水果提取法、化学合成法、生物发酵法。考虑到水果提取法和化学合成法普遍存在高成本、工艺复杂、安全性低等缺点，世界上柠檬酸的生产主要是通过发酵工艺进行的，但其生产过程中产生的大量高浓度有机废水所引起的环境污染问题越来越受关注。

（一）柠檬酸工业废水

柠檬酸工业是以玉米（淀粉）、薯干（淀粉）等为主要原料，通过糖化、发酵、提取和精制等过程生产柠檬酸产品的工业。发酵法以淀粉、糖蜜等为原料，利用霉菌和酵母菌进行发酵生产柠檬酸发酵法有三种类型，即表面发酵法、深层发酵法和固体发酵法。根据其生产工艺流程，所排放的废水主要包括三部分：第一部分为柠檬酸钙洗涤过程中产生的废糖水和一至三遍洗涤废糖水；第二部分为精提车间离子交换段产生的废水；第三部分为全厂产生的其他废水。柠檬酸工业废水中污染物成分主要来自原料（如蛋白质、脂肪和纤维素等）、生产过程的添加剂（如Ca^{2+}、SO_4^{2-}等）和副产物（如草酸、苹果酸等）。柠檬酸工业废水成分复杂，如果不经处理直接排放，生物降解作用会使受纳水体缺氧甚至厌氧，引发水生生物死亡，使水体失去使用价值。

（二）水污染物排放标准的制定与实施

为贯彻《中华人民共和国环境保护法》《中华人民共和国水污染防治法》《国务院关于编制全国主体功能区规划的意见》等法律、法规和规章，防治水污染，加强对柠檬酸工业企业废水排放的控制和管理，规范柠檬酸工业企业环境影响评价工作，环境保护部科技标准司组织中国环境科学研究院等单位启动了柠檬酸工业水污染物排放标准修订工作。2013 年 2 月 25 日，环境保护部正式批准《柠檬酸工业水污染物排放标准》（GB 19430—2013，代替 GB 19430—2004），新建企业自 2013 年 1 月 1 日起实施，现有企业自 2013 年 7 月 1 日起实施。

（三）排放标准及应税污染物

1. 适用范围

为促进区域经济与环境协调发展，推动经济结构的调整和经济增长方式的转变，引导工业生产工艺和污染治理技术的发展方向，《柠檬酸工业水污染物排放标准》（GB 19430—2013）规定了柠檬酸工业企业的水污染物排放限值、监测和监控要求，以及标准的实施与监督等。该标准适用于现有柠檬酸工业企业的水污染物排放管理，以及对柠檬酸工业企业建设项目的环境影响评价、环境保护设施设计、竣工环境保护验收及其投产后的水污染物排放管理。

2. 应税水污染物排放控制要求

柠檬酸工业企业及其生产设施排放废水中的污染物监测项目，包括 3 项物理指标、3 项有机污染物指标、2 项非金属无机物指标，总计 8 种污染物，其中 7 种属于《中华人民共和国环境保护税法》规定的应税污染物，其排放限值及污染当量值见表 2-13。

表 2-13　柠檬酸工业应税污染物排放限值及污染当量值

类型	污染物	排放限值（mg/L，其他类除外）		采样或监控位置	污染当量值（kg，其他类除外）
		直接排放	间接排放		
第二类	悬浮物（SS）	50（10※）	160（50※）	企业废水总排放口	4
	生化需氧量（BOD_5）	20（10※）	80（20※）		0.5
	化学需氧量（COD_{Cr}）	100（50※）	300（100※）		1
	氨氮	10（8※）	30（10※）		0.8
	总磷	1.0	4.0（2.0※）		0.25
其他类	pH 值	6.0~9.0	6.0~9.0		6 级
	色度（稀释倍数）	40（30※）	100（50※）		5 吨水·倍

十、麻纺工业水污染物排放标准及应税污染物

麻是植物的韧皮纤维，属于天然纤维。我国麻类纤维品种类丰富，包括苎麻、亚

麻、黄（红）麻、大麻、罗布麻、竹原纤维、剑麻等，其中苎麻种植面积和产量占世界90%以上。麻纺工业是我国天然纤维特色产业。中国已成为世界上第一麻纺大国，苎麻纺织、亚麻纺织的生产和贸易居世界首位。在快速发展的同时，麻纺工业也产生了一系列问题，尤其是环境污染问题。

（一）麻纺工业废水

麻纺企业指以苎麻、亚麻、黄（红）麻、汉麻等纤维类农产品为主要原料进行脱胶和纺织加工的企业。麻纺产品原料为麻纤维，麻织物在制作过程中以苎麻和亚麻为原麻材料，材料中含有大量多糖胶状物质，多糖胶状物质需要经过原料处理除去，去除的多糖胶状物质会以液体即废水的形式排出。另外，洗染、印花、上浆等多道工序中还会产生大量碱性强、有机物浓度高的废水。由此可见，麻纺企业在生产中会产生大量脱胶废水和印染废水。脱胶废水主要包括浸酸废液、煮炼废液、煮炼洗水、拷麻水等，这类废水属于高浓度有机废水，具有浓度高、色度高、悬浮物多和水温高等特点，其成分复杂，并含有大量难降解的有机物。因此，麻纺工业废水如果未经处理就排放，将对水体环境造成严重污染，所以必须对其进行处理，达标后才可排放。

（二）水污染物排放标准的制定与实施

随着清洁生产观念的不断深入，单纯的末端控制标准已无法促进企业环境保护工作的开展和工艺技术的更新。为此，环境保护部科技标准司组织中国轻工业清洁生产中心等单位共同制定了我国首个麻纺工业水污染物排放标准。2012 年 9 月 11 日，环境保护部正式批准了《麻纺工业水污染物排放标准》（GB 28938—2012），自 2013 年 1 月 1 日起实施。

（三）排放标准及应税污染物

1. 适用范围

《麻纺工业水污染物排放标准》（GB 28938—2012）规定了麻纺企业和拥有麻纺设施的企业的脱胶水污染物的排放限值、监测和监控要求，以及标准的实施与监督等。该标准适用于现有麻纺企业和拥有麻纺设施的企业（包括亚麻温水沤麻企业或场所）的水污染物排放管理，以及对麻纺企业建设项目的环境影响评价、环境保护设施设计、竣工环境保护验收及其投产后的水污染物排放管理；但不适用于麻纺企业染整废水的排放控制。

2. 应税水污染物排放控制要求

麻纺工业企业及其生产设施排放废水中的污染物监测项目，包括 3 项物理指标、3 项有机污染物指标、3 项非金属无机物指标，总计 9 种污染物，其中 8 种污染物属于《中华人民共和国环境保护税法》规定的应税污染物，其排放限值及污染当量值见表 2-14。

表 2-14 麻纺工业应税污染物排放限值及污染当量值

类型	污染物	排放限值（mg/L，其他类除外）		采样或监控位置	污染当量值（kg，其他类除外）
		直接排放	间接排放		
第二类	悬浮物（SS）	50（20※）	100（50※）	企业废水总排放口	4
	生化需氧量（BOD_5）	30（20※）	70（30※）		0.5
	化学需氧量（COD_{Cr}）	100（60※）	250（100※）		1
	氨氮	10（5※）	25（10※）		0.8
	总磷	0.5	1.5（0.5※）		0.25
	可吸附有机卤素（AOX）	10（8※）	10（8※）		0.25
其他类	pH 值	6.0~9.0	6.0~9.0		6 级
	色度（稀释倍数）	50（30※）	80（50※）		5 吨水·倍

3. *应税水污染物排放浓度*

水污染物排放浓度限值适用于单位产品实际排水量不高于单位产品基准排水量（见表 2-15）的情况。若单位产品实际排水量超过单位产品基准排水量，需按式（2-2）将实测水污染物浓度换算为水污染物基准排水量排放浓度，并以水污染物基准排水量排放浓度为判定排放是否达标的依据。产品产量和排水量统计周期为一个工作日。在企业的生产设施同时生产两种以上产品、适用不同排放控制要求或不同行业国家污染物排放标准，且生产设施产生的污水混合处理排放的情况下，应执行排放标准规定最严格的浓度限值，并按式（2-2）换算为水污染物基准排水量排放浓度。

表 2-15 单位产品基准排水量

现有及新建企业	特别地区企业①	监控位置
400	300	排水量计量位置与污染物排放监控位置一致

注：①根据环境保护工作的要求，在国土开发密度已经较高、环境承载能力开始减弱，或水环境容量较小、生态环境脆弱，容易发生严重水环境污染问题而需要采取特别保护措施的地区执行。

十一、毛纺工业水污染物排放标准及应税污染物

毛纺工业是我国纺织工业的重要组成部分。改革开放以后，依靠技术创新、产品及技术结构调整，我国毛纺产品不断丰富并持续升级换代，每年加工羊毛约 40 万吨（折洗净毛），约占世界羊毛加工总量的 35%。我国已成为世界上最大的羊毛制品加工中心。

（一）毛纺工业废水

毛纺企业是指对羊毛纤维或其他动物毛纤维等原料进行洗毛、梳条、染色、纺纱、织造、染整的生产企业。毛纺工业废水是在毛纺加工过程中产生的一种较难处理的工业废水。根据生产工序和生产工艺的不同，毛纺工业废水分为洗毛废水和染色废水。洗毛废水是毛纺企业在洗毛过程中所产生的工业废水，主要来自原毛洗涤、炭化和漂白过程。这种废水会随着羊的品种、产地和剪毛季节不同而存在较大差异，污染物质包括羊脂、羊汗、羊粪、沙土等杂物。洗毛过程中需加入洗涤剂和纯碱，炭化过程中会用到无机酸等，所以洗毛废水中通常含有复杂酯类、脂肪酸、醇类等被乳化的有机物质，无机酸、钾、钠等，成分比较复杂，且废水中 COD_{Cr}、BOD_5等含量较高，属于高浓度有机废水。染色废水主要来自印染加工（退浆、染色、印花等）工序，每印染加工 1 吨毛纺产品需耗水 100～200 吨，废水量较大。染色废水中含有染料、浆料、助剂、油剂、酸碱、纤维杂质、砂类物质、无机盐等组分，具有浓度高、色度高、种类多、有毒有害等特点。随着时代的变迁，各种羊毛改性处理技术以及新型纺纱、织造工艺不断出现，但产生的大量毛纺工业废水如不经过处理直接排入河流，对环境卫生、人畜健康会造成不同程度的危害。

（二）水污染物排放标准的制定与实施

为减少有毒有害污染物的排放，环境保护部科技标准司组织中国轻工业清洁生产中心、江苏阳光股份有限公司、环境保护部环境标准研究所共同制定了我国首个毛纺工业水污染物排放标准。2012 年 9 月 11 日，环境保护部正式批准了《毛纺工业水污染物排放标准》（GB 28937—2012），自 2013 年 1 月 1 日起实施。

（三）排放标准及应税污染物

1. 适用范围

《毛纺工业水污染物排放标准》（GB 28937—2012）规定了毛纺企业和拥有毛纺设施的企业的洗毛水污染物的排放限值、监测和监控要求，以及标准的实施与监督等。该标准适用于现有毛纺企业的洗毛水污染物排放管理，以及毛纺企业建设项目的环境影响评价、环境保护设施设计、竣工环境保护验收及其投产后的水污染物排放管理；不适用于毛纺企业染整废水的排放控制。

2. 应税水污染物排放控制要求

《毛纺工业水污染物排放标准》（GB 28937—2012）规定的毛纺工业企业及其生产设施排放废水中的污染物监测项目，包括 2 项物理指标、3 项有机污染物指标、3 项非金属无机物指标，总计 8 种污染物，其中 7 种污染物属于《中华人民共和国环境保护税法》中规定的应税污染物，其排放限值及污染当量值见表 2-16。

表 2-16　毛纺工业应税污染物排放限值及污染当量值

类型	污染物	排放限值（mg/L，pH 值除外）		采样或监控位置	污染当量值（kg，pH 值除外）
		直接排放	间接排放		
第二类	悬浮物（SS）	60（20※）	100（60※）	企业废水总排放口	4
	生化需氧量（BOD_5）	20（15※）	50（20※）		0.5
	化学需氧量（COD_{Cr}）	80（60※）	200（80※）		1
	氨氮	10（8※）	25（10※）		0.8
	总磷	0.5	1.5（0.5※）		0.25
	动植物油	10（3※）	10（3※）		0.16
其他类	pH 值	6.0~9.0	6.0~9.0		6 级

十二、缫丝工业水污染物排放标准及应税污染物

缫丝是蚕茧抽丝的一道工艺，是丝绸面料加工的重要工序之一。缫丝方法多样。按照缫丝时蚕茧沉浮状态，可以分为浮缫、半沉缫和沉缫；按照缫丝机械类型，可以分为立缫和自动缫；按照自动缫丝机的感知形式，可分为定粒感知缫丝和定纤感知缫丝。缫丝工业在我国历史悠久，随着近代工业的发展，缫丝企业已遍布我国各大省市。

（一）缫丝工业废水

缫丝企业是指以蚕茧为主要原料，经选剥、煮茧、缫丝、复摇、整理等工序生产生丝、土丝、双宫丝及蚕吐、汰头、蚕蛹等副产品的企业，包括桑蚕缫丝企业和柞蚕缫丝企业。缫丝生产用水量大，不可避免地会产生大量废水。这些废水主要来源于煮茧、立缫（缫丝和复摇）和副产品加工（汰头）等工段。煮茧是利用水和热的作用，借助于化学助剂，让蚕茧外围的丝胶适当膨胀，并将其泡软，使茧丝间的胶着力小于茧丝的湿润强力，以便在缫丝时茧丝能连续不断依次离解的过程。复摇是将缫丝后卷绕在小籰上的生丝再卷绕到大籰或筒子上的工艺流程。各工段废水水质及水量有一定差别，其中煮茧和立缫工序的废水为连续性排放，废水水量较大，存在一定量的可吸附但不可生物降解或者难于生物降解的有机物（主要成分为丝胶、丝素、粗蛋白和破碎的蛹体等）；而汰头工序的废水为间歇性排放，废水水量小，但有机物浓度非常高，是污染最为严重的废水。缫丝工业废水若未经处理直接流入河道，会消耗大量水中的溶解氧，破坏原有水质，使河道短时间内迅速富营养化，变黑变臭。

（二）水污染物排放标准的制定与实施

为促进缫丝工业生产工艺和污染治理技术的进步，环境保护部科技标准司组织中国纺织经济研究中心等单位共同制定了我国首个缫丝工业水污染物排放标准。2012 年 9 月 11 日，环境保护部正式批准了《缫丝工业水污染物排放标准》（GB 28936—2012），自 2013 年 1 月 1 日起实施。

（三）排放标准及应税污染物

1. 适用范围

《缫丝工业水污染物排放标准》（GB 28936—2012）规定了缫丝工业企业或生产设施水污染物排放限值、监测和监控要求，以及标准的实施与监督等。该标准适用于现有缫丝工业企业或生产设施的水污染物排放管理，以及对缫丝工业企业建设项目的环境影响评价、环境保护设施设计、竣工环境保护验收及其投产后的水污染物排放管理。

2. 应税水污染物排放控制要求

缫丝工业企业及其生产设施排放废水中的污染物监测项目，包括 2 项物理指标、4 项有机污染物指标、2 项非金属无机物指标，总计 8 种污染物，其中 7 种污染物属于《中华人民共和国环境保护税法》中规定的应税污染物，其排放限值及污染当量值见表 2-17。

表 2-17　缫丝应税污染物排放限值及污染当量值

类型	污染物	排放限值（mg/L，pH 值除外）		采样或监控位置	污染当量值（kg，pH 值除外）
		直接排放	间接排放		
第二类	悬浮物（SS）	30（10※）	140（30※）	企业废水总排放口	4
	生化需氧量（BOD_5）	25（15※）	80（25※）		0.5
	化学需氧量（COD_{Cr}）	60（40※）	200（60※）		1
	氨氮	15（5※）	40（15※）		0.8
	总磷	0.5	1.5（0.5※）		0.25
	动植物油	3（1※）	3（1※）		0.16
其他类	pH 值	6.0~9.0	6.0~9.0		6 级

十三、纺织染整工业水污染物排放标准及应税污染物

纺织染整工业在美化人民生活、增强文化自信、建设生态文明、带动相关产业发展、拉动内需增长、促进社会和谐等方面发挥着重要作用。当前，我国纺织染整工业已发展为具有国际竞争力的传统优势产业，但其生产过程中排放的污染物不仅给环境带来污染，还会产生各种有害化学物质，对人体造成损害。

（一）纺织染整工业废水

纺织染整俗称印染，是对纺织材料（纤维、纱、线和织物）进行以染色、印花、整理为主的处理工艺过程，包括预处理（不含洗毛、麻脱胶、煮茧和化纤等纺织用原料的生产工艺）、染色、印花和整理等工序。纺织染整流程（退浆、精炼、漂白等步骤）中除了消耗大量原辅料以外，也必须投入大量的水和染料、助剂等化学试剂，从而会产生大量废水。纺织染整工业废水具有排放量大、有机物含量高、色度高以及处理难度大等特点。纺织染整工业废水是纺织工业主要的污染源，其排放量约占纺织工业废水排放总量的 70%，是我国在水污染物减排、排放总量控制、清洁生产以及产业结构调整等方面严格把控的重点行业之一。

（二）水污染物排放标准的制定与实施

1992年，《纺织染整工业水污染物排放标准》（GB 4287—1992）首次发布实施。而后，为了更好地发挥标准对企业废水治理的指导作用，并加强印染行业水污染控制，环境保护部科技标准司组织中国纺织经济研究中心等单位启动了纺织染整工业水污染物排放标准的修订工作。2012年9月11日，环境保护部正式批准了《纺织染整工业水污染物排放标准》（GB 4287—2012），新建企业自2013年1月1日起实施，现有企业自2015年1月1日起实施。

（三）排放标准及应税污染物

1. 适用范围

为促进纺织染整工业生产工艺和污染治理技术的进步，《纺织染整工业水污染物排放标准》（GB 4287—2012）规定了纺织染整工业企业的水污染物排放限值、监测和监控要求，以及标准的实施与监督等。该标准适用于现有纺织染整工业企业或生产设施的水污染物排放管理，以及对纺织染整工业企业建设项目的环境影响评价、环境保护设施设计、竣工环境保护验收及其投产后的水污染物排放管理；不适用于洗毛、麻脱胶、煮茧和化纤等纺织用原料的生产工艺水污染物排放管理。

2. 应税水污染物排放控制要求

纺织染整工业企业及其生产设施排放废水中的污染物监测项目，包括3项物理指标、3项有机污染物指标、6项非金属无机物指标、1项金属类指标，总计13种污染物，其中11种污染物属于《中华人民共和国环境保护税法》中规定的应税污染物，其排放限值及污染当量值见表2-18。

表2-18 纺织染整工业应税污染物排放限值及污染当量值

类型	污染物	排放限值（mg/L，其他类除外）		采样或监控位置	污染当量值（kg，其他类除外）
		直接排放	间接排放		
第一类	六价铬	不得检出		生产车间或设施废水排放口	0.02
第二类	悬浮物（SS）	50（20※）	100（50※）	企业废水总排放口	4
	生化需氧量（BOD_5）	20（15※）	50（20※）		0.5
	化学需氧量（COD_{Cr}）	80（60※）	200（80※）		1
	氨氮	10 15（8※）①	20 30（10※）①		0.8
	总磷	0.5	1.5（0.5※）		0.25
	硫化物	0.5（不得检出※）	0.5（不得检出※）		0.125
	可吸附有机卤化物（AOX）	12（8※）	12（8※）		0.25
	苯胺类	不得检出	不得检出		0.2
其他类	pH值	6.0~9.0	6.0~9.0		6级
	色度（稀释倍数）	50（30※）	80（50※）		5吨水·倍

注：①蜡染行业执行该限值。

十四、炼焦化学工业水污染物排放标准及应税污染物

焦炭是一种固体燃料，质硬、多孔、发热量高，用煤高温干馏而成，是冶金、机械、化工等行业的重要原料、燃料。随着我国钢铁产能迅猛增加，国内焦炭需求量大增，炼焦化学工业进入高速发展期。但是长期以来，炼焦化学过程主要关注产品形成技术的开发，注重对高产量和高质量焦炭的追求，而忽视了在产品形成过程中质能转换以及传递过程的耦合匹配，从而造成生产过程出现运行成本高、效率低、污染严重等问题。

（一）炼焦化学工业废水

炼焦化学工业是指炼焦煤按生产工艺和产品要求配比后，装入隔绝空气的密闭炼焦炉内，经高、中、低温干馏转化为焦炭、焦炉煤气和化学产品的工艺过程。炼焦化学工业废水主要来源于煤气厂和炼焦厂的煤气净化和炼焦过程，以及对化工制品进行精制的过程，包括剩余氨水经蒸氨后形成的蒸氨废水，煤气水封水、化验室排放废水，化学品回收车间地坪冲洗水，以及油、粗苯等产品蒸馏分离废水等，其中蒸氨过程中产生的剩余氨水是最大来源。炼焦化学工业废水是一种典型的难降解工业废水，成分复杂，含有大量的氰化物、挥发酚、石油类、氨氮、苯并（a）芘等有毒有害物质，所以大量排放炼焦化学工业废水不仅会对当地环境造成严重污染，而且会对人体健康构成威胁。

（二）水污染物排放标准的制定与实施

由于我国炼焦化学工业整体格局和水平已发生重大变化，《炼焦化学工业污染物排放标准》（GB 16171—1996）已不适用新型炼焦工业企业防治污染。为进一步防范环境风险，完善炼焦化学工业水污染物排放控制要求，环境保护部科技标准司组织山西省环境保护厅等单位启动了炼焦化学工业水污染物排放标准的修订工作。2012 年 6 月 15 日，环境保护部正式批准了《炼焦化学工业污染物排放标准》（GB 16171—2012），自 2012 年 10 月 1 日起开始实施。

（三）排放标准及应税污染物

1. 适用范围

《炼焦化学工业污染物排放标准》（GB 16171—2012）规定了炼焦化学工业企业水污染物排放限值、监测和监控要求，以及标准的实施与监督等。该标准适用于现有和新建焦炉生产过程备煤、炼焦、煤气净化、炼焦化学产品回收和热能利用等工序水污染物的排放管理。另外，钢铁等工业企业炼焦分厂污染物排放管理也执行该标准。

2. 应税水污染物排放控制要求

炼焦化学工业企业及其生产设施排放废水中的污染物监测项目，包括 2 项物理指标、4 项有机污染物指标、8 项非金属无机物指标，总计 14 种污染物，其中 12 种属于

《中华人民共和国环境保护税法》中规定的应税污染物，其排放限值及污染当量值见表2-19。

表2-19 炼焦化学工业应税污染物排放限值及污染当量值

类型	污染物	排放限值		采样或监控位置	污染当量值（kg，pH值除外）
		直接排放	间接排放		
第一类	苯并（a）芘	0.03 μg/L	0.03 μg/L	生产车间或设施废水排放口	0.0000003
第二类	悬浮物（SS）	50（25※）mg/L	70（50※）mg/L	企业废水总排放口	4
	生化需氧量（BOD_5）	20（10※）mg/L	30（20※）mg/L		0.5
	化学需氧量（COD_{Cr}）	80（40※）mg/L	150（80※）mg/L		1
	石油类	2.5（1.0※）mg/L	2.5（1.0※）mg/L		0.1
	挥发酚	0.30（0.10※）mg/L	0.30（0.10※）mg/L		0.08
	硫化物	0.50（0.20※）mg/L	0.50（0.20※）mg/L		0.125
	总磷	1.0（0.5※）mg/L	3.0（1.0※）mg/L		0.25
	苯	0.10 mg/L	0.10 mg/L		0.02
	氨氮	10（5.0※）mg/L	25（10※）mg/L		0.8
	氰化物	0.20 mg/L	0.20 mg/L		0.05
其他类	pH值	6.0~9.0	6.0~9.0		6级

十五、铁合金工业水污染物排放标准及应税污染物

铁合金是钢铁工业和机械铸造行业必不可少的重要原料之一。近几年，我国铁合金工业得到了飞速发展，已成为一个铁合金生产大国和出口大国。随着我国钢铁工业的持续和快速发展，我国铁合金产品类型也不断增多，目前主要包括硅铁、锰铁、硅锰、铬铁、钨铁、钒铁、镍铁、钼铁等，其中以锰铁合金的产量最高，约占铁合金总产量的46%。我国铁合金工业从无到有、从小到大、从弱到强发展至今，取得了丰硕的成果，但作为高耗能、高污染的产业，其水污染的治理也值得关注。

（一）铁合金工业废水

铁合金是指一种或一种以上的金属或非金属元素与铁组成的合金，以及某些非铁质元素组成的合金。铁合金用途广泛，主要用作脱氧剂、合金剂、铸造晶核孕育剂和制取某些产品和超纯物质（元素或化合物）的原料等。铁合金生产过程中会产生大量废水，即铁合金工业废水。这些废水主要包括冷却水、含氰酚煤气洗涤废水、洗渣废水、含铬废水和含钒废水等。从企业效益和水资源保护角度出发，铁合金工业产生的冷却水原则上实行水的封闭循环利用。因为循环冷却水中并不存在有毒有害物质，所以无须对其进行处理；而其他工序中产生的废水含有重金属、氰化物，还存在色度高、

悬浮物多等问题，其中以铬化合物的污染最为严重。在水生环境中，藻类等水生生物对铬化合物相对敏感。此外，铬化合物可通过消化道、呼吸道、皮肤和黏膜进入人体，积聚在肝脏、肾脏和内分泌腺中。因此，有必要对废水中的铬化合物浓度进行严格控制，以减少其对环境和人类的危害。

（二）水污染物排放标准的制定与实施

为促进铁合金工业生产工艺和污染治理技术的进步，环境保护部科技标准司组织相关单位制定了我国首个铁合金工业水污染物排放标准。2012 年 6 月 15 日，环境保护部正式批准了《铁合金工业污染物排放标准》（GB 28666—2012），自 2012 年 10 月 1 日起实施。

（三）排放标准及应税污染物

1. 适用范围

《铁合金工业污染物排放标准》（GB 28666—2012）规定了铁合金生产企业或生产设施水污染物排放限值、监测和监控要求，以及标准的实施与监督等。该标准适用于电炉法铁合金生产企业或生产设施的水污染物排放管理。

2. 应税水污染物排放控制要求

铁合金工业企业及其生产设施排放废水中的污染物监测项目，包括 2 项物理指标、3 项有机污染物指标、4 项非金属无机物指标、3 项金属类指标，总计 12 种污染物，其中 11 种污染物属于《中华人民共和国环境保护税法》规定的应税污染物，其排放限值及污染当量值见表 2-20。

表 2-20 铁合金工业应税污染物排放限值及污染当量值

类型	污染物	排放限值（mg/L，pH 值除外）		采样或监控位置	污染当量值（kg，pH 值除外）
		直接排放	间接排放		
第一类	总铬	1.5（1.0※）		生产车间或设施废水排放口	0.04
	六价铬	0.5			0.02
第二类	悬浮物（SS）	70（20※）	200（70※）	企业废水总排放口	4
	化学需氧量（COD_{Cr}）	60（30※）	200（60※）		1
	石油类	5（3※）	10（5※）		0.1
	挥发酚	0.5	1.0（0.5※）		0.08
	氨氮	8（5※）	15（8※）		0.8
	总磷	1.0（0.5※）	2.0（1.0※）		0.25
	总氰化物	0.5	0.5		0.05
	总锌	2（1※）	4.0（2※）		0.2
其他类	pH 值	6.0~9.0	6.0~9.0		6 级

十六、钢铁工业水污染物排放标准及应税污染物

钢铁工业是我国国民经济的重要基础工业，随着国内钢材生产技术水平的提高，国内钢铁企业生产的高性能、高附加值的产品越来越多，很多品种的质量已经达到世界领先水平。钢铁工业是能源、资源、资金密集型产业，除了铁矿石外，还需要大量的煤炭、石灰石、各种合金等原料，以及大量的能源介质（如水、电、氮气、氧气、氩气等），所以生产过程中污染物的排放量也比较大。

（一）钢铁工业废水

钢铁联合企业是指拥有钢铁工业基本生产过程的钢铁企业，包含炼铁、炼钢和轧钢等生产工序。钢铁非联合企业是指除钢铁联合企业外，含一个或两个及以上钢铁工业生产工序的企业。钢铁工业废水主要来源于生产工艺过程用水、设备与产品冷却水、烟气洗涤和场地冲洗等，含有SS、油、盐碱、COD_{Cr}等污染物，具有色度较高、主要污染物浓度变化大、水质不稳定、浮油较多等特点。钢铁工业属重污染行业之一，为改善我国环境质量，应首先削减其污染物排放总量。

（二）水污染物排放标准的制定与实施

为完善我国污染物排放标准体系，引导钢铁行业可持续发展，环境保护部科技标准司组织相关单位对钢铁工业水污染物排放标准进行了修订。2012年6月15日，环境保护部正式批准了《钢铁工业水污染物排放标准》（GB 13456—2012，代替GB 13456—1992），自2012年10月1日起实施。新标准的实施将提高整体装备水平，调整产业结构，使我国钢铁行业的清洁生产和节能减排要求进入一个全新时期。

（三）排放标准及应税污染物

1. 适用范围

《钢铁工业水污染物排放标准》（GB 13456—2012）规定了钢铁生产企业或生产设施水污染物排放限值、监测和监控要求，以及标准的实施与监督等。该标准适用于现有钢铁生产企业或生产设施的水污染物排放管理，不适用于钢铁生产企业中铁矿采选废水、焦化废水和铁合金废水的排放管理。

2. 应税水污染物排放控制要求

钢铁工业企业及其生产设施排放废水中有20种污染物监测项目，其中18种属于《中华人民共和国环境保护税法》规定的应税污染物，其排放限值及污染当量值见表2-21。

表 2-21　钢铁工业应税污染物排放限值及污染当量值

类型	污染物	排放限值（mg/L，pH 值除外）							采样或监控位置	污染当量值（kg，pH 值除外）
		直接排放						间接排放		
		钢铁联合企业	钢铁非联合企业							
			烧结（球团）	炼铁	炼钢	轧钢				
						冷轧	热轧			
第一类	总汞	0.05（0.01※）	—	—	—	0.05（0.01※）	0.05（0.01※）		生产车间或设施废水排放口	0.0005
	总砷	0.5（0.1※）	0.5（0.1※）	—	—	0.5（0.1※）	0.5（0.1※）			0.02
	六价铬	0.5（0.05※）	—	—	—	0.5（0.05※）	0.5（0.05※）			0.02
	总铬	1.5（0.1※）	—	—	—	1.5（0.1※）	1.5（0.1※）			0.04
	总铅	1.0（0.1※）	1.0（0.1※）	1.0（0.1※）	—	—	1.0（0.1※）			0.025
	总镍	1.0（0.05※）	—	—	—	1.0（0.05※）	1.0（0.05※）			0.025
	总镉	0.1（0.01※）	—	—	—	0.1（0.01※）	0.1（0.01※）			0.005
第二类	悬浮物（SS）	30（20※）	30（20※）	30（20※）	30（20※）	30（20※）		100（30※）	企业废水总排放口	4
	化学需氧量（COD_{Cr}）	50（30※）	50（30※）	50（30※）	50（30※）	70（30※）	50（30※）	200−		1
	石油类	3（1※）	3（1※）	3（1※）	3（1※）	3（1※）		10（3※）		0.1
	氨氮	5	—	5	5	5		15（8※）		0.8
	总氰化物	0.5	—	0.5	—	0.5		0.5		0.05
	总锌	2.0（1.0※）	—	2.0（1.0※）	—	2.0（1.0※）		4.0（2.0※）		0.2
	总铜	0.5（0.3※）	—	—	—	0.5（0.3※）		1.0（0.5※）		0.1
	氟化物	10	—	—	10	10		20（10※）		0.5
	总磷	0.5	—	—	—	0.5		2.0（0.5※）		0.25
	挥发酚	0.5	—	0.5	—	—		1.0（0.5※）		0.08
其他类	pH 值	6.0~9.0	6.0~9.0	6.0~9.0	6.0~9.0	6.0~9.0		6.0~9.0		6 级

十七、铁矿采选工业水污染物排放标准及应税污染物

铁矿采选行业对我国国民经济发展做出了重大贡献，但同时铁矿资源无序和低效的开采加工也付出了巨大的环境代价。铁矿的开采会使耕地减少，引发水土流失，还

会加剧崩塌、滑坡、泥石流等地质灾害，破坏自然景观。此外，铁矿采选过程对水环境和大气环境的破坏也十分严重。

（一）铁矿采选工业废水

铁矿采选是指铁矿石的采矿和选矿活动。采矿是指在铁矿山及以铁矿石为主要产品的多金属矿山采用露天开采或地下开采工艺开采铁矿石的过程。选矿是指采用重选、磁选、浮选及其联合工艺选别铁矿石、获取铁精矿的过程。铁矿采选过程耗水量大，会产生大量废水，如矿石破碎过程中的除尘排水、洗矿废水、冷却水、石灰乳及选矿药剂制备车间的地面冲洗水等。选矿废水对自然水体的污染最为严重。一般情况下，选矿废水中的污染物包括悬浮物，酸、碱、矿选药剂（如氢化物、黄药、煤油等），各种重金属（如汞、镉、铬等），化学耗氧物质以及其他污染物（如油类、酚、膦等），具有排放量大、持续性强、污染物种类多的特点。如果这些废水未经处理就排放，会直接或间接污染地表水、地下水和周围农田，进而对生活在周围的人及牲畜产生影响。如何减少铁矿采选过程对水环境的污染日益引起人们的关注。

（二）水污染物排放标准的制定与实施

为防治污染，促进铁矿采选工业生产工艺和污染治理技术的进步，环境保护部科技标准司组织中钢集团马鞍山矿山研究院、环境保护部环境标准研究所共同制定了我国首个铁矿采选工业水污染物排放标准。2012 年 6 月 15 日，环境保护部正式批准《铁矿采选工业污染物排放标准》（GB 28661—2012），自 2012 年 10 月 1 日起实施。为促进地区经济与环境协调发展，推动经济结构的调整和经济增长方式的转变，引导铁矿采选工业生产工艺和污染治理技术的发展方向，该标准规定了水污染物特别排放限值。

（三）排放标准及应税污染物

1. 适用范围

《铁矿采选工业污染物排放标准》（GB 28661—2012）规定了铁矿采选生产企业或生产设施的水污染物排放限值、监测和监控要求，以及标准的实施与监督等。该标准适用于现有铁矿采选生产企业或生产设施的水污染物排放管理，以及铁矿采选工业建设项目的环境影响评价、环境保护设施设计、环境保护工程竣工验收及其投产后的水污染物排放管理。

2. 应税水污染物排放控制要求

铁矿采选工业企业及其生产设施排放废水中有 23 种污染物监测项目，其中 21 种属于《中华人民共和国环境保护税法》规定的应税污染物，其排放限值及污染当量值见表 2-22。

表 2-22　铁矿采选工业应税污染物排放限值及污染当量值

类型	污染物	排放限值（mg/L，pH 值除外）					采样或监控位置	污染当量值（kg，pH 值除外）
		直接排放				间接排放		
		采矿废水		选矿废水				
		酸性废水	非酸性废水	浮选废水	重选和磁选废水			
第一类	总汞	0.05（0.01※）					生产车间或设施废水排放口	0.0005
	总镉	0.1（0.05※）						0.005
	总铬	1.5（0.5※）						0.04
	六价铬	0.5（0.1※）						0.02
	总砷	0.5（0.2※）						0.02
	总铅	1.0（0.5※）						0.025
	总镍	1.0（0.5※）						0.025
	总铍	0.005（0.003※）						0.01
	总银	0.5（0.2※）						0.02
第二类	悬浮物（SS）	70（50※）	70（50※）	100（60※）	70（50※）	300（100※）	企业废水总排放口	4
	化学需氧量（COD_{Cr}）	—	—	70（50※）	—	200（70※）		1
	石油类	5.0（3.0※）	5.0（3.0※）	10（5.0※）	5.0（3.0※）	20（10※）		0.1
	氨氮	—	—	15（8※）	—	30（15※）		0.8
	总磷	0.5（0.3※）	0.5（0.3※）	0.5（0.3※）	0.5（0.3※）	2.0（0.5※）		0.25
	总锌	2.0（1.0※）	—	2.0（1.0※）	2.0（1.0※）	5.0（2.0※）		0.2
	总铜	0.5（0.3※）	—	0.5（0.3※）	0.5（0.3※）	2.0（0.5※）		0.1
	总锰	2.0（1.0※）	—	2.0（1.0※）	2.0（1.0※）	4.0（2.0※）		0.2
	硫化物	0.5（0.3※）	0.5（0.3※）	0.5（0.3※）	0.5（0.3※）	1.0（0.5※）		0.125
	氟化物	10（8.0※）	10（8.0※）	10（8.0※）	10（8.0※）	20（10※）		0.5
	总硒	0.1（0.05※）	—	0.1（0.05※）	0.1（0.05※）	0.4（0.1※）		0.02
其他类	pH 值	6.0~9.0	6.0~9.0	6.0~9.0	6.0~9.0	6.0~9.0		6 级

十八、橡胶制品工业水污染物排放标准及应税污染物

橡胶是具有可逆形变的高弹性聚合物材料。橡胶制品行业是我国国民经济的重要基础产业之一。橡胶制品应用前景十分广阔，包括日用、医用等轻工业，交通、建筑、机械、电子等重工业，同时也为新兴产业提供各种橡胶生产设备或橡胶部件。在2017年世界卫生组织国际癌症研究机构公布的致癌物清单初步整理参考中，橡胶被列为一类致癌物。橡胶制造业排放的“三废”对环境及人类均具有严重的危害性。

（一）橡胶制品工业废水

橡胶制品工业是指以生胶（天然胶、合成胶、再生胶等）为主要原料、各种配合剂为辅料，经炼胶、压延、压出、成型、硫化等工序，制造各类产品的工业，主要包括轮胎、摩托车胎、自行车胎、胶管、胶带、胶鞋、乳胶制品以及其他橡胶制品的生产企业，但不包含轮胎翻新及再生胶生产企业。橡胶制品工业中产生的污水是工业污水中成分较为复杂的一种，除乳胶制品外，其他产品生产废水主要来自混炼、挤出、压延及压出等工艺循环冷却水、硫化废水，生产过程中的润滑、冷却、传动等系统产生的废水，通常含有悬浮物和有机物等污染物。

（二）水污染物排放标准的制定与实施

为促进橡胶制品工业生产工艺和污染治理技术的进步，环境保护部科技标准司组织天津市环境保护科学研究院等单位共同制定了我国首个橡胶制品工业水污染物排放标准。2011年9月21日，环境保护部正式批准了《橡胶制品工业污染物排放标准》（GB 27632—2011），自2012年1月1日起实施。该标准的施行，促进了地区经济与环境的协调发展，推动了经济结构的调整和经济增长方式的转变，将会引导工业生产工艺和污染治理技术向新的方向发展。

（三）排放标准及应税污染物

1. 适用范围

《橡胶制品工业污染物排放标准》（GB 27632—2011）规定了橡胶制品工业企业或生产设施水污染物的排放限值、监测和监控要求，以及标准实施与监督等。该标准适用于现有橡胶制品生产企业或生产设施的水污染物排放管理，以及橡胶制品工业企业建设项目的环境影响评价、环境保护设施设计、竣工环境保护验收及其投产后的水污染物排放管理。

2. 应税水污染物排放控制要求

橡胶制品工业企业及其生产设施排放废水中的污染物监测项目，包括2项物理指标、4项有机污染物指标、3项非金属无机物指标，总计9种污染物，其中8种属于《中华人民共和国环境保护税法》规定的应税污染物，其排放限值及污染当量值见表2-23。

表 2-23　橡胶制品工业应税污染物排放限值及污染当量值

类型	污染物	排放限值（mg/L，pH 值除外）			采样或监控位置	污染当量值（kg，pH 值除外）
		直接排放		间接排放		
		轮胎企业和其他制品企业	乳胶制品企业			
第二类	悬浮物（SS）	10	40（10※）	150（40※）	企业废水总排放口	4
	化学需氧量（COD_{Cr}）	70（50※）	70（50※）	300（70※）		1
	生化需氧量（BOD_5）	10	10	80（20※）		0.5
	氨氮	5	10（5※）	30（10※）		0.8
	总磷	0.5	0.5	1.0（0.5※）		0.25
	石油类	1	1	10（1※）		0.1
	总锌	—	1.0（0.5※）	3.5（1.0※）①		0.2
其他类	pH 值	6.0~9.0	6.0~9.0	6.0~9.0		6 级

注：①乳胶制品企业执行此排放限值。

十九、发酵酒精和白酒工业水污染物排放标准及应税污染物

酒精作为重要的溶剂和化工原料，在医疗卫生、化工合成、食品工业等领域发挥着重要作用。我国酒精生产主要采用合成法和发酵法，但由于原料的限制，大规模采用合成法的偏少，随着生物技术水平的发展，使用发酵法的日趋增多。无论是传统白酒行业还是发酵酒精行业，都呈现出快速发展态势。近些年，随着产品产量的增长，废水及污染物排放总量也在不断增长。

（一）发酵酒精和白酒工业废水

发酵酒精工业是指以淀粉质、糖蜜或其他生物质等为原料，经发酵、蒸馏而制成食用酒精、工业酒精、变性燃料乙醇等酒精产品的工业。白酒工业指以淀粉质、糖蜜或其他代用料等为原料，经发酵、蒸馏而制成白酒和用食用酒精勾兑成白酒的工业。发酵酒精和白酒工业污染以水污染最为严重，生产废水主要来自蒸馏发酵成熟醪后排出的酒精糟，生产设备的洗涤水、冲洗水，以及蒸煮、糖化、发酵、蒸馏工艺的冷却水等。这些废水中的污染物主要包括醇类、有机酸类、酯类以及醛类等，有毒有害成分少、易生物降解，属于高浓度有机废水。

（二）水污染物排放标准的制定与实施

为促进发酵酒精和白酒工业生产工艺和污染治理技术的进步，环境保护部科技标

准司组织中国环境科学研究院等单位共同制定了我国首个发酵酒精和白酒工业水污染物排放标准。2011 年 9 月 21 日，环境保护部正式批准了《发酵酒精和白酒工业水污染物排放标准》（GB 27631—2011），自 2012 年 1 月 1 日起实施。为促进区域经济与环境协调发展，推动经济结构的调整和经济增长方式的转变，引导发酵酒精和白酒工业生产工艺和污染治理技术的发展方向，该标准规定了水污染物特别排放限值。

（三）排放标准及应税污染物

1. 适用范围

《发酵酒精和白酒工业水污染物排放标准》（GB 27631—2011）规定了发酵酒精和白酒工业企业或生产设施水污染物的排放限值、监测和监控要求，以及标准的实施与监督等。该标准适用于现有发酵酒精和白酒工业企业或生产设施的水污染物排放管理，也适用于对发酵酒精和白酒工业建设项目的环境影响评价、环境保护设施设计、竣工环境保护验收及其投产后的水污染物排放管理。

2. 应税水污染物排放控制要求

发酵酒精和白酒工业企业及其生产设施排放废水中的污染物监测项目，包括 2 项物理指标、3 项有机污染物指标、2 项非金属无机物指标，总计 7 种污染物，它们都属于《中华人民共和国环境保护税法》规定的应税污染物，其排放限值及污染当量值见表 2-24。

表 2-24 发酵酒精和白酒工业应税污染物排放限值及污染当量值

类型	污染物	排放限值（mg/L，其他类除外）		采样或监控位置	污染当量值（kg，其他类除外）
		直接排放	间接排放		
第二类	悬浮物（SS）	50（20※）	140（50※）	企业废水总排放口	4
	生化需氧量（BOD_5）	30（20※）	80（30※）		0.5
	化学需氧量（COD_{Cr}）	100（50※）	400（100※）		1
	氨氮	10（5※）	30（10※）		0.8
	总磷	1.0（0.5※）	3.0（1.0※）		0.25
其他类	pH 值	6.0~9.0	6.0~9.0		6 级
	色度（稀释倍数）	40（20※）	80（40※）		5 吨水·倍

二十、钒工业水污染物排放标准及应税污染物

钒在自然界中分布十分广泛，矿石、石油、褐煤、黏土以及锅炉烟灰等均含有钒。金属钒除了用作化工生产的催化剂外，在钢铁工业中作为重要的合金钢添加元素也有广泛应用。在我国，90%左右的钒用于钢铁工业，添加钒后，可提高钢的强度、韧性、延展性、耐热性和耐磨性等。此外，钒在钒合金、钒电池、氧化钒薄膜等领域的应用也受到广泛重视。

（一）钒工业废水

钒工业企业是指以钒渣、石煤、含钒固废或其他含钒二次资源为原料生产 V_2O_3、V_2O_5等氧化钒的企业。每生产1吨 V_2O_3、V_2O_5会排放出35~50 m^3的沉钒废水。这些废水为酸性废水，含有悬浮物、氨氮、氯离子、三价铁、五价钒、硫酸根、六价铬等污染因子，主要来源于焙烧熟料的浸出（钠化焙烧熟料水浸法）过程中的沉钒上清液、多钒酸铵洗液、沉淀滤液。在钒工业污染因子中，六价铬易被人体吸收，一旦通过食物或水侵入人体，会在肺组织内长期停留，有致癌危险。此外，废水中高浓度的氨氮除了会大量消耗水体中的溶解氧外，还会在生物体内富集并使鱼虾产生毒血症，影响鱼虾的生长繁殖，严重的将使其中毒甚至死亡。

（二）水污染物排放标准的制定与实施

为促进钒工业生产工艺和污染治理技术的进步，环境保护部科技标准司组织东北大学和中国环境科学研究院共同制定了我国首个钒工业水污染物排放标准。2011年2月25日，环境保护部正式批准了《钒工业污染物排放标准》（GB 26452—2011），自2011年10月1日起实施。

（三）排放标准及应税污染物

1. 适用范围

《钒工业污染物排放标准》（GB 26452—2011）规定了钒工业企业特征生产工艺和装置水污染物的排放限值、监测和监控要求，以及标准的实施与监督等。该标准适用于现有钒工业企业水污染物排放管理，以及钒工业企业建设项目的环境影响评价、环境保护设施设计、竣工环境保护验收及其投产后的水污染物排放管理。

2. 应税水污染物排放控制要求

钒工业企业及其生产设施排放废水中的污染物监测项目，包括2项物理指标、3项有机污染物指标、4项非金属无机物指标、9项重金属指标，总计18种污染物，其中15种属于《中华人民共和国环境保护税法》规定的应税污染物，其排放限值及污染当量值见表2-25。

表2-25　应税污染物排放限值及污染当量值

类型	污染物	排放限值（mg/L，pH值除外）		采样或监控位置	污染当量值（kg，pH值除外）
		直接排放	间接排放		
第一类	总汞	0.03（0.01※）		生产车间或设施废水排放口	0.0005
	总镉	0.1			0.005
	总铬	1.5			0.04
	六价铬	0.5			0.02
	总铅	0.5（0.1※）			0.025
	总砷	0.2（0.1※）			0.02

续表

类型	污染物	排放限值（mg/L，pH 值除外）		采样或监控位置	污染当量值（kg，pH 值除外）
		直接排放	间接排放		
第二类	悬浮物（SS）	50（20※）	70（50※）	企业废水总排放口	4
	化学需氧量（COD_{Cr}）	60（30※）	100（60※）		1
	硫化物	1.0	1.0		0.125
	氨氮	10（8※）	40（10※）		0.8
	总磷	1.0（0.5※）	2.0（1.0※）		0.25
	石油类	5（1※）	5（1※）		0.1
	总锌	2.0（1.0※）	2.0（1.0※）		0.2
	总铜	0.3（0.2※）	0.3（0.2※）		0.1
其他类	pH 值	6.0~9.0	6.0~9.0		6 级

二十一、磷肥工业水污染物排放标准及应税污染物

磷在植物体内是细胞原生质的组分，参与光合作用。磷肥可以促使作物根系发达、穗粒增多、籽实饱满，提高产量。近几年，随着国家投资建设的大型磷复肥装置投入正常生产，磷肥产品产量稳步增长，我国已成为全球最大磷肥生产国。在产值提高的同时，出现了磷石膏、污水处理及矿山复垦等问题，磷肥生产对环境的影响不容忽视。

（一）磷肥工业废水

磷肥工业是生产磷肥产品的工业。磷肥产品主要包括过磷酸钙（简称“普钙”）、钙镁磷肥、磷酸铵、重过磷酸钙（简称“重钙”）、复混肥（包括复合肥和掺和肥）、硝酸磷肥和其他副产品（如氟加工产品等），以及生产磷肥所需的中间产品磷酸（湿法）。在生产这些产品的过程中，直接或间接排放出来的废水即磷肥工业废水。磷肥工业废水的主要污染物为高浓度的磷和氟化物。水体中含磷量只要达到 0.02 mg/kg，便会造成水体富营养化。我国的几大湖泊几乎都存在水体富营养化问题，有些甚至达到了严重的程度。富营养化一方面会促进藻类和霉菌等微生物繁殖，破坏水产资源及水体生态系统的平衡；另一方面会影响饮用，人类在饮用后易致病，危害健康。另外，若水体中氟元素超标，人类持续过量摄入也会引发氟中毒，对骨骼造成伤害。因此，磷肥工业废水的处理尤为重要。

（二）水污染物排放标准的制定与实施

1995 年，《磷肥工业水污染物排放标准》（GB 15580—95）首次发布实施。而后，为了更好地发挥该标准对企业废水治理的指导作用，并加强对磷肥企业废水排

放的控制和管理，环境保护部科技标准司组织中国环境科学研究院和中石化集团南京设计院启动了磷肥工业水污染物排放标准的修订工作。2011 年 4 月 2 日，环境保护部正式批准了《磷肥工业水污染物排放标准》（GB 15580—2011），自 2011 年 10 月 1 日起实施。

（三）排放标准及应税污染物

1. 适用范围

《磷肥工业水污染物排放标准》（GB 15580—2011）规定了磷肥工业企业或生产设施水污染物的排放限值。该标准适用于现有磷肥工业企业或生产设施的水污染物排放管理，以及对磷肥工业建设项目的环境影响评价、环境保护设施设计、竣工环境保护验收及其投产后的水污染物排放管理。

2. 应税水污染物排放控制要求

磷肥工业企业及其生产设施排放废水中的污染物监测项目，包括 3 项物理指标、2 项有机污染物指标、2 项非金属无机物指标、1 项金属类指标，总计 8 种污染物，其中 7 种属于《中华人民共和国环境保护税法》规定的应税污染物，其排放限值及污染当量值见表 2-26。

表 2-26　磷肥工业应税污染物排放限值及污染当量值

类型	污染物	排放限值（mg/L，pH 值除外）						采样或监控位置	污染当量值（kg，pH 值除外）
		直接排放					间接排放		
		过磷酸钙	钙镁磷肥	磷酸铵①	重过磷酸钙	复混肥			
第一类	总砷	0.3（0.1※）	0.3（0.1※）	0.3（0.1※）	0.3（0.1※）	0.3（0.1※）	0.3（0.1※）	生产车间或设施废水排放口	0.02
第二类	悬浮物（SS）	30（20※）	30（20※）	30（20※）	30（20※）	30（20※）	100（40※）	企业废水总排放口	4
	化学需氧量（COD_{Cr}）	70（50※）	70（50※）	70（50※）	70（50※）	70（50※）	150（100※）		1
	氟化物	15（10※）	15（10※）	15（10※）	15（10※）	15（10※）	20（15※）		0.5
	总磷	10（0.5※）	10（0.5※）	15（0.5※）	15（0.5※）	10（0.5※）	20（1.0※）		0.25
	氨氮	10（5※）	10（5※）	15（10※）	10（5※）	15（10※）	30（15※）		0.8
其他类	pH 值	6.0~9.0	6.0~9.0	6.0~9.0	6.0~9.0	6.0~9.0	6.0~9.0		6 级

注：①硝酸磷肥按磷酸铵的排放限值执行。

二十二、硫酸工业水污染物排放标准及应税污染物

硫酸是一种高沸点、难挥发的强酸，是世界上产量最大的化工产品，在各国国民经济中占据重要地位，用于肥料、金属冶炼、石油、印染、国防、医药、农药、制革、合成纤维和炼焦等工业部门。由于硫酸用途广泛，肥料行业基本不产生废硫酸，其他行业大多数有废硫酸产生。

（一）硫酸工业废水

硫酸工业是指以硫磺、硫铁矿和石膏为原料制取二氧化硫炉气，经二氧化硫转化和三氧化硫吸收制得硫酸产品的工业企业或生产设施。硫酸生产中的净化工艺，国内一般采用稀酸洗和水洗两大流程。由于水洗净化流程是用一次性洗涤水，所以废水排放量大，而稀酸洗净化工艺的废水主要来自地坪冲洗、设备冲洗以及事故时短期排放的废水，所以其净化废水排放量少。这些废水中除了含有硫酸、亚硫酸、矿尘（三氧化二铁）之外，还含有砷、氟、铅、锌、汞、铜、镉等有害物质。其中，砷和氟的含量较高，直接排放会给环境带来极大危害，必须进行处理，达到国家排放标准后才可排放。

（二）水污染物排放标准的制定与实施

为促进硫酸工业生产工艺和污染治理技术的进步，环境保护部科技标准司组织青岛科技大学等单位共同制定了我国首个硫酸工业水污染物排放标准。2010 年 9 月 10 日，环境保护部正式批准了《硫酸工业污染物排放标准》（GB 26132—2010），自 2011 年 3 月 1 日起实施。

（三）排放标准及应税污染物

1. 适用范围

《硫酸工业污染物排放标准》（GB 26132—2010）规定了硫酸工业企业或生产设施水污染物的排放限值、监测和监控要求，以及标准的实施与监督等。该标准适用于现有硫酸工业企业水污染物排放管理，以及对硫酸工业企业建设项目的环境影响评价、环境保护设施设计、竣工环境保护验收及其投产后的水污染物排放管理；不适用于冶炼尾气制酸和硫化氢制酸工业企业的水污染物排放管理。

2. 应税水污染物排放控制要求

硫酸工业企业及其生产设施排放废水中的污染物监测项目，包括 2 项物理指标、3 项有机污染物指标、4 项非金属无机物指标、2 项金属指标，总计 11 种污染物，其中 10 种属于《中华人民共和国环境保护税法》规定的应税污染物，其排放限值及污染当量值见表 2-27。

表 2-27　硫酸工业应税污染物排放限值及污染当量值

<table>
<tr><th rowspan="2">类型</th><th rowspan="2" colspan="2">污染物</th><th rowspan="2">生产工艺</th><th colspan="2">排放限值（mg/L，pH 值除外）</th><th rowspan="2">采样或监控位置</th><th rowspan="2">污染当量值（kg，pH 值除外）</th></tr>
<tr><th>直接排放</th><th>间接排放</th></tr>
<tr><td rowspan="2">第一类</td><td colspan="2">总砷</td><td rowspan="2">硫铁矿制酸及石膏制酸</td><td colspan="2">0.3（0.1※）</td><td rowspan="2">生产车间或设施废水排放口</td><td>0.02</td></tr>
<tr><td colspan="2">总铅</td><td colspan="2">0.5（0.1※）</td><td>0.025</td></tr>
<tr><td rowspan="8">第二类</td><td colspan="2">悬浮物（SS）</td><td rowspan="6">硫磺制酸、硫铁矿制酸及石膏制酸</td><td>50（15※）</td><td>100（50※）</td><td rowspan="9">企业废水总排放口</td><td>4</td></tr>
<tr><td colspan="2">化学需氧量（COD_{Cr}）</td><td>60（50※）</td><td>100（60※）</td><td>1</td></tr>
<tr><td colspan="2">石油类</td><td>3</td><td>8（3※）</td><td>0.1</td></tr>
<tr><td colspan="2">氨氮</td><td>8（5※）</td><td>20（8※）</td><td>0.8</td></tr>
<tr><td rowspan="2">总磷</td><td>磷石膏</td><td>10（0.5※）</td><td>30（0.5※）</td><td rowspan="2">0.25</td></tr>
<tr><td>其他</td><td>0.5（0.5※）</td><td>2（0.5※）</td></tr>
<tr><td colspan="2">硫化物</td><td rowspan="2">硫铁矿制酸及石膏制酸</td><td>1（0.5※）</td><td>1</td><td>0.125</td></tr>
<tr><td colspan="2">氟化物</td><td>10</td><td>15（10※）</td><td>0.5</td></tr>
<tr><td>其他类</td><td colspan="2">pH 值</td><td>硫磺制酸、硫铁矿制酸及石膏制酸</td><td>6.0~9.0</td><td>6.0~9.0</td><td>6 级</td></tr>
</table>

二十三、稀土工业水污染物排放标准及应税污染物

稀土（rare earths）有“工业黄金”“工业维生素”的美称，具有无法取代的优异磁、光、电性能，对改善产品性能、增加产品品种、提高生产效率发挥着巨大作用。稀土应用范围比较广泛，包括电子、石油化工、冶金、机械、能源、轻工、环保、农业等领域。我国是世界稀土资源储备大国，不但产量丰富（占全球产量的90%以上），而且具有矿种和稀土元素齐全、稀土品位高及矿点分布合理等优势，这为我国稀土工业的发展奠定了坚实的基础。

（一）稀土工业废水

稀土是元素周期表中原子序数从57到71的镧系元素，它们化学性质相似，通常用符号 RE 表示。稀土工业企业是指生产稀土精矿或稀土富集物、稀土化合物、稀土金属、稀土合金中任一种或数种产品的企业。稀土工业（包括稀土精矿的分解、稀土元素的分离、稀土产品的制造和提纯）需使用大量的化学品，导致生产过程中产生大量的废水，即稀土工业废水。稀土工业废水主要来源于稀土精矿焙烧尾气喷淋净化产生的酸性废水，碳酸稀土生产过程中产生的硫酸铵废水，以及稀土萃取分离产生的氯化铵废水，含有氟化物、氨氮、硫酸根、氯离子和放射性污染物等。废水中的各种物质之间还可能产生化学反应，或在自然光和氧的作用下产生化学反应并生成有害物质，所以必须经过处理后再排放。

（二）水污染物排放标准的制定与实施

为促进稀土工业生产工艺和污染治理技术的进步，环境保护部科技标准司组织10家单位共同制定了我国首个稀土工业水污染物排放标准。2011年1月18日，环境保护部正式批准了《稀土工业污染物排放标准》（GB 26451—2011），自2011年10月1日起实施。

（三）排放标准及应税污染物

1. 适用范围

《稀土工业污染物排放标准》（GB 26451—2011）规定了稀土工业企业水污染物排放限值、监测和监控要求，以及标准的实施与监督等。该标准适用于现有稀土工业企业的水污染物排放管理，以及稀土工业建设项目的环境影响评价、环境保护设施设计、竣工环境保护验收及其投产后的水污染物排放管理；不适用于稀土材料加工企业（或车间、系统）及附属于稀土工业企业的非特征生产工艺和装置。

2. 应税水污染物排放控制要求

稀土工业企业及其生产设施排放废水中有15种污染物监测项目，其中13种属于《中华人民共和国环境保护税法》规定的应税污染物，其排放限值及污染当量值见表2-28。

表2-28 稀土工业应税污染物排放限值及污染当量值

类型	污染物	排放限值（mg/L，pH值除外）		采样或监控位置	污染当量值（kg，pH值除外）
		直接排放	间接排放		
第一类	总镉	0.05		生产车间或设施废水排放口	0.005
	总铅	0.2（0.1※）			0.025
	总砷	0.1（0.05※）			0.02
	总铬	0.8（0.5※）			0.04
	六价铬	0.1			0.02
第二类	悬浮物（SS）	50（40※）	100（50※）	企业废水总排放口	4
	化学需氧量（COD_{Cr}）	70（60※）	100（70※）		1
	氟化物	8（5※）	10（8※）		0.5
	石油类	4（3※）	5（4※）		0.1
	总磷	1（0.5※）	5（1※）		0.25
	氨氮	15（10※）	50（25※）		0.8
	总锌	1.0（0.8※）	1.5（1.0※）		0.2
其他类	pH值	6.0~9.0	6.0~9.0		6级

二十四、硝酸工业水污染物排放标准及应税污染物

硝酸是一种重要的化工原料，具有强氧化性、腐蚀性，属于一元无机强酸。在工业上，可用于制化肥、农药、炸药、染料、盐类等。我国的硝酸主要用于化学工业，其次用于冶金工业和医药工业。我国是硝酸生产大国，通过对国外先进生产技术的引进和创新，硝酸工业的技术水平不断提高，硝酸总产量每年增长超过20%。

（一）硝酸工业废水

硝酸工业是指由氨和空气（或纯氧）在催化剂作用下制备成氧化氮气体，经水吸收制成硝酸或经碱液吸收生成硝酸盐产品的工业企业或生产设施。硝酸包括稀硝酸和浓硝酸。硝酸盐是指硝酸钠、亚硝酸钠以及其他以氨和空气（或纯氧）为原料，采用氨氧化法生产的盐类。硝酸工业会产生大量酸性废水及硝酸盐废水。酸性废水若直接排放，一方面会严重地腐蚀管道、渠道和水工构筑物；另一方面会导致水体pH值发生改变，破坏水体生态平衡，导致水生资源的减少或毁灭。废水中的硝酸盐会在各种含氮有机物的作用下形成N-亚硝基胺等化学性质稳定、具有致癌作用的化合物。

（二）水污染物排放标准的制定与实施

为促进硝酸工业生产工艺和污染治理技术的进步，环境保护部科技标准司组织青岛科技大学等单位共同制定了我国首个硝酸工业水污染物排放标准。2010年9月10日，环境保护部正式批准了《硝酸工业污染物排放标准》（GB 26131—2010），自2011年3月1日起实施。

（三）排放标准及应税污染物

1. 适用范围

《硝酸工业污染物排放标准》（GB 26131—2010）规定了硝酸工业企业或生产设施水污染物的排放限值、监测和监控要求，以及标准的实施与监督等。该标准适用于现有硝酸工业企业水污染物排放管理，以及对硝酸工业企业建设项目的环境影响评价、环境保护设施设计、竣工环境保护验收及其投产后的水污染物排放管理；不适用于以硝酸为原料生产硝酸盐和其他产品的生产企业。

2. 应税水污染物排放控制要求

硝酸工业企业及其生产设施排放废水中的污染物监测项目，包括2项物理指标、3项有机污染物指标、2项非金属无机物指标，总计7种污染物，其中6种属于《中华人民共和国环境保护税法》规定的应税污染物，其排放限值及污染当量值见表2-29。

表 2-29 硝酸工业应税污染物排放限值及污染当量值

类型	污染物	排放限值（mg/L，pH 值除外）		采样或监控位置	污染当量值（kg，pH 值除外）
		直接排放	间接排放		
第二类	悬浮物（SS）	50（20※）	100（50※）	企业废水总排放口	4
	化学需氧量（COD_{Cr}）	60（50※）	150（60※）		1
	石油类	3	8（3※）		0.1
	总磷	0.5	1.0（0.5※）		0.25
	氨氮	10（8※）	25（10※）		0.8
其他类	pH 值	6.0~9.0	6.0~9.0		6 级

二十五、镁、钛工业水污染物排放标准及应税污染物

镁和钛均是重要的有色金属。其中，镁因与氧有较强亲和力，具有能够与其他金属构成高强度合金的特点，被广泛应用于各种工业领域。镁资源在我国分布极广，均以化合物状态存在。近年来，我国镁产量远远超过国内消费水平，使得我国由镁进口国一跃成为世界上主要的镁出口国。钛由于具有重量轻、耐腐蚀、硬度大等特点，被广泛应用于航空航天、船舶、冶金、机械、化工等工业领域。钛工业属国家新兴战略新材料领域，随着经济的发展和应用领域的扩展，在未来行业发展中，钛的需求量会逐渐增加。钛工业属于冶炼技术复杂、加工难度高的产业，我国是能够进行钛工业化生产的少数国家之一。

（一）镁、钛工业废水

镁工业企业是以白云石为原料生产金属镁的硅热法镁冶炼企业及其白云石矿山。钛工业企业是以钛精矿、高钛渣或四氯化钛为原料生产海绵钛的企业及其矿山，包括以高钛渣、四氯化钛、海绵钛等为最终产品的生产企业。上述企业在生产过程中直接排放或者间接排放（含厂区生活污水、冷却污水、厂区锅炉排水等）到企业厂区外的废水即为镁、钛工业废水。镁、钛工业废水主要来源于设备淋洗水及场地冲洗水，一般含有 HCl 和 $FeCl_3$等成分，所以这些生产废水主要为含盐酸性废水，具有较强的腐蚀性。这些废水如不加以治理直接排出，会腐蚀管渠和构筑物；一旦排入水体，会改变水体 pH 值，对水生生物的生长和渔业产生影响，所以含盐酸性废水必须处理后再排放或进行回收利用。

（二）水污染物排放标准的制定与实施

为促进镁、钛工业生产工艺和污染治理技术的进步，环境保护部科技标准司组织贵阳铝镁设计研究院等单位共同制定了我国首个镁、钛工业水污染物排放标准。2010 年 9 月 10 日，环境保护部正式批准了《镁、钛工业污染物排放标准》（GB 25468—2010），自 2010 年 10 月 1 日起实施。

（三）排放标准及应税污染物

1. 适用范围

《镁、钛工业污染物排放标准》（GB 25468—2010）规定了镁、钛工业企业水污染物排放限值、监测和监控要求，以及标准的实施与监督等。该标准适用于镁、钛工业企业的水污染物排放管理，以及镁、钛工业企业建设项目的环境影响评价、环境保护设施设计、竣工环境保护验收及其投产后的水污染物排放管理；不适用于镁、钛再生及压延加工等工业，以及附属于镁、钛企业的非特征生产工艺和装置。

2. 应税水污染物排放控制要求

镁、钛工业企业及其生产设施排放废水中的污染物监测项目，包括 2 项物理指标、3 项有机污染物指标、2 项非金属无机物指标、3 项重金属指标，总计 10 种污染物，其中 9 种属于《中华人民共和国环境保护税法》规定的应税污染物，其排放限值及污染当量值见表 2-30。

表 2-30　镁、钛工业应税污染物排放限值及污染当量值

类型	污染物	排放限值（mg/L，pH 值除外）		采样或监控位置	污染当量值（kg，pH 值除外）
		直接排放	间接排放		
第一类	总铬	1.5（1.0※）		生产车间或设施废水排放口	0.04
	六价铬	0.5（0.2※）			0.02
第二类	悬浮物（SS）	30（10※）	70（30※）	企业废水总排放口	4
	化学需氧量（COD_{Cr}）	60（50※）	180（60※）		1
	氨氮	8（5.0※）	25（8.0※）		0.8
	总磷	1.0（0.5※）	3.0（1.0※）		0.25
	石油类	3（1.0※）	15（3.0※）		0.1
	总铜	0.5（0.2※）	1.0（0.5※）		0.1
其他类	pH 值	6.0~9.0	6.0~9.0		6 级

二十六、铜、镍、钴工业水污染物排放标准及应税污染物

铜在自然界中储量丰富，良好的导电性、延展性、耐腐蚀性等性能使其被广泛应用于能源、电子、冶金、轻工等领域。镍是一种银白色金属，具有良好的延展性、磁性和抗腐蚀性，常被用于制造不锈钢和合金结构钢，以及电镀和电池领域。钴素有“工业味精”和“工业牙齿”之称，是重要的战略资源之一，因耐高温、耐腐蚀和磁性而被广泛应用于航空航天、机械、医疗、化学等工业领域，是制造电池材料、超级耐热合金、工具钢、硬质合金等的重要原料。

（一）铜、镍、钴工业废水

铜、镍、钴工业是指生产铜、镍、钴金属的采矿、选矿、冶炼工业企业，不包括

以废旧铜、镍、钴物料为原料的再生冶炼工业。铜的冶炼、加工及电镀等工业生产会产生大量铜工业废水（含铜废水）。铜工业废水中铜含量一般较高，如果直接排入水体，会严重影响水质，对环境造成污染。鱼类对铜较为敏感，当水体中铜含量达到 0.1~0.2 mg/L 时，就会使鱼死亡。镍在冶炼过程中会产生大量含有硫酸镍和氯化镍的废水。镍的化合物会刺激人体的精氨酶和羧化酶，引起各种炎症。钴冶炼过程产生的废水主要有焙烧烟气洗涤水、浸出萃取车间排水、滤渣冲洗水和地面径流水，含有悬浮物、锌、铅、镉、铜等重金属和砷的酸性废水，如不经任何处理直接排入排水系统，将严重影响污水处理工艺的正常运行。

（二）水污染物排放标准的制定与实施

为促进铜、镍、钴工业生产工艺和污染治理技术的进步，环境保护部科技标准司组织中国瑞林工程技术有限公司（原南昌有色冶金设计研究院）、环境保护部环境标准研究所共同制定了我国首个铜、镍、钴工业水污染物排放标准。2010 年 9 月 10 日，环境保护部正式批准了《铜、镍、钴工业污染物排放标准》（GB 25467—2010），自 2010 年 10 月 1 日起实施。

（三）排放标准及应税污染物

1. 适用范围

《铜、镍、钴工业污染物排放标准》（GB 25467—2010）规定了铜、镍、钴工业企业水污染物排放限值、监测和监控要求，以及标准的实施与监督等。该标准适用于铜、镍、钴工业企业的水污染物排放管理，以及铜、镍、钴工业企业建设项目的环境影响评价、环境保护设施设计、竣工环境保护验收及其投产后的水污染物排放管理；不适用于铜、镍、钴再生及压延加工等工业，以及附属于铜、镍、钴工业的非特征生产工艺和装置。

2. 应税水污染物排放控制要求

铜、镍、钴工业企业及其生产设施排放废水中有 17 种污染物监测项目，其中 15 种属于《中华人民共和国环境保护税法》规定的应税污染物，其排放限值及污染当量值见表 2-31。

表 2-31　铜、镍、钴工业应税污染物排放限值及污染当量值

类型	污染物	排放限值（mg/L，pH 值除外）		采样或监控位置	污染当量值（kg，pH 值除外）
		直接排放	间接排放		
第一类	总铅	0.5（0.2※）		生产车间或设施废水排放口	0.025
	总镉	0.1（0.02※）			0.005
	总镍	0.5			0.025
	总砷	0.5（0.1※）			0.02
	总汞	0.05（0.01※）			0.0005

续表

类型	污染物	排放限值（mg/L，pH 值除外）		采样或监控位置	污染当量值（kg，pH 值除外）
		直接排放	间接排放		
第二类	悬浮物（SS）	80（采选）（30※）	200（采选）（80※）	企业废水总排放口	4
		30（其他）（10※）	140（其他）（30※）		
	化学需氧量（COD_{Cr}）	100（湿法冶炼）（50※）	300（湿法冶炼）（60※）		1
		60（其他）（50※）	200（其他）（60※）		
	氟化物	5（2※）	15（5※）		0.5
	总磷	1.0（0.5※）	2.0（1.0※）		0.25
	氨氮	8（5※）	20（8※）		0.8
	总锌	1.5（1.0※）	4.0（1.5※）		0.2
	石油类	3.0（1.0※）	15（3.0※）		0.1
	总铜	0.5（0.2※）	1.0（0.5※）		0.1
	硫化物	1.0（0.5※）	1.0		0.125
其他类	pH 值	6.0~9.0	6.0~9.0		6 级

二十七、铅、锌工业水污染物排放标准及应税污染物

铅、锌作为战略性物资，在用量上仅次于铁、铜、铝。我国是铅、锌资源较为丰富的国家，已探明储量约 11000 万吨（其中铅储量约为 30%，锌储量约为 70%）。我国铅、锌工业经过几十年的快速发展，不仅产量已跨入世界生产大国的行列，而且产品质量和种类也有了长足进步。我国铅、锌资源品位中等，成分复杂，常伴有银、钴、镉、铋等多种有色金属和稀贵金属，因此其综合利用价值较高，被广泛应用于电池、玻璃、汽车、建筑、化工等工业领域。

（一）铅、锌工业废水

铅、锌工业是生产铅、锌金属矿产品和生产铅、锌金属产品（不包括生产再生铅、再生锌及铅、锌材压延加工产品）的工业。铅锌工业选矿、冶炼行业排放的废水中（即铅、锌工业废水）含有铅、锌、铜、镉、砷等具有一定毒性的重金属污染物，重金属在废水中不只是以颗粒状态存在，还可能以聚合及络合物等状态存在。重金属在环境中不能被降解，易与环境中各种配体结合，进而迁移、扩散能力增强，一旦被生物摄食，就很可能通过食物链逐级放大，最终危害人类的健康。

（二）水污染物排放标准的制定与实施

为促进铅、锌工业生产工艺和污染治理技术的进步，环境保护部科技标准司组织相关单位共同制定了我国首个铅、锌工业水污染物排放标准。2010 年 9 月 10 日，环境

保护部正式批准了《铅、锌工业污染物排放标准》（GB 25466—2010），自2010年10月1日起实施。

（三）排放标准及应税污染物

1. 适用范围

《铅、锌工业污染物排放标准》（GB 25466—2010）规定了铅、锌工业企业水污染物排放限值、监测和监控要求，以及标准的实施与监督等。该标准适用于铅、锌工业企业的水污染物排放管理，以及铅、锌工业企业建设项目的环境影响评价、环境保护设施设计、竣工环境保护验收及其投产后的水污染物排放管理；不适用于再生铅、锌及铅、锌材压延加工等工业，以及附属于铅、锌工业企业的非特征生产工艺和装置。

2. 应税水污染物排放控制要求

铅、锌工业企业及其生产设施排放废水中的16种污染物监测项目，其中15种属于《中华人民共和国环境保护税法》规定的应税污染物，其排放限值及污染当量值见表2-32。

表2-32 铅、锌工业应税污染物排放限值及污染当量值

类型	污染物	排放限值（mg/L，pH值除外）		采样或监控位置	污染当量值（kg，pH值除外）
		直接排放	间接排放		
第一类	总铅	0.5（0.2※）		生产车间或设施废水排放口	0.025
	总镉	0.05（0.02※）			0.005
	总铬	1.5			0.04
	总汞	0.03（0.01※）			0.0005
	总砷	0.3（0.1※）			0.02
	总镍	0.5			0.025
第二类	悬浮物（SS）	50（10※）	70（50※）	企业废水总排放口	4
	化学需氧量（COD_{Cr}）	60（50※）	200（60※）		1
	氨氮	8（5※）	25（8※）		0.8
	总磷	1.0（0.5※）	2.0（1.0※）		0.25
	硫化物	1.0	1.0		0.125
	氟化物	8（5※）	8（5※）		0.5
	总铜	0.5（0.2※）	0.5（0.2※）		0.1
	总锌	1.5（1.0※）	1.5（1.0※）		0.2
其他类	pH值	6.0~9.0	6.0~9.0		6级

二十八、铝工业水污染物排放标准及应税污染物

铝元素在地壳中的含量仅次于氧和硅，是地壳中含量最为丰富的金属元素。铝

因具有材质轻、导电导热强、易延展、耐腐蚀、可回收等优良的物理化学性能，被广泛应用于国民经济的各个部门、国防军工业及人们的日常生活中。铝工业属于朝阳产业，具有蓬勃的生命力，是材料产业的重要组成部分。近年来，随着我国大规模基建投资和工业化进程的快速推进，铝工业的产量和消费量迅猛增长，我国也一跃成为世界上最大的铝材生产基地和消费市场。铝工业生产的相关技术装备也持续升级，朝着智能、精密、紧凑等方向改进，这也加快了我国铝工业向现代化进军的步伐。

（一）铝工业废水

铝工业企业是铝土矿山、氧化铝厂、电解铝厂和铝用炭素生产企业或生产设施。铝工业生产过程主要包括对成型铝材的脱脂、碱洗、酸洗、氧化、封孔及着色工艺，需耗费大量的清洗水。清洗水是铝工业废水的主要来源。铝工业废水成分复杂，除含有大量的 Al^{3+} 外，还含有部分 SO_4^{2-}、Cr^{6+}、Cr^{3+}、F^-、PO_4^{3-} 等，废水的酸碱度也会根据生产工艺的不同而有所区别，但大多数呈酸性。含有重金属的铝工业废水如果没有得到有效治理，一旦排出，将对生态环境造成极大危害。

（二）水污染物排放标准的制定与实施

为促进铝工业生产工艺和污染治理技术的进步，环境保护部科技标准司组织相关单位共同制定了我国首个铝工业水污染物排放标准。2010 年 9 月 10 日，环境保护部正式批准了《铝工业污染物排放标准》（GB 25465—2010），自 2010 年 10 月 1 日起实施。

（三）排放标准及应税污染物

1. 适用范围

《铝工业污染物排放标准》（GB 25465—2010）规定了铝工业企业水污染物排放限值、监测和监控要求，以及标准的实施与监督等。该标准适用于铝工业企业的水污染物和排放管理，以及铝工业企业建设项目的环境影响评价、环境保护设施设计、竣工环境保护验收及其投产后的水污染物排放管理；不适用于再生铝和铝材压延加工企业（或生产系统），以及附属于铝工业企业的非特征生产工艺和装置。

2. 应税水污染物排放控制要求

铝工业企业及其生产设施排放废水中的污染物监测项目，包括 2 项物理指标、3 项有机污染物指标、6 项非金属无机物指标，总计 11 种污染物，其中 10 种属于《中华人民共和国环境保护税法》规定的应税污染物，其排放限值及污染当量值见表 2-33。

表 2-33　铝工业应税污染物排放限值及污染当量值

类型	污染物	排放限值（mg/L，pH 值除外）		采样或监控位置	污染当量值（kg，pH 值除外）
		直接排放	间接排放		
第二类	悬浮物（SS）	30（10※）	70（30※）	企业废水总排放口	4
	化学需氧量（COD_{Cr}）	60（50※）	200（60※）		1
	氟化物	5.0（2.0※）	5.0（2.0※）		0.5
	氨氮	8.0（5.0※）	25（8.0※）		0.8
	总磷	1.0（0.5※）	2.0（1.0※）		0.25
	石油类	3.0（1.0※）	3.0（1.0※）		0.1
	硫化物①	1.0（0.5※）	1.0（0.5※）		0.125
	总氰化物①	0.5（0.2※）	0.5（0.2※）		0.05
	挥发酚①	0.5（0.3※）	0.5（0.3※）		0.08
其他类	pH 值	6.0~9.0	6.0~9.0		6 级

注：①设有煤气生产系统企业增加的控制项目。

二十九、陶瓷工业水污染物排放标准及应税污染物

陶瓷是陶器和瓷器的总称，是以黏土为主要原料，各种天然矿物经过粉碎混炼、成型和煅烧制得的材料以及各种制品。我国是世界陶瓷制造中心和陶瓷生产大国，年产量和出口量居世界首位，因此，素有“瓷器之国”的称誉。陶瓷特有的功能、性能、实用性、文化艺术性，随着人类文明史历经数千年，不但没有被淹没，反而获得了较大发展。随着科学技术的发展及各种新型材料的应用，陶瓷行业以往的传统技术逐步向高科技领域推进。

（一）陶瓷工业废水

陶瓷工业是指黏土类及其他矿物原料经过粉碎加工、成型、煅烧等过程被制成各种陶瓷制品的工业，主要包括日用瓷及陈设艺术瓷、建筑陶瓷、卫生陶瓷和特种陶瓷等的生产。陶瓷工业废水主要来源于生产过程中的球磨（洗球）、压滤机滤布清洗、施釉（清洗）、喷雾干燥、磨边抛光等工序。虽然陶瓷工业废水的成分随着生产工艺和产品的不同有所差别，但其主要特征污染物均为悬浮物（SS），浓度一般为 1000 ~ 10000 mg/L。废水中的陶泥是经过多道工序加工的基础原料，具有很高的回收价值，如果流失或遗弃，不仅可惜，还会对环境造成严重污染。

（二）水污染物排放标准的制定与实施

为促进陶瓷工业生产工艺和污染治理技术的进步，环境保护部科技标准司组织湖南省环境保护科学研究院等单位共同制定了我国首个陶瓷工业水污染物排放标准。2010 年 9 月 10 日，环境保护部正式批准了《陶瓷工业污染物排放标准》（GB 25464—

2010)，自 2010 年 10 月 1 日起实施。

（三）排放标准及应税污染物

1. 适用范围

《陶瓷工业污染物排放标准》（GB 25464—2010）规定了陶瓷工业企业水污染物排放限值、监测和监控要求，以及标准的实施与监督等。该标准适用于陶瓷工业企业的水污染物排放管理，以及陶瓷工业企业建设项目的环境影响评价、环境保护设施设计、竣工环境保护验收及其投产后的水污染物排放管理；不适用于陶瓷原辅材料的开采及初加工过程的水污染物和大气污染物排放管理。

2. 应税水污染物排放控制要求

陶瓷工业企业及其生产设施排放废水中的 20 种污染物监测项目，其中 17 种属于《中华人民共和国环境保护税法》规定的应税污染物，其排放限值及污染当量值见表 2-34。

表 2-34　陶瓷工业应税污染物排放限值及污染当量值

<table>
<tr><th rowspan="2">类型</th><th rowspan="2">污染物</th><th colspan="2">排放限值（mg/L，pH 值除外）</th><th rowspan="2">采样或监控位置</th><th rowspan="2">污染当量值（kg，pH 值除外）</th></tr>
<tr><th>直接排放</th><th>间接排放</th></tr>
<tr><td rowspan="5">第一类</td><td>总镉</td><td colspan="2">0.07（0.05※）</td><td rowspan="5">生产车间或设施废水排放口</td><td>0.005</td></tr>
<tr><td>总铬</td><td colspan="2">0.1（0.05※）</td><td>0.04</td></tr>
<tr><td>总铅</td><td colspan="2">0.3（0.1※）</td><td>0.025</td></tr>
<tr><td>总镍</td><td colspan="2">0.1（0.05※）</td><td>0.025</td></tr>
<tr><td>总铍</td><td colspan="2">0.005</td><td>0.01</td></tr>
<tr><td rowspan="11">第二类</td><td>悬浮物（SS）</td><td>50（30※）</td><td>120（50※）</td><td rowspan="12">企业废水总排放口</td><td>4</td></tr>
<tr><td>化学需氧量（COD_{Cr}）</td><td>50（40※）</td><td>110（50※）</td><td>1</td></tr>
<tr><td>生化需氧量（BOD_5）</td><td>10</td><td>40（10※）</td><td>0.5</td></tr>
<tr><td>氨氮</td><td>3.0（1.0※）</td><td>10（3.0※）</td><td>0.8</td></tr>
<tr><td>总锌</td><td>1.0（0.5※）</td><td>4.0（1.0※）</td><td>0.2</td></tr>
<tr><td>总磷</td><td>1.0（0.5※）</td><td>3.0（1.0※）</td><td>0.25</td></tr>
<tr><td>石油类</td><td>3.0（1.0※）</td><td>10（3.0※）</td><td>0.1</td></tr>
<tr><td>硫化物</td><td>1.0（0.5※）</td><td>2.0（1.0※）</td><td>0.125</td></tr>
<tr><td>氟化物</td><td>8.0（5.0※）</td><td>20（8.0※）</td><td>0.5</td></tr>
<tr><td>总铜</td><td>0.1（0.05※）</td><td>1.0（0.1※）</td><td>0.1</td></tr>
<tr><td>可吸附有机卤化物（AOX）</td><td>0.1（0.05※）</td><td></td><td>0.25</td></tr>
<tr><td>其他类</td><td>pH 值</td><td>6.0~9.0</td><td>6.0~9.0</td><td>6 级</td></tr>
</table>

三十、油墨工业水污染物排放标准及应税污染物

油墨是印刷的主要原材料之一。最初的油墨是以天然无极矿物为颜料、以植物或者动植物油脂为连接料制成的，被广泛应用于印刷、广告宣传、新闻出版、产品包装等领域。化学工业、计算机技术等的快速发展，使油墨的种类不断增加，性能也更加优良，合成树脂油墨、电子油墨、喷墨印刷油墨以及无水胶印油墨等应运而生。我国油墨工业发展迅速，产量不断提高，产品品种也不断增加。目前，我国仅次于美国、日本和德国，已成为世界第四大油墨生产国。

（一）油墨工业废水

油墨工业是指以颜料、填充料、连接料和辅助剂为原料制备印刷用油墨的工业，包括自制颜料、树脂的油墨生产。油墨工业在生产应用过程和设备清洗时会产生一定数量的油墨工业废水。油墨的原料、种类及生产工艺的不同，会导致产生的废水成分存在较大差异。这些废水具有色度高（可达到100000倍以上）、有机物含量高（一般情况下废水的化学耗氧量大于20 g/L）、水质差别大、成分复杂（如含带色基团的环状有机物，大分子量的醇基或苯基分散剂、稳定剂、表面活性剂等）等特点。因此，油墨工业废水是一种难生物降解的工业废水，大多具有潜在毒性。这些废水如果不经处理直接排入水域，会破坏水生生态环境，造成水体严重污染。

（二）水污染物排放标准的制定与实施

为促进油墨工业生产工艺和污染治理技术的进步，环境保护部科技标准司组织华东理工大学等单位共同制定了我国首个油墨工业水污染物排放标准。2010年9月10日，环境保护部正式批准了《油墨工业水污染物排放标准》（GB 25463—2010），自2010年10月1日起实施。

（三）排放标准及应税污染物

1. 适用范围

《油墨工业水污染物排放标准》（GB 25463—2010）规定了油墨工业企业水污染物排放限值、监测和监控要求，以及标准的实施与监督等。该标准适用于油墨工业企业的水污染物排放管理，以及油墨工业企业建设项目的环境影响评价、环境保护设施设计、竣工环境保护验收及其投产后的水污染物排放管理。

2. 应税水污染物排放控制要求

油墨工业企业及其生产设施排放废水中的24种污染物监测项目，其中22种属于《中华人民共和国环境保护税法》规定的应税污染物，其排放限值及污染当量值见表2-35。

表 2-35　油墨工业应税污染物排放限值及污染当量值

类型	污染物	排放限值（mg/L，其他类除外）			采样或监控位置	污染当量值（kg，其他类除外）
		直接排放		间接排放		
		综合油墨生产企业	其他油墨生产企业			
第一类	总汞	0.002（0.001※）			生产车间或设施废水排放口	0.0005
	总镉	0.1（0.01※）				0.005
	总铬	0.5（0.1※）				0.04
	总铅	0.1				0.025
	六价铬	0.2（0.05※）				0.02
第二类	悬浮物（SS）	40（20※）	40（20※）	100（40※）	企业废水总排放口	4
	化学需氧量（COD_{Cr}）	120（50※）	80（50※）	300（120※）		1
	生化需氧量（BOD_5）	25（10※）	20（10※）	50（25※）		0.5
	石油类	8（1.0※）	8（1.0※）	8（1.0※）		0.1
	动植物油	10（1.0※）	10（1.0※）	10（1.0※）		0.16
	挥发酚	0.5（0.2※）	0.5（0.2※）	0.5（0.2※）		0.08
	氨氮	15（5※）	10（5※）	25（15※）		0.8
	总磷	0.5	0.5	2.0（0.5※）		0.25
	总铜	0.5（0.2※）	—	0.5（0.2※）①		0.1
	苯胺类	1.0（0.5※）	—	1.0（0.5※）①		0.2
	苯	0.05	0.05	0.05		0.02
	甲苯	0.2（0.1※）	0.2（0.1※）	0.2（0.1※）		0.02
	乙苯	0.4	0.4	0.4		0.02
	二甲苯	0.4	0.4	0.4		0.02
	总有机碳（TOC）	30（15※）	20（15※）	60（30※）		0.49
其他类	pH 值	6.0~9.0	6.0~9.0	6.0~9.0		6 级
	色度（稀释倍数）	70（30※）	50（30※）	80（70※）		5 吨水·倍

注：①仅适用于综合油墨生产企业。

三十一、酵母工业水污染物排放标准及应税污染物

酵母是一种单细胞真核微生物，能将糖发酵成酒精和二氧化碳，在自然界中广泛分布，可用于食品、酿酒、有机酸、维生素、蛋白质、辅酶等各个方面。少数酵母是有害的，比如一些耐高温酵母会导致果酱、蜂蜜及蜜饯变质，少数寄生性酵母会致病。我国的酵母工业化生产始于 1922 年，经过多年的发展，研发、生产、装备水平不断提高，其品种也日益多样化。

（一）酵母工业废水

酵母工业是指以甘蔗糖蜜、甜菜糖蜜等为原料，通过发酵工艺生产各类干酵母、

鲜酵母产品的工业。在酵母生产过程中，基本没有废渣、有毒有害气体排出。酵母工业主要的污染物是高浓度有机废水（即酵母工业废水）。这类废水主要来源于酵母发酵过程中的离心分离及过滤装置排放的废水，主要成分为酵母蛋白质、纤维素、胶体物质等，其中很多是难以降解的。黑色素、酚类及焦糖化合物等物质会使酵母工业废水颜色变深，呈棕黑色。此外，酵母工业废水中含有微生物代谢产物、无机盐类、硫酸根等，也是其降解性较差的主要原因之一。

（二）水污染物排放标准的制定与实施

为促进酵母工业生产工艺和污染治理技术的进步，环境保护部科技标准司组织中国地质大学（武汉）等单位共同制定了我国首个酵母工业水污染物排放标准。2010 年 9 月 10 日，环境保护部正式批准了《酵母工业水污染物排放标准》（GB 25462—2010），自 2010 年 10 月 1 日起实施。

（三）排放标准及应税污染物

1. 适用范围

《酵母工业水污染物排放标准》（GB 25462—2010）规定了酵母企业或生产设施水污染物排放限值、监测和监控要求，以及标准的实施与监督等。该标准适用于现有酵母企业或生产设施的水污染物排放管理，以及对酵母工业建设项目的环境影响评价、环境保护设施设计、竣工环境保护验收及其投产后的水污染物排放管理。

2. 应税水污染物排放控制要求

酵母工业企业及其生产设施排放废水中的污染物监测项目，包括 3 项物理指标、3 项有机污染物指标、2 项非金属无机物指标，总计 8 种污染物，其中 7 种属于《中华人民共和国环境保护税法》规定的应税污染物，其排放限值及污染当量值见表 2-36。

表 2-36 酵母工业应税污染物排放限值及污染当量值

类型	污染物	排放限值（mg/L，其他类除外）		采样或监控位置	污染当量值（kg，其他类除外）
		直接排放	间接排放		
第二类	悬浮物（SS）	50（20※）	100（50※）	企业废水总排放口	4
	化学需氧量（COD_{Cr}）	150（60※）	400（150※）		1
	生化需氧量（BOD_5）	30（20※）	80（30※）		0.5
	氨氮	10（8※）	25（10※）		0.8
	总磷	0.8（0.5※）	2.0（0.8※）		0.25
其他类	pH 值	6.0~9.0	6.0~9.0		6 级
	色度（稀释倍数）	30（20※）	80（30※）		5 吨水·倍

三十二、淀粉工业水污染物排放标准及应税污染物

淀粉是一种多糖、葡萄糖的高聚体，作为重要的工业原料，用途广泛，除供食

用与加工食品外，还用于造纸、纺织、医药、塑料、机械及钻井等领域。随着淀粉工业生产技术的进步，我国年产淀粉量达600万吨以上，以玉米淀粉所占的比例最大。相比于大气和固体废物污染，水污染问题是淀粉工业生产的主要问题，受到广泛关注。

（一）淀粉工业废水

淀粉工业是指从玉米、小麦、薯类等含淀粉的原料中提取淀粉及以淀粉为原料生产变性淀粉、淀粉糖和淀粉制品的工业。淀粉生产工序主要包括原料处理、浸泡、破碎、过筛、分离淀粉、洗涤、干燥等。在这些工序中，会产生大量（每生产 1 m^3淀粉就产生 10~20 m^3废水）淀粉工业废水。由于使用原料不同，所产生的废水来源有所差别。当原料为玉米时，废水主要来源于玉米浸泡、胚芽分离与洗涤、纤维洗涤、浮选浓缩、蛋白压滤等工段蛋白回收后的排水，以及玉米浸泡水资源回收时产生的蒸发冷凝水；当原料为小麦时，废水主要来源于沉降池里的上清液和离心后产生的黄浆水；当原料为薯类时，废水主要来源于脱汁、分离、脱水工段蛋白回收后的排水，以及原料输送清洗废水；当以淀粉为原料生产淀粉糖时，废水主要来源于离子交换柱冲洗水、各种设备的冲洗水和洗涤水、液化糖化工艺的冷却水。这些废水中含有大量淀粉、蛋白质、糖类、脂肪等有机物，且浓度一般较高（8000 mg/L 以上），如果不经处理直接排放，会导致水质恶化，给环境带来极大危害。

（二）水污染物排放标准的制定与实施

为促进淀粉工业生产工艺和污染治理技术的进步，环境保护部科技标准司组织中国环境科学研究院等单位共同制定了我国首个淀粉工业水污染物排放标准。2010 年 9 月 10 日，环境保护部正式批准了《淀粉工业水污染物排放标准》（GB 25461—2010），自 2010 年 10 月 1 日起实施。

（三）排放标准及应税污染物

1. 适用范围

《淀粉工业水污染物排放标准》（GB 25461—2010）规定了淀粉企业或生产设施水污染物排放限值、监测和监控要求，以及标准的实施与监督等。该标准适用于现有淀粉企业或生产设施的水污染物排放管理，以及对淀粉工业建设项目的环境影响评价、环境保护设施设计、竣工环境保护验收及其投产后的水污染物排放管理。

2. 应税水污染物排放控制要求

淀粉工业企业及其生产设施排放废水中的污染物监测项目，包括 2 项物理指标、3 项有机污染物指标、3 项非金属无机物指标，总计 8 种污染物，其中 7 种属于《中华人民共和国环境保护税法》规定的应税污染物，其排放限值及污染当量值见表 2-37。

表 2-37 淀粉工业应税污染物排放限值及污染当量值

类型	污染物	排放限值（mg/L，pH 值除外）		采样或监控位置	污染当量值（kg，pH 值除外）
		直接排放	间接排放		
第二类	悬浮物（SS）	30（10※）	70（30※）	企业废水总排放口	4
	化学需氧量（COD_{Cr}）	100（50※）	300（100※）		1
	生化需氧量（BOD_5）	20（10※）	70（20※）		0.5
	氨氮	15（5※）	35（15※）		0.8
	总磷	1（0.5※）	5（1.0※）		0.25
	总氰化物（以木薯为原料）	0.5（0.1※）	0.5（0.1※）		0.05
其他类	pH 值	6.0~9.0	6.0~9.0		6 级

三十三、制糖工业水污染物排放标准及应税污染物

糖是产能营养素，是构成我们机体必不可少的重要物质。我国制糖工业在国民经济中占据重要地位，其中以甘蔗制糖为主（产量占 90%）。但制糖工业在蓬勃发展的同时，带来的环境污染问题也日益突出。制糖工业每年的废水排放量仅次于造纸工业，约 10 亿 m^3，是我国水污染防治的重点行业之一。

（一）制糖工业废水

制糖工艺包括甘蔗制糖和甜菜制糖。甘蔗制糖是以甘蔗的茎为原料，采用物理和化学的方法去除杂质、提取出含高纯度蔗糖成品的过程。甜菜制糖是以甜菜的块根为原料，采用物理和化学的方法去除杂质、提取出含高纯度蔗糖成品的过程。以甜菜或甘蔗为原料制糖过程中排出的废水即制糖工业废水。其中，甜菜制糖废水主要来源于原料预处理时产生的流洗水、工艺过程产生的压粕水、冲洗滤泥水及其他杂用水等；甘蔗制糖废水主要来源于锅炉除尘的冲洗水、洗地水及洗滤布水等。除此之外，在利用糖蜜（制糖生产的副产物）生产酒精的过程中，也会产生一部分废水（废醪液）。制糖工业废水及糖蜜酒精制造废水中含有有机物和糖分，属于高浓度有机废水，其 COD_{Cr}浓度在 10000 mg/L 以上，且酸度大、色度高、产生量大（每生产 1 吨糖产生 0.2~21 m^3废水），氮、磷、钾等元素含量较高，如果直接排入自然水体，必然会造成严重的污染。

（二）水污染物排放标准的制定与实施

为促进制糖工业生产工艺和污染治理技术的进步，环境保护部科技标准司组织中国轻工业清洁生产中心等单位共同制定了我国首个制糖工业水污染物排放标准。2008 年 4 月 29 日，环境保护部正式批准了《制糖工业水污染物排放标准》（GB 21909—2008），自 2008 年 8 月 1 日起实施。

（三）排放标准及应税污染物

1. 适用范围

《制糖工业水污染物排放标准》（GB 21909—2008）规定了制糖企业或生产设施水污染物排放限值、监测和监控要求，以及标准的实施与监督等。该标准适用于现有制糖企业或生产设施的水污染物排放管理，以及对制糖工业建设项目的环境影响评价、环境保护设施设计、竣工环境保护验收及其投产后的水污染物排放管理。

2. 应税水污染物排放控制要求

制糖工业企业及其生产设施排放废水中的污染物监测项目，包括2项物理指标、3项有机污染物指标、2项非金属无机物指标，总计7种污染物，其中6种属于《中华人民共和国环境保护税法》规定的应税污染物，其排放限值及污染当量值见表2-38。

表2-38 制糖工业应税污染物排放限值及污染当量值

类型	污染物	排放限值（mg/L，pH值除外）		采样或监控位置	污染当量值（kg，pH值除外）
		甘蔗制糖	甜菜制糖		
第二类	悬浮物（SS）	70（10※）	70（10※）	企业废水总排放口	4
	化学需氧量（COD_{Cr}）	100（50※）	100（50※）		1
	生化需氧量（BOD_5）	20（10※）	20（10※）		0.5
	氨氮	10（5※）	10（5※）		0.8
	总磷	0.5	0.5		0.25
其他类	pH值	6.0~9.0	6.0~9.0		6级

三十四、混装制剂类制药工业水污染物排放标准及应税污染物

混装制剂类药物按药性机理可分为化学药品制剂和中药制剂，按剂型分为常规固体制剂、注射剂、软膏剂、栓剂、透皮制剂、气（粉）雾剂和喷雾剂等。我国是药品生产大国，药品产量位居世界第二，原料药工业发达，生产的化学药品制剂约有34个剂型4000余个品种。我国医药行业在飞速发展的同时，带来的环境问题也日益增多。

（一）混装制剂类制药工业废水

混装制剂类制药是指药物活性成分和辅料经过混合、加工和配制，形成各种剂型药物的过程。混装制剂类制药过程中涉及的环境因素并不复杂，“三废”的产生源也不多，从严格意义上说，并没有工艺废水的产生。混装制剂类废水污染源仅为水剂生产线的洗瓶水、生产设备的冲洗水及厂房地面的冲洗水。这类废水水质比较简单，主要污染指标为COD_{Cr}、SS等。固体制剂类制药企业排放的废水与注射剂类制药企业排放的废水水质指标有一定差别，但均属中低浓度有机废水。虽然废水中的有机物含量较

低，但若未经处理直接排入水体，污水中的有机物在被微生物分解时会大量消耗水中的氧气，溶解氧耗尽后，有机物就会开始进行厌氧分解，产生硫化氢、硫醇等难闻气体，使水质恶化。

（二）水污染物排放标准的制定与实施

为促进制药工业生产工艺和污染治理技术的进步，环境保护部科技标准司组织相关单位共同制定了我国首个混装制剂类制药工业水污染物排放标准。2008 年 4 月 29 日，环境保护部正式批准了《混装制剂类制药工业水污染物排放标准》（GB 21908—2008），自 2008 年 8 月 1 日起实施。

（三）排放标准及应税污染物

1. 适用范围

《混装制剂类制药工业水污染物排放标准》（GB 21908—2008）规定了混装制剂类制药企业或生产设施水污染物排放限值。该标准适用于现有混装制剂类制药企业或生产设施的水污染物排放管理，混装制剂类制药工业建设项目的环境影响评价、环境保护设施设计、竣工环境保护验收和建成投产后的水污染物排放管理，以及通过混合、加工和配制，将药物活性成分制成兽药的生产企业的水污染防治和管理；不适用于中成药制药企业。

2. 应税水污染物排放控制要求

混装制剂类制药工业企业及其生产设施排放废水中的污染物监测项目，包括 2 项物理指标、4 项有机污染物指标、3 项非金属无机物指标，总计 9 种污染物，其中 7 种属于《中华人民共和国环境保护税法》规定的应税污染物，其排放限值及污染当量值见表 2-39。

表 2-39　混装制剂类制药工业应税污染物排放限值及污染当量值

类型	污染物	排放限值（mg/L，pH 值除外）	采样或监控位置	污染当量值（kg，pH 值除外）
第二类	悬浮物（SS）	30（10※）	企业废水总排放口	4
	化学需氧量（COD_{Cr}）	60（50※）		1
	生化需氧量（BOD_5）	15（10※）		0.5
	氨氮	10（5※）		0.8
	总磷	0.5		0.25
	总有机碳（TOC）	20（15※）		0.49
其他类	pH 值	6.0~9.0		6 级

三十五、生物工程类制药工业水污染物排放标准及应税污染物

生物工程技术是现代新兴的高科技手段，为制药业的发展提供了巨大的动力。目

前，生物工程技术在制药业应用广泛，包括基因工程、细胞工程、发酵工程以及酶工程等。这些利用生物工程技术手段制备的药物不仅为市场注入了新的活力，还对世界制药行业的格局产生了深远的影响。生物工程医药作为新兴产业，不但带来了经济的飞速增长，也给环境保护带来了极大的挑战。

（一）生物工程类制药工业废水

生物工程类制药是指利用微生物、寄生虫、动物毒素、生物组织等，采用现代生物技术方法（主要是基因工程技术等）生产用于治疗、诊断等的多肽和蛋白质类药物、疫苗等药品的过程，包括基因工程药物、基因工程疫苗、克隆工程制备药物等。生物工程类制药工业废水主要包括生产工艺废水、实验室废水和实验动物废水。其中，生产工艺废水是指发酵、提纯等工艺产生的废液，以及设备的洗涤水和冷却水等；实验室废水是指微生物实验室废弃的含有致病菌的培养物、料液和洗涤水，以及各种传染性物质的废水、血液样品等对生物有害的废水；实验动物废水是指动物解剖废水，尿粪，笼具、垫料等的洗涤水及消毒水等。这些废水有机污染物浓度高，难以生物降解，有毒有害物质多，色度高，异味重，直接排放对环境影响很大。此外，在生物工程制药过程中使用的活菌体、病毒及转基因等，也会带来环境生态安全问题。

（二）水污染物排放标准的制定与实施

为促进制药工业生产工艺和污染治理技术的进步，环境保护部科技标准司组织相关单位共同制定了我国首个生物工程类制药工业水污染物排放标准。2008 年 4 月 29 日，环境保护部正式批准了《生物工程类制药工业水污染物排放标准》（GB 21907—2008），自 2008 年 8 月 1 日起实施。

（三）排放标准及应税污染物

1. 适用范围

《生物工程类制药工业水污染物排放标准》（GB 21907—2008）规定了生物工程类制药企业或生产设施水污染物排放限值。该标准适用于现有生物工程类制药企业或生产设施的水污染物排放管理，以及生物工程类制药工业建设项目的环境影响评价、环境保护设施设计、竣工环境保护验收及其投产后的水污染物排放管理；不适用于利用传统微生物发酵技术制备抗生素、维生素等药物的生产企业。生物工程类制药的研发机构可参照该标准执行。该标准也适用于利用相似生物工程技术制备兽用药物的企业的水污染物防治与管理。

2. 应税水污染物排放控制要求

生物工程类制药工业企业及其生产设施排放废水中包括 16 种污染物监测项目，其中 13 种属于《中华人民共和国环境保护税法》规定的应税污染物，其排放限值及污染当量值见表 2-40。

表 2-40 生物工程类制药工业应税污染物排放限值及污染当量值

类型	污染物	排放限值（mg/L，其他类除外）	采样或监控位置	污染当量值（kg，其他类除外）
第二类	悬浮物（SS）	50（10※）	企业废水总排放口	4
	化学需氧量（COD_{Cr}）	80（50※）		1
	生化需氧量（BOD_5）	20（10※）		0.5
	动植物油	5（1.0※）		0.16
	挥发酚	0.5		0.08
	甲醛	2.0（1.0※）		0.125
	氨氮	10（5※）		0.8
	总磷	0.5		0.25
	总有机碳（TOC）	30（15※）		0.49
其他类	pH 值	6.0~9.0		6 级
	色度（稀释倍数）	50（30※）		5 吨水·倍
	余氯量	0.5		3.3 吨污水②
	大肠菌群数①（MPN/L）	500（100※）		3.3 吨污水②

注：①消毒指示微生物指标。②大肠菌群数和余氯量只征收一项。

三十六、中药类制药工业水污染物排放标准及应税污染物

随着生活水平的不断提高，人们的健康保健意识逐渐增强，具有悠久历史的中药因其毒副作用小等优势越发引起人们的关注，加上中药加工技术的不断进步，患者对中药疗效的信任度不断增加，中药市场需求日益扩大。我国拥有丰富的中药材资源，具有发展壮大中药产业的天然优势。我国的中药类制药工业已具有一定的规模和研发能力，在中药材、中药饮片和剂型（如片剂、颗粒剂、针剂、喷雾剂等）等方面取得了一定的成绩。

（一）中药类制药工业废水

中药类制药是以药用植物和药用动物为主要原料，根据国家药典，生产中药饮片和中成药各种剂型产品的过程。中药生产过程（包括洗药、煮提和制剂等）以水为载体，不可避免地会产生大量废水。这些废水来自原料清洗用水、煮提用水、容器设备清洗用水和场地清洗用水等。其中，原料和容器设备清洗水约占废水量的50%，主要污染物为悬浮物、动植物油等；煮提用水含各种天然有机污染物，包括糖类、蛋白质、纤维素、木质素、生物碱、有机酸、色素及其水解产物等，水量相对较小；混合后的中药废水多呈现有机浓度高、色度高、冲击负荷大、成分复杂的特性。不同企业由于生产的药品种类不同，生产工艺差异较大，所产生的废水水质、水量不均衡，浓度波动幅度大，含有的物质不能被微生物直接摄取利用，废水中含有的悬浮物尤其是木质素等比重较小、难于沉淀，给废水的生化处理稳定性带来了难度。

（二）水污染物排放标准的制定与实施

为促进制药工业生产工艺和污染治理技术的进步，环境保护部科技标准司组织几个单位制定了我国首个中药类制药工业水污染物排放标准。2008 年 4 月 29 日，环境保护部正式批准了《中药类制药工业水污染物排放标准》（GB 21906—2008），自 2008 年 8 月 1 日起实施。

（三）排放标准及应税污染物

1. 适用范围

《中药类制药工业水污染物排放标准》（GB 21906—2008）规定了中药类制药企业或生产设施水污染物排放限值。该标准适用于现有中药类制药企业或生产设施的水污染物排放管理，对中药类制药工业建设项目的环境影响评价、环境保护设施设计、竣工环境保护验收及其投产后的水污染物排放管理，藏药、蒙药等民族传统医药制药工业企业以及与中药类药物相似的兽药生产企业的水污染防治与管理。当中药类制药工业企业提取某种特定药物成分时，不适用该标准，应执行提取类制药工业水污染物排放标准。

2. 应税水污染物排放控制要求

《中药类制药工业水污染物排放标准》（GB 21906—2008）规定了中药类制药工业企业及其生产设施排放废水中的 14 种污染物监测项目，其中 12 种属于《中华人民共和国环境保护税法》规定的应税污染物，其排放限值及污染当量值见表 2-41。

表 2-41　中药类制药工业应税污染物排放限值及污染当量值

类型	污染物	排放限值（mg/L，其他类除外）	采样或监控位置	污染当量值（kg，其他类除外）
第一类	总汞	0.05（0.01※）	生产车间或设施废水排放口	0.0005
第一类	总砷	0.5（0.1※）	生产车间或设施废水排放口	0.02
第二类	悬浮物（SS）	50（15※）	企业废水总排放口	4
第二类	化学需氧量（COD_{Cr}）	100（50※）	企业废水总排放口	1
第二类	生化需氧量（BOD_5）	20（15※）	企业废水总排放口	0.5
第二类	动植物油	5	企业废水总排放口	0.16
第二类	氨氮	8（5※）	企业废水总排放口	0.8
第二类	总磷	0.5	企业废水总排放口	0.25
第二类	总有机碳（TOC）	25（20※）	企业废水总排放口	0.49
第二类	总氰化物	0.5（0.3※）	企业废水总排放口	0.05
其他类	pH 值	6.0~9.0	企业废水总排放口	6 级
其他类	色度（稀释倍数）	50（30※）	企业废水总排放口	5 吨水·倍

三十七、提取类制药工业水污染物排放标准及应税污染物

药物的发展是个源远流长的过程，从植物提取到基因技术的变迁揭示着药物发展的不断飞跃。提取类药物的范围与传统意义上生化药物、生物制品、中药的定义和范围交叉较多，既有区别又有联系。

（一）提取类制药工业废水

提取类制药是指采用物理、化学、生物化学方法，将生物体中起重要生理作用的各种基本物质经过提取、分离、纯化等工序制造成药物的过程。按药物的化学成分，提取类药物可分为氨基酸类、多肽及蛋白质类、酶类、核酸类、糖类、脂类以及其他类。提取类制药工业在原料清洗、提取、精制的工序中会产生大量废水，其主要污染指标为 COD_{Cr}、BOD_5、SS、氨氮、动植物油等。除此之外，设备清洗水和地面清洗水也是提取类制药工业废水的组成部分，主要污染指标为 COD_{Cr}、BOD_5、SS 等。由此可见，提取类制药工业废水中含有大量的有机溶剂和动植物有机组分，处理难度较大。

（二）水污染物排放标准的制定与实施

考虑到现行的综合排放标准对于提取类制药工业缺乏针对性和可操作性，其指标和标准值已不能适应提取类药企业的发展和环境管理的需要，环境保护部科技标准司组织河北省环境科学研究院、环境保护部环境标准研究所共同制定了我国首个生物工程类制药工业水污染物排放标准。2008 年 4 月 29 日，环境保护部正式批准了《提取类制药工业水污染物排放标准》（GB 21905—2008），自 2008 年 8 月 1 日起实施。

（三）排放标准及应税污染物

1. 适用范围

《提取类制药工业水污染物排放标准》（GB 21905—2008）规定了提取类制药（不含中药）企业或生产设施水污染物的排放限值。该标准适用于现有提取类制药企业或生产设施的水污染物排放管理，对提取类制药工业建设项目的环境影响评价、环境保护设施设计、竣工环境保护验收及其投产后的水污染物排放管理，以及与提取类制药生产企业生产药物结构相似的兽药生产企业的水污染防治和管理；不适用于用化学合成、半合成等方法制得的生化基本物质的衍生物或类似物、菌体及其提取物、动物器官或组织及小动物制剂类药物的生产企业。

2. 应税水污染物排放控制要求

提取类制药工业企业及其生产设施排放废水中包含 11 种污染物监测项目，其中 9 种属于《中华人民共和国环境保护税法》规定的应税污染物，其排放限值及污染当量值见表 2-42。

表 2-42　提取类制药工业应税污染物排放限值及污染当量值

类型	污染物	排放限值（mg/L，其他类除外）	采样或监控位置	污染当量值（kg，其他类除外）
第二类	悬浮物（SS）	50（10※）	企业废水总排放口	4
	化学需氧量（COD_{Cr}）	100（50※）		1
	生化需氧量（BOD_5）	20（10※）		0.5
	氨氮	15（5※）		0.8
	总磷	0.5		0.25
	总有机碳（TOC）	30（15※）		0.49
	动植物油	5		0.16
其他类	pH 值	6.0~9.0		6 级
	色度（稀释倍数）	50（30※）		5 吨水·倍

三十八、化学合成类制药工业水污染物排放标准及应税污染物

化学合成类药物的发展距今已有百年的历史。随着有机化学、药理学和化学工业的发展，化学合成类药物发展迅速，其品种、产量、产值等均在制药工业中占首要地位。化学合成类制药工业已经成为制药业的重要组成部分。目前，人类开发利用的化学类药物种类已达数千种，如消化系统药物、抗病毒药物、激素类药物、中枢神经系统药物等。化学合成类制药工业属于精细化工，生产工序多，原材料利用率低，“三废”产生量大，污染严重。

（一）化学合成类制药工业废水

化学合成类制药是指采用一个或者一系列化学反应生产药物活性成分的过程。由于原料差异大、工艺路线长、反应步骤多，产生的废水种类和性质存在较大差别。废水主要来自工艺废水（如过滤液和浓缩液）、地面及设备的冲洗废水、管道的密封水以及溢出水等。由于原料利用率低（最终产品只占原料总量的 5%~15%），未反应的原辅料及溶剂大量进入废水中，导致废水有机物（苯类有机物、醇、酯、石油类等）浓度高，水质水量波动大，成分复杂，色度和含盐量高，对微生物有毒。可见，化学合成类制药工业废水是一种高浓度、难降解的有机废水，是污水处理行业难处理的废水之一。

（二）水污染物排放标准的制定与实施

为促进制药工业生产工艺和污染治理技术的进步，环境保护部科技标准司组织哈尔滨工业大学等单位共同制定了我国首个生物工程类制药工业水污染物排放标准。2008 年 4 月 29 日，环境保护部正式批准了《化学合成类制药工业水污染物排放标准》（GB 21904—2008），自 2008 年 8 月 1 日起实施。

（三）排放标准及应税污染物

1. 适用范围

《化学合成类制药工业水污染物排放标准》（GB 21904—2008）规定了化学合成类制药企业或生产设施水污染物的排放限值。该标准适用于现有化学合成类制药企业或生产设施的水污染物排放管理，以及对化学合成类制药工业建设项目的环境影响评价、环境保护设施设计、竣工环境保护验收及其投产后的水污染物排放管理；也适用于专供药物生产的医药中间体工厂（如精细化工厂），以及化学合成类药物结构相似的兽药生产企业的水污染防治与管理。

2. 应税水污染物排放控制要求

化学合成类制药工业企业及其生产设施排放废水中包含25种污染物监测项目，其中21种属于《中华人民共和国环境保护税法》规定的应税污染物，其排放限值及污染当量值见表2-43。

表2-43 化学合成类制药工业应税污染物排放限值及污染当量值

类型	污染物	排放限值（mg/L，其他类除外）	采样或监控位置	污染当量值（kg，其他类除外）
第一类	总汞	0.05	生产车间或设施废水排放口	0.0005
	总镉	0.1		0.005
	六价铬	0.5（0.3※）		0.02
	总砷	0.5（0.3※）		0.02
	总镍	1.0		0.025
	总铅	1.0		0.025
第二类	悬浮物（SS）	50（10※）	企业废水总排放口	4
	化学需氧量（COD_{Cr}）	120（100）①（50※）		1
	生化需氧量（BOD_5）	25（20）①（10※）		0.5
	氨氮	25（20）①（5※）		0.8
	总磷	1.0（0.5※）		0.25
	总有机碳（TOC）	35（30）①（15※）		0.49
	总铜	0.5		0.1
	总锌	0.5		0.2
	总氰化物	0.5（不得检出※②）		0.05
	挥发酚	0.5		0.08
	硫化物	1.0		0.125
	硝基苯类	2.0		0.2
	苯胺类	2.0（1.0※）		0.2
其他类	pH值	6.0~9.0		6级
	色度（稀释倍数）	50（30※）		5吨水·倍

注：①括号内排放限值适用于同时生产化学合成类原料药和混装制剂的联合生产企业。②总氰化物检出限：0.25 mg/L。

三十九、发酵类制药工业水污染物排放标准及应税污染物

20 世纪 40 年代初，随着青霉素的发现，抗生素发酵工业逐渐兴起，这也是发酵类药物生产的开始。随着人们生活水平的提高和医疗保健需求的不断增长，发酵类制药工业发展速度，在国民经济中占据重要地位。目前，发酵类药物仍以抗生素为主。发酵类制药工业具有生产产品多、生产工序多、原料利用率低等特点，在迅速发展的同时，也带来了越来越严重的环境污染问题。

（一）发酵类制药工业废水

发酵类制药是指通过微生物发酵的方法产生抗生素或其他活性成分，然后经过分离、纯化、精制等工序生产出药物的过程。按产品种类，发酵类药物分为抗生素类、维生素类、氨基酸类和其他类。其中，抗生素类按照化学结构，又分为 β-内酰胺类、氨基糖苷类、大环内酯类、四环素类、多肽类和其他。发酵类药物生产过程中会产生大量废水，主要来自主工艺排水（包括废滤液、母液、溶剂回收残液等）、辅工艺排水（包括冷却水、水环真空设备排水、蒸馏设备冷凝水等）和冲洗水（包括设备冲洗水、地面冲洗水等）。这类废水成分复杂，污染物浓度高（如发酵过滤液、蒸馏釜残留液的 COD_{Cr}>10000 mg/L），碳氮比例失调（含氮量高），硫酸盐浓度高，色度高，悬浮物含量高，易产生泡沫，且含有难以降解的微生物甚至对微生物有遏制作用的物质。因此，发酵类制药工业废水的处理难度比其他制药工业废水的处理难度大。

（二）水污染物排放标准的制定与实施

环境保护部科技标准司组织华北制药集团环境保护研究所等单位共同制定了我国首个发酵类制药工业水污染物排放标准。2008 年 4 月 29 日，环境保护部正式批准了《发酵类制药工业水污染物排放标准》（GB 21903—2008），自 2008 年 8 月 1 日起实施。

（三）排放标准及应税污染物

1. 适用范围

《发酵类制药工业水污染物排放标准》（GB 21903—2008）规定了发酵类制药企业或生产设施水污染物的排放限值。该标准适用于现有发酵类制药企业或生产设施的水污染物排放管理，以及对发酵类制药工业建设项目的环境影响评价、环境保护设施设计、竣工环境保护验收及其投产后的水污染物排放管理。与发酵类药物结构相似的兽药生产企业的水污染防治与管理也适用该标准。

2. 应税水污染物排放控制要求

发酵类制药工业企业及其生产设施排放废水中的污染物监测项目，包括 3 项物理指标、4 项有机污染物指标、5 项非金属无机物指标，总计 12 种污染物，其中 10 种属于《中华人民共和国环境保护税法》规定的应税污染物，其排放限值及污染当量值见表 2-44。

表 2-44 发酵类制药工业应税污染物排放限值及污染当量值

类型	污染物	排放限值（mg/L，其他类除外）	采样或监控位置	污染当量值（kg，其他类除外）
第二类	悬浮物（SS）	60（10※）	企业废水总排放口	4
	化学需氧量（COD_{Cr}）	120（100）①（50※）		1
	生化需氧量（BOD_5）	40（30）①（10※）		0.5
	氨氮	35（25）①（5※）		0.8
	总磷	1.0（0.5※）		0.25
	总有机碳（TOC）	40（30）①（15※）		0.49
	总锌	3.0（0.5※）		0.2
	总氰化物	0.5（不得检出※）		0.05
其他类	pH 值	6.0~9.0		6 级
	色度（稀释倍数）	60（30※）		5 吨水·倍

注：①括号内排放限值适用于同时生产发酵类原料药和混装制剂的联合生产企业。

四十、合成革与人造革工业水污染物排放标准及应税污染物

合成革与人造革主要通过工业原料加工制造而得，由于其价格低廉，制品具有防水、柔软、抗磨损、抗老化、耐寒、轻质、透气等特点，被广泛用于鞋材、服装、箱包、家居、包装等行业。随着人们对合成革和人造革制品需求量的不断增长，我国也发展成为合成革与人造革生产大国。与此同时，合成革和人造革生产过程中排放的大量废水也对环境造成了严重污染。

（一）合成革与人造革工业废水

合成革是指以人工合成方式在织布、无纺布（不织布）、皮革等材料的基布上形成聚氨酯树脂的膜层或类似皮革的结构，外观像天然皮革的一种材料。人造革是指以人工合成方式在织布、无纺布（不织布）等材料的基布（也包括没有基布）上形成聚氯乙烯等树脂的膜层或类似皮革的结构，外观像天然皮革的一种材料。合成革与人造革工业废水包括湿法工艺废水、废气湿法净化处理废水、废气干法净化处理废水、后处理湿揉废水及车间冲洗水等。其中，湿法工艺废水主要为浸水槽、凝固槽、水洗槽等的工艺废水和清洗水，含有二甲基甲酰胺（Dimethylformamide，DMF）、阴离子表面活性剂、悬浮物和氨氮等；废气干法和湿法净化处理废水主要为水洗涤式废气净化治理水，含有有机溶剂和悬浮物；后处理湿揉废水主要为湿揉和洗涤废水，含有有机溶剂、阴离子表面活性剂和悬浮物。由此可见，合成革与人造革工业废水具有水质复杂、有机物浓度高、氨氮含量高、难生物降解物质多等特征，废水中含有的 DMF 具有很强的致癌作用，因此这类废水若未经处理直接排放，会给环境带来严重污染，并威胁人类的健康。

（二）水污染物排放标准的制定与实施

环境保护部科技标准司组织温州市环境监测中心站等单位共同制定了我国首个合成革与人造革工业水污染物排放标准。2008 年 4 月 29 日，环境保护部正式批准了《合成革与人造革工业污染物排放标准》（GB 21902—2008），自 2008 年 8 月 1 日起实施。

（三）排放标准及应税污染物

1. 适用范围

《合成革与人造革工业污染物排放标准》（GB 21902—2008）规定了合成革与人造革工业企业特征生产工艺和装置的水和大气污染物排放限值。该标准适用于现有合成革与人造革工业企业特征生产工艺和装置的水和大气污染物排放管理，以及对合成革与人造革工业建设项目的环境影响评价、环境保护设施设计、竣工环境保护验收及其投产后的水和大气污染物排放管理。

2. 应税水污染物排放控制要求

合成革与人造革工业企业及其生产设施排放废水中的污染物监测项目，包括 3 项物理指标、2 项有机污染物指标、4 项非金属无机物指标，总计 9 种污染物，其中 7 种属于《中华人民共和国环境保护税法》规定的应税污染物，其排放限值及污染当量值见表 2-45。

表 2-45　合成革与人造革工业应税污染物排放限值及污染当量值

类型	污染物	排放限值（mg/L，其他类除外）	采样或监控位置	污染当量值（kg，其他类除外）
第二类	悬浮物（SS）	40（20※）	企业废水总排放口	4
	化学需氧量（COD_{Cr}）	80（60※）		1
	氨氮	8（3※）		0.8
	总磷	1.0（0.5※）		0.25
	甲苯	0.1		0.02
其他类	pH 值	6.0~9.0		6 级
	色度（稀释倍数）	50（30※）		5 吨水·倍

四十一、电镀工业水污染物排放标准及应税污染物

电镀是工业产业链中的重要环节，对各种工业产品起到装饰、防护和增加功能等作用，广泛用于机械、电子、汽车、航空、航天等领域，其工艺水平和发展程度直接决定着其他工业行业的发展程度。目前，我国已经发展成为电镀大国。电镀行业是一个化学品应用密集型行业，普遍存在工艺物耗高、效率低的问题，产生的大量污染物是主要的工业污染源。

（一）电镀工业废水

电镀是指运用电解方法在零件表面沉积均匀、致密、结合良好的金属或合金层的过程，包括镀前处理（去油、去锈）、镀上金属层和镀后处理（钝化、去氢）。其主要

功能包括提供装饰性保护层，提高镀件表面硬度和耐磨性，提高镀件的导电性、导磁性及反射性等，防止镀件表面局部渗碳、渗氮，以及修复零件尺寸等。电镀工业废水主要来源于镀件清洗、地面冲洗、吊挂具和极板冲洗等。电镀废液主要来源于废弃槽液更换。其中，镀件清洗废水占生产废水总排放量的80%以上。这类废水成分复杂，含有氰、酸碱和重金属等。氰可引起人畜急性中毒，甚至致死，低浓度长期作用也能造成慢性中毒；镉可使肾脏发生病变，并会引起痛痛病；六价铬可引起肺癌、肠胃道疾病和贫血，并会在骨、脾和肝脏内蓄积。电镀工业废水根据所含重金属元素种类分为含铬废水、含镍废水、含镉废水、含铜废水、含锌废水、含金废水、含银废水等。电镀废水必须严格控制，妥善处理，否则将对环境造成严重污染。

（二）水污染物排放标准的制定与实施

为促进电镀生产工艺和污染治理技术的进步，环境保护部科技标准司组织北京中兵北方环境科技发展有限责任公司等单位共同制定了我国首个电镀工业水污染物排放标准。2008年4月29日，环境保护部正式批准了《电镀污染物排放标准》（GB 21900—2008），自2008年8月1日起实施。

（三）排放标准及应税污染物

1. 适用范围

《电镀污染物排放标准》（GB 21900—2008）规定了电镀企业和拥有电镀设施企业的电镀水污染物排放限值等。该标准适用于现有电镀企业的水污染物排放管理，对电镀企业建设项目的环境影响评价、环境保护设施设计、竣工环境保护验收及其投产后的水污染物排放管理，以及阳极氧化表面处理工艺设施。

2. 应税水污染物排放控制要求

电镀工业企业及其生产设施排放废水中的污染物监测项目，包括2项物理指标、3项有机污染物指标、4项非金属无机物指标、11项金属指标，总计20种污染物，其中17种属于《中华人民共和国环境保护税法》规定的应税污染物，其排放限值及污染当量值见表2-46。

表2-46 电镀工业应税污染物排放限值及污染当量值

类型	污染物	排放限值（mg/L，pH值除外）	采样或监控位置	污染当量值（kg，pH值除外）
第一类	总铬	1.0（0.5※）	生产车间或设施废水排放口	0.04
	六价铬	0.2（0.1※）		0.02
	总镍	0.5（0.1※）		0.025
	总镉	0.05（0.01※）		0.005
	总银	0.3（0.1※）		0.02
	总铅	0.2（0.1※）		0.025
	总汞	0.01（0.005※）		0.0005

续表

类型	污染物	排放限值（mg/L，pH 值除外）	采样或监控位置	污染当量值（kg，pH 值除外）
第二类	悬浮物（SS）	50（30※）	企业废水总排放口	4
	总铜	0.5（0.3※）		0.1
	总锌	1.5（1.0※）		0.2
	化学需氧量（COD_{Cr}）	80（50※）		1
	氨氮	15（8※）		0.8
	总磷	1.0（0.5※）		0.25
	石油类	3.0（2.0※）		0.1
	氟化物	10		0.5
	总氰化物	0.3（0.2※）		0.05
其他类	pH 值	6.0~9.0		6 级

四十二、羽绒工业水污染物排放标准及应税污染物

羽绒服、羽绒被等保暖性好，已经成为现代人们生活中的必需品，市场需求量较大。我国是世界上最大的羽绒及其制品生产、出口和消费国。据调查，我国年产羽绒40万吨左右，占全球产量的80%，其中出口量占国际市场的70%，主要输往美国、日本、欧盟、澳大利亚等国家和地区。我国出口羽绒产品的类别主要为羽绒填充料、羽绒寝具及羽绒服装等。羽绒制品在给人们带来温暖的同时，也对环境保护提出了新的课题。

（一）羽绒工业废水

羽绒工业是指将鹅、鸭的羽毛、羽绒经水洗和高温烘干消毒工艺生产为符合国家相关产品质量标准的水洗羽毛绒产品，并将其作为填充料生产各种羽绒制品（包括各式羽绒服装及羽绒被、枕、褥、垫、睡袋等）的工业。羽绒工业包括以下三种企业类型：水洗羽毛绒加工企业、羽绒制品加工企业、水洗羽毛绒与羽绒制品联合生产企业。羽绒工业的清洗、高温消毒等工序会产生大量高浓度有机废水，其中含有蛋白质、动物油脂和少量无机物与细碎的羽绒，原料羽毛上黏附的泥土、砂粒、粪便，少量的洗涤剂，羽毛上洗脱的油脂及微量的双氧水，导致废水中 COD_{Cr}、BOD_5、SS 偏高。此类废水排入自然水体后，会使受纳水体缺氧，导致水生物死亡、水质恶化。此外，废水中携带的羽毛羽绒会造成原料流失，增加水处理负荷。必须对羽绒工业废水进行处理后再排放，这不仅有利于对环境的保护，也有助于实现羽绒的回收再利用。

（二）水污染物排放标准的制定与实施

为促进羽绒工业生产工艺和污染治理技术的进步，环境保护部科技标准司组织中国羽绒工业协会、环境保护部环境标准研究所共同制定了我国首个羽绒工业水污染物

排放标准。2008年4月29日，环境保护部正式批准了《羽绒工业水污染物排放标准》（GB 21901—2008），自2008年8月1日起实施。

（三）排放标准及应税污染物

1. 适用范围

《羽绒工业水污染物排放标准》（GB 21901—2008）规定了羽绒企业或生产设施水污染物排放限值。该标准适用于现有羽绒企业或生产设施的水污染物排放管理，以及对羽绒工业建设项目的环境影响评价、环境保护设施设计、竣工环境保护验收及其投产后的水污染物排放管理。

2. 应税水污染物排放控制要求

羽绒工业企业及其生产设施排放废水中的污染物监测项目，包括2项物理指标、4项有机污染物指标、3项非金属无机物指标，总计9种污染物，其中8种属于《中华人民共和国环境保护税法》规定的应税污染物，其排放限值及污染当量值见表2-47。

表2-47 羽绒工业应税污染物排放限值及污染当量值

类型	污染物	排放限值（mg/L，pH值除外）	采样或监控位置	污染当量值（kg，pH值除外）
第二类	悬浮物（SS）	50（20※）	企业废水总排放口	4
	生化需氧量（BOD_5）	15（10※）		0.5
	化学需氧量（COD_{Cr}）	80（50※）		1
	氨氮	12（5※）		0.8
	总磷	0.5		0.25
	阴离子表面活性剂	3（1※）		0.2
	动植物油	5（3※）		0.16
其他类	pH值	6.0~9.0		6级

四十三、制浆造纸工业水污染物排放标准及应税污染物

纸是我们日常生活中最常用的物品之一，在工业、农业、商业及军事等领域也有广泛应用。制浆造纸工业是与国民经济和人民生活密切相关的重要产业，我国制浆造纸企业正在向规模化、现代化方向发展。但是，制浆造纸工业的物料、能源消耗均较高，产生的污染物，特别是废水排放量及COD_{Cr}排放量，均居我国各类工业排放量的首位，对水环境的污染最为严重。

（一）制浆造纸工业废水

制浆造纸企业是指以植物（木材、其他植物）或废纸等为原料生产纸浆，及（或）以纸浆为原料生产纸张、纸板等产品的企业或生产设施。制浆是指采用化学方法、机械方法或者化学与机械相结合的方法，使植物纤维解离成本色纸浆或漂白纸浆

的生产过程。造纸是指将纸浆造成纸产品的过程。制浆造纸工业是用水大户，也是主要的水污染源之一。制浆造纸工业废水主要来源于备料、蒸煮、冷凝、洗涤、漂白和抄纸生产工序。统计资料表明，我国造纸废水排放量占全国工业废水排放总量的15%左右，COD排放量占全国工业COD排放总量的1/3以上。

（二）水污染物排放标准的制定与实施

我国《造纸工业水污染物排放标准》首次发布于1983年，1992年第一次修订，2001年第二次修订。2001年以GB 3544—2001代替GWPB 2—1999，2003年国家环保总局又对GB 3544—2001的部分内容进行了修订。为促进制浆造纸工业生产工艺和污染治理技术的进步，环境保护部科技标准司组织山东省环境保护局等单位再次启动了修订工作。2008年4月29日，环境保护部正式批准了《制浆造纸工业水污染物排放标准》（GB 3544—2008），自2008年8月1日起实施。

（三）排放标准及应税污染物

1. 适用范围

《制浆造纸工业水污染物排放标准》（GB 3544—2008）规定了制浆造纸企业或生产设施水污染物的排放限值。该标准适用于现有制浆造纸企业或生产设施的水污染物排放管理，以及对制浆造纸工业建设项目的环境影响评价、环境保护设施设计、竣工环境保护验收及其投产后的水污染物排放管理。

2. 应税水污染物排放控制要求

制浆造纸工业企业及其生产设施排放废水中的污染物监测项目，包括3项物理指标、3项有机污染物指标、3项非金属无机物指标，总计9种污染物，其中8种属于《中华人民共和国环境保护税法》规定的应税污染物，其排放限值及污染当量值见表2-48。

表2-48 制浆造纸工业应税污染物排放限值及污染当量值

类型	污染物	排放限值（mg/L，其他类除外）			采样或监控位置	污染当量值（kg，其他类除外）
		制浆企业	制浆和造纸联合生产企业	造纸企业		
第二类	可吸附有机卤化物（AOX）①	12（8※）	12（8※）	12（8※）	车间或生产设施废水排放口	0.25
	悬浮物（SS）	50（20※）	30（10※）	30（10※）	企业废水总排放口	4
	生化需氧量（BOD_5）	20（10※）	20（10※）	20（10※）		0.5
	化学需氧量（COD_{Cr}）	100（80※）	90（60※）	80（50※）		1
	氨氮	12（5※）	8（5※）	8（5※）		0.8
	总磷	0.8（0.5※）	0.8（0.5※）	0.8（0.5※）		0.25
其他类	pH值	6.0~9.0	6.0~9.0	6.0~9.0		6级
	色度（稀释倍数）	50	50	50		5吨水·倍

注：①可吸附有机卤化物（AOX）指标适用于采用含氯漂白工艺的情况。

四十四、杂环类农药工业水污染物排放标准及应税污染物

化学农药以其快速、高效、经济、简便的特点，被广泛用于农作物的有害生物防治，相关效保障了农作物产量、品质和安全。有资料表明，世界范围内农药所避免和挽回的农业病、虫、草害损失占粮食产量的1/3。然而近年来随着农药长期大量的施用，农药残留及污染问题日益严重，已成为农业面源污染的重要来源之一。

（一）杂环类农药工业废水

用来防治植物病、虫、螨、鼠、杂草等有害生物和调节植物生长的化学药剂均称为农药。未经加工的农药称为原药，原药一般不能直接使用，需要加入适当的填充剂和辅助剂才能使用；经过加工的农药称为农药制剂或商品农药。农药种类很多，常用的有500种左右，其中杂环类农药因其低毒（对人畜）、高效、低残留以及环境相容性好等优点，逐渐取代了有剧毒的有机磷农药。这类农药生产中会产生大量废水，即杂环类农药工业废水。这类农药化学结构复杂，合成步骤较多，中间体繁杂，导致其工业废水成分也极其复杂，并含有大量有毒或难降解的有机化合物，以及CN^-、Cl^-、SO_4^{2-}等无机盐，对生物体毒害极大。另外，杂环类农药施于作物后，经环境因素的作用进入水体后，会对水生动植物产生明显危害，引起公用水域的污染，同时对使用这种污染水的人畜产生危害。因此，必须加强对此类废水的处理。

（二）水污染物排放标准的制定与实施

为加强对农药工业污染物的排放控制，促进农药工业技术进步，改善环境质量，保障人体健康，环境保护部科技标准司组织南京环境科学研究所、沈阳化工研究院共同制定了我国首个杂环类农药工业水污染物排放标准。2008年3月17日，环境保护部正式批准了《杂环类农药工业水污染物排放标准》（GB 21523—2008），自2008年7月1日起实施。

（三）排放标准及应税污染物

1. 适用范围

《杂环类农药工业水污染物排放标准》（GB 21523—2008）规定了杂环类农药吡虫啉、三唑酮、多菌灵、百草枯、莠去津、氟虫腈原药生产过程中的水污染物排放限值。该标准适用于吡虫啉、三唑酮、多菌灵、百草枯、莠去津、氟虫腈原药生产企业的污染物排放控制和管理，以及建设项目的环境影响评价、建设项目环境保护设施设计、竣工验收及其运营期的排放管理。

2. 应税水污染物排放控制要求

杂环类农药工业企业及其生产设施排放废水中总计24种污染物监测项目，其中12种属于《中华人民共和国环境保护税法》规定的应税污染物，其排放限值及污染当量值见表2-49。

表 2-49　杂环类农药工业应税污染物排放限值及污染当量值

类型	污染物	排放限值（mg/L，其他类除外）						采样或监控位置	污染当量值（kg，其他类除外）
		吡虫啉原药生产企业	三唑酮原药生产企业	多菌灵原药生产企业	百草枯原药生产企业	莠去津原药生产企业	氟虫腈原药生产企业		
第二类	悬浮物（SS）	50（30※）	50（30※）	50（30※）	50（30※）	50（30※）	50（30※）	企业废水总排放口	4
	化学需氧量（COD_{Cr}）	100（80※）	100（80※）	100（80※）	100（80※）	100（80※）	100（80※）		1
	氨氮	10（5※）	10（5※）	10（5※）	10（5※）	10（5※）	10（5※）		0.8
	总氰化合物	—	—	—	0.4（0.2※）	—	0.5（0.2※）		0.05
	氟化物	—	—	—	—	—	10（5※）		0.5
	甲醛	—	—	—	—	—	1.0（0.5※）		0.125
	甲苯	—	—	—	—	—	0.1（0.06※）		0.02
	氯苯	—	—	—	—	—	0.2（0.1※）		0.02
	可吸附有机卤素（AOX）	—	—	—	—	—	1.0（0.5※）		0.25
	苯胺类	—	—	—	—	—	1.0（0.5※）		0.2
其他类	pH值	6.0~9.0	6.0~9.0	6.0~9.0	6.0~9.0	6.0~9.0	6.0~9.0		6级
	色度（稀释倍数）	30（20※）	30（20※）	30（20※）	30（20※）	30（20※）	30（20※）		5吨水·倍

四十五、煤炭工业水污染物排放标准及应税污染物

煤炭是古代植物埋藏在地下经历复杂的生物化学和物理化学变化逐渐形成的固体可燃性矿物，是一种固体可燃有机岩，主要由植物遗体经生物化学作用，埋藏后再经地质作用转变而成。我国自然资源的基本特点是富煤、贫油、少气，这就决定了煤炭在一次能源中的重要地位。我国煤炭资源总量为5.6万亿吨，其中已探明储量为1万亿吨，占世界总储量的11%，是世界第一产煤大国。近几年，我国煤炭工业发展较快，但在发展的同时，其所带来的环境污染问题也不容忽视。

（一）煤炭工业废水

煤炭工业是指原煤开采和选煤行业。煤炭工业废水是指煤炭开采和选煤过程中产生的废水，包括采煤废水和选煤废水。采煤废水即在煤矿开采过程中排放出来的矿井水，这种矿井水对地表河流等其他水资源会产生极大污染。矿井水主要来源于岩石孔隙水、地下含水层及在煤矿生产中防尘、灌浆的污水等。在大部分煤矿区，每1吨煤的排水量为2~4 m^3，这就意味着煤矿的废水排放量大。在开采、运输过程中，会有一些杂物混入，从而使矿井水变混浊。选煤废水是煤矿湿法洗煤加工工艺的工业尾水。

选煤废水中含有大量的悬浮物、煤泥和泥砂，故又称煤泥水。未经处理的煤泥水的悬浮物浓度可以达到5000 mg/L 以上。由于煤炭本身具有疏水性，选煤废水中的一些微小煤粉在水中特别稳定。这些超细煤粉悬浮于水中，会使水体变得混浊，透光度降低，从而使藻类等水生生物不能进行光合作用，生长繁殖受到抑制；同时，水中杂质颗粒也会堵塞鱼鳃，使鱼类窒息死亡，如此恶性循环，对环境影响恶劣。由此可见，煤炭工业废水具有水量大、悬浮物含量高、含有害物质种类多的特点。

（二）水污染物排放标准的制定与实施

为控制原煤开采、选煤及其所属煤炭贮存、装卸场所的污染物排放，保障人体健康，保护生态环境，促进煤炭工业可持续发展，国家环境保护总局科技标准司组织国家环境保护总局环境标准研究所等单位共同制定了我国首个煤炭工业水污染物排放标准。2006 年 9 月 1 日，国家环境保护总局正式批准了《煤炭工业污染物排放标准》（GB 20426—2006），自 2006 年 10 月 1 日起实施。

（三）排放标准及应税污染物

1. 适用范围

《煤炭工业污染物排放标准》（GB 20426—2006）规定了原煤开采、选煤水污染物排放限值，煤炭地面生产系统大气污染物排放限值，以及煤炭采选企业所属煤矸石堆置场、煤炭贮存、装卸场所污染物控制技术要求。该标准适用于现有煤矿（含露天煤矿）、选煤厂及其所属煤矸石堆置场、煤炭贮存、装卸场所污染防治与管理，以及煤炭工业建设项目环境影响评价、环境保护设施设计、竣工环境保护验收及其投产后的污染防治与管理。

2. 应税水污染物排放控制要求

煤炭工业企业及其生产设施排放废水中总计16种污染物监测项目，其中13种属于《中华人民共和国环境保护税法》规定的应税污染物，其排放限值及污染当量值见表2-50。

表 2-50 煤炭工业应税污染物排放限值及污染当量值

类型	污染物	排放限值（mg/L，pH 值除外）				污染当量值（kg，pH 值除外）
		采煤废水		选煤废水		
		现有生产线	新（扩、改）建生产线	现有生产线	新（扩、改）建生产线	
第一类	总汞	0.05				0.0005
	总镉	0.1				0.005
	总铬	1.5				0.04
	六价铬	0.5				0.02
	总铅	0.5				0.025
	总砷	0.5				0.02

续表

类型	污染物	排放限值（mg/L，pH 值除外）				污染当量值（kg，pH 值除外）
		采煤废水		选煤废水		
		现有生产线	新（扩、改）建生产线	现有生产线	新（扩、改）建生产线	
第二类	悬浮物（SS）	70	50	100	70	4
	化学需氧量（COD_{Cr}）	70	50	100	70	1
	石油类	10	5	10	5	0.1
	总锰①	4	4	4	4	0.2
	氟化物	10				0.5
	总锌	2.0				0.2
其他类	pH 值	6.0~9.0	6.0~9.0	6.0~9.0	6.0~9.0	6 级

注：①总锰排放限值仅适用于酸性采煤废水。

四十六、皂素工业水污染物排放标准及应税污染物

皂素即皂角苷，又称碱皂体，是一种极为常见的植物萃取物，具有医疗作用。皂素主要用作医药和二十几种甾体激素的原料，也可用于制取洗涤剂、乳化剂、发泡剂、防腐剂等。皂素广泛存在于植物界，常存在于毛地黄、绵枣儿和一些豆科作物中。皂素工业污染以水污染为主，据统计，每生产 1 吨皂素所产生的废水高达 500~1000 吨。以我国年产皂素 800 吨计算，废水排放量为 40 万~80 万吨，对重点水源保护构成了严重威胁。

（一）皂素工业废水

皂素工业企业是指以黄姜、穿地龙等薯蓣类植物以及剑麻、番麻等植物为原料，采用生物化工方法生产成品皂素或水解物的所有工业企业。生产过程包括原料（水浸、粉碎、发酵等）预处理、水解、过滤、中和、漂洗、干燥等工序。皂素工业废水主要来自酸水解、过滤后产生的污水，以及中和、洗涤后产生的综合废水。皂素工业废水成分复杂，主要含有糖类，黄姜素，有机酸类，短链的醇、醛类，无机盐类物质。这类废水具有糖分高（主要为单糖）、酸度高（pH=0.7~2.5）、有机物含量高（COD_{Cr}=20000~60000 mg/L）、可生化性差（BOD_5/COD_{Cr}约为 0.27）、盐分高、色度高等特性，属于极难处理的高浓度有机废水。这类废水如果未经处理直接排放，不仅会使水体失去使用价值，还会影响水体周边的生态安全。

（二）水污染物排放标准的制定与实施

为促进我国皂素工业的可持续发展和污染防治水平的提高，保障人体健康，维护生态平衡，国家环境保护总局科技标准司组织武汉化工学院（2006 年 2 月更名为“武汉工程大学”）、湖北省环保局、湖北省十堰市环保局共同制定了我国首个皂素工业水污染物排放标准。2006 年 9 月 1 日，国家环境保护总局正式批准了《皂素工业水污染

物排放标准》(GB 20425—2006),自 2007 年 1 月 1 日起实施。

(三)排放标准及应税污染物

1. 适用范围

《皂素工业水污染物排放标准》(GB 20425—2006)分两个时间段规定了皂素工业企业吨产品日均最高允许排水量、水污染控制指标日均浓度限值和吨产品最高水污染物允许排放量。该标准适用于生产皂素和只生产皂素水解物的工业企业的水污染物排放管理,以及皂素工业建设项目环境影响评价、建设项目环境保护设施设计、竣工验收及其投产后的水污染控制与管理。

2. 应税水污染物排放控制要求

皂素工业企业及其生产设施排放废水中的 8 种污染物监测项目,均属于《中华人民共和国环境保护税法》规定的应税污染物,其排放限值及污染当量值见表 2-51。

表 2-51 皂素工业应税污染物排放限值及污染当量值

类型	污染物	排放限值(mg/L,其他类除外)	污染当量值(kg,其他类除外)
第二类	悬浮物(SS)	70	4
	生化需氧量(BOD_5)	50	0.5
	化学需氧量(COD_{Cr})	300	1
	氨氮	80	0.8
	氯化物	300	0.04
	总磷	0.5	0.25
其他类	pH 值	6.0~9.0	6 级
	色度	80	5 吨水・倍

四十七、啤酒工业水污染物排放标准及应税污染物

啤酒是世界通用性饮料,有酒花香和爽口的苦味,富含营养,素有“液体面包”之称,因此深受消费者欢迎,其消费量大,是世界产量最大的酒种。近年来,随着国民经济的增长和大众生活水平的提高,啤酒消费量急剧增大,我国也成为啤酒生产大国。但是,啤酒工业在快速发展的同时,产生的各种污染物也不容忽视,特别是啤酒废水污染,已成为突出问题,引起有关部门的重视。

(一)啤酒工业废水

啤酒企业是指以麦芽为主要原料,经糖化、发酵、过滤、灌装等工艺生产啤酒的企业。麦芽企业是指以大麦为原料,经浸麦、发芽、干燥、除根等工艺生产啤酒麦芽的企业。啤酒生产过程中需使用大量新鲜水,从而会产生大量废水。由于生产工艺的不同,所产生废水的水质水量也有所差别。每生产 1 吨啤酒的耗水量的国际先进水平为 6 吨左右,而我国一些厂家生产 1 吨啤酒的耗水量高达 12 吨。啤酒工业废水主要来

源于麦芽生产过程中的冲洗水、浸泡水、冷却水，糖化、发酵过程中的洗涤水，以及包装过程中的洗罐水、洗瓶水、冷却水等。啤酒工业废水的主要成分为糖类、蛋白质、淀粉、酵母菌残体、酒花残渣、果胶、维生素等物质，属于不含有毒有害物质的中等浓度有机废水。

（二）水污染物排放标准的制定与实施

为促进啤酒工业生产工艺和污染治理技术进步，加强啤酒企业污染物的排放控制，防治污染，保障人体健康，维护良好的生态环境，结合我国啤酒行业的相关政策，国家环境保护总局科技标准司组织中国环境科学研究院和中国酿酒工业协会共同制定了我国首个啤酒工业水污染物排放标准。2005 年 7 月 18 日，国家环境保护总局正式批准了《啤酒工业污染物排放标准》（GB 19821—2005），自 2006 年 1 月 1 日起实施。

（三）排放标准及应税污染物

1. 适用范围

《啤酒工业污染物排放标准》（GB 19821—2005）规定了啤酒工业污染物排放浓度限值和单位产品污染物排放量。该标准适用于现有啤酒工业的污染物排放管理，以及新、扩、改建啤酒工业建设项目环境影响评价、环境保护设施设计、竣工验收及其投产后的污染控制与管理。

2. 应税水污染物排放控制要求

啤酒工业企业及其生产设施排放废水中的污染物监测项目，包括 2 项物理指标、2 项有机污染物指标、2 项非金属无机物指标，总计 6 种污染物，均属于《中华人民共和国环境保护税法》规定的应税污染物，其排放限值及污染当量值见表 2-52。

表 2-52 啤酒行业应税污染物排放限值及污染当量值

类型	污染物	浓度限值（mg/L，pH 值除外）				污染当量值（kg，pH 值除外）
		啤酒企业		麦芽企业		
		预处理标准	排放标准	预处理标准	排放标准	
第二类	悬浮物（SS）	400	70	400	70	4
	生化需氧量（BOD_5）	300	20	300	20	0.5
	化学需氧量（COD_{Cr}）	500	80	500	80	1
	氨氮	—	15	—	15	0.8
	总磷	—	3	—	3	0.25
其他类	pH 值	6.0~9.0	6.0~9.0	6.0~9.0	6.0~9.0	6 级

四十八、味精工业水污染物排放标准及应税污染物

随着经济的飞速发展和技术的不断进步，我国已经成为味精的生产和消费大国。据报道，目前我国的味精生产量约占世界产量的一半。味精生产过程中会排放大量废

水，尤其是味精发酵液经等电提取谷氨酸后排放的母液，具有“五高一低”（COD 高、BOD 高、菌体含量高、硫酸根含量高、氨氮含量高及 pH 值低）的特点，是一种治理难度很大的工业废水。

（一）味精工业废水

味精生产通常以玉米、大米、淀粉、糖蜜等为原料，通过糖化和发酵，经分离提取谷氨酸，再精制获得味精产品（谷氨酸钠）。味精工业生产过程中产生的大量废水来源于制糖车间的淘米水、滤布洗涤水，发酵车间的洗罐废水与冷却水，提取车间的离交废水与反冲洗水，精制车间的精制废水，以及各车间的冲洗水等。这类废水不仅酸度大（pH 值一般为 3~4），还含有大量化学耗氧量高、亲水性强的高分子化合物，如果胶等，并且硫酸盐和氨氮的含量很高，非常适合微生物生长，但会对江河湖泊中的鱼、虾等生物和人体健康构成威胁。

（二）水污染物排放标准的制定与实施

为加强对味精工业污染物的排放控制，保障人体健康，维护生态平衡，国家环境保护总局科技标准司组织中国环境科学研究院、轻工业环境保护研究所共同制定了我国首个味精工业水污染物排放标准。2004 年 1 月 18 日，国家环境保护总局正式批准了《味精工业污染物排放标准》（GB 19431—2004），自 2004 年 4 月 1 日起实施。

（三）排放标准及应税污染物

1. 适用范围

《味精工业污染物排放标准》（GB 19431—2004）规定了味精工业企业水污染物、恶臭污染物的排放限值，明确了味精工业企业执行的大气污染物排放标准、厂界噪声标准和固体废物处理处置标准。该标准适用于味精生产企业以及利用半成品生产谷氨酸企业的水污染物排放管理，以及味精工业建设项目环境影响评价、建设项目环境保护设施设计、竣工验收及其投产后的污染控制与管理。

2. 应税水污染物排放控制要求

味精工业企业及其生产设施排放废水中的污染物监测项目，包括 2 项物理指标、2 项有机污染物指标、1 项非金属无机物指标，总计 5 种污染物，均属于《中华人民共和国环境保护税法》规定的应税污染物，其排放限值及污染当量值见表 2-53。

表 2-53 味精工业应税污染物排放限值及污染当量值

类型	污染物	浓度限值（mg/L，pH 值除外）	污染当量值（kg，pH 值除外）
第二类	悬浮物（SS）	100	4
	生化需氧量（BOD_5）	80	0.5
	化学需氧量（COD_{Cr}）	200	1
	氨氮	50	0.8
其他类	pH 值	6.0~9.0	6 级

四十九、畜禽养殖业水污染物排放标准及应税污染物

畜禽养殖业是我国农业和农村经济的重要组成部分，在维持畜产品稳定供给、提高人民生活水平方面发挥着重要作用。随着我国农业结构的不断调整及农业产业化进程的加快，畜禽养殖业呈现出集约化和规模化发展趋势。

（一）禽畜养殖工业废水

集约化畜禽养殖场是指进行集约化经营的畜禽养殖场。集约化养殖是指在较小的场地内，投入较多的生产资料和劳动，采用新的工艺技术措施，进行精心管理的饲养方式。集约化畜禽养殖区是指距居民区一定距离，经过行政区划确定的多个畜禽养殖个体生产集中的区域。畜禽养殖工业废水指由畜禽养殖场产生的尿液、全部粪便或残余粪便及饲料残渣、冲洗水及工人生活生产过程中产生的废水的总称。这些废水的水质特征与畜禽舍结构、清粪方式与冲洗水的使用、饲料营养、畜禽消化功能和生产管理等有关。通常禽畜养殖饲料中含有钙、磷、铜、铁等元素，以及畜禽粪便中本身含有的氮、磷、BOD_5 等大量无机、有机污染物。此外，为提高动物生产性能、防治疾病，一些养殖过程还添加了一定量的重金属与抗生素。由此可见，禽畜养殖业废水属于含大量病原体的高浓度有机废水，如果直接排入水体或存放地点不合适，受雨水冲洗作用就会使其所含的大量有机物质进入水体，破坏生态环境。

（二）水污染物排放标准的制定与实施

为贯彻《中华人民共和国环境保护法》《中华人民共和国水污染防治法》《中华人民共和国大气污染防治法》，控制畜禽养殖业产生的废水、废渣和恶臭对环境的污染，促进养殖业生产工艺和技术进步，维护生态平衡，国家环境保护总局科技标准司组织农业部环境保护科研监测所等单位共同制定了我国首个畜禽养殖业水污染物排放标准。2001 年 11 月 26 日，国家环境保护总局正式批准了《畜禽养殖业污染物排放标准》（GB 18596—2001），自 2003 年 1 月 1 日起实施。

（三）排放标准及应税污染物

1. 适用范围

《畜禽养殖业污染物排放标准》（GB 18596—2001）适用于集约化、规模化的畜禽养殖场和养殖区中污染物的排放管理，以及这些建设项目环境影响评价、环境保护设施设计、竣工验收及其投产后的排放管理；不适用于畜禽散养户。应促使企业根据养殖规模分阶段逐步进行控制，鼓励种养结合和生态养殖，逐步实现全国养殖业的合理布局。

2. 应税水污染物排放控制要求

畜禽养殖业排放废水中的污染物监测项目，包括 1 项物理指标、2 项有机污染物指标、2 项非金属无机物指标、2 项生物指标，总计 7 种污染物，其中 6 种属于《中华人

民共和国环境保护税法》规定的应税污染物，其排放限值及污染当量值见表 2-54。

表 2-54 畜禽养殖业应税污染物排放限值及污染当量值

类型	污染物	浓度限值（mg/L，粪大肠菌群数除外）	污染当量值（kg，粪大肠菌群数除外）
第二类	悬浮物（SS）	200	4
	生化需氧量（BOD_5）	150	0.5
	化学需氧量（COD_{Cr}）	400	1
	氨氮	80	0.8
	总磷	8.0	0.25
其他类	粪大肠菌群数	1000	3.3 吨污水

五十、航天推进剂水污染物排放标准及应税污染物

近几十年来，最普遍使用的火箭推进剂是肼。这种推进剂虽然具有良好的性能，但其毒性很高，会对人体健康和生态环境造成严重危害。近年来，世界各国在军事和民用航空、航天领域的投入相继增加，各种导弹、运载火箭的推进剂废水及废弃推进剂的排放量也越来越大，未来将面临更为严峻的环境污染问题，各航天大国对此高度重视。

（一）航天推进剂废水

推进剂又称推进药，是一类在燃烧时能迅速产生大量高温气体的化学物质，具有比冲量高、密度大、物理化学安定性良好、经济成本低、原料来源丰富等特性，可用来制造发射枪炮的弹丸、火箭和导弹等。随着航空、航天事业的大规模发展，用于航天发动机系统的推进剂燃料产量日益增加，产生了大量航天推进剂废水。航天推进剂废水中含有大量有毒物质，如偏二甲肼、四氧化二氮、亚硝基二甲胺、硝基甲烷、四甲基四氮烯、氢氰酸、有机腈、氰酸、甲醛、二甲胺、偏腙、胺类等。这些有毒物质毒性较大，若不加处理直接排入地表水体，将造成河流、湖泊水体污染，一方面会影响水生生物的生长、发育和繁殖，另一方面牲畜饮水后会发生急性或慢性中毒。除此之外，航天推进剂废水还可能渗入土壤污染地下水，导致人类直接中毒或间接致病。因此，必须按照环境保护有关法律法规对航天推进剂废水进行治理，防止污染。

（二）水污染物排放标准的制定与实施

为贯彻《中华人民共和国环境保护法》和《中华人民共和国水污染防治法》，防治航天推进剂对水环境的污染，国家环境保护局科技标准司、原航空航天工业部建设司和原航空航天工业部第七设计研究院制定了我国首个航天推进剂工业水污染物排放标准。1993 年 5 月 22 日，国家环境保护局正式批准了《航天推进剂水污染物排放与分析方法标准》（GB 14374—93），自 1993 年 12 月 1 日起实施。该标准按照废水排放去

向，分年限规定了航天推进剂水污染物最高允许排放浓度。

（三）排放标准及应税污染物

1. 适用范围

《航天推进剂水污染物排放与分析方法标准》（GB 14374—93）适用于航天使用推进剂的废水排放管理，以及建设项目的环境影响评价、设计、竣工验收及其建成后的排放管理。该标准也适用于使用肼类、胺类燃料的单位。

2. 应税水污染物排放控制要求

航天推进剂企业及其生产设施排放废水中的污染物监测项目，包括2项物理指标、2项有机污染物指标、9项非金属无机物指标，总计13种污染物，其中8种属于《中华人民共和国环境保护税法》规定的应税污染物，其排放限值及污染当量值见表2-55。

表 2-55 航天推进剂应税污染物排放限值及污染当量值

类型	污染物	浓度限值（mg/L，pH值除外）	污染当量值（kg，pH值除外）
第二类	悬浮物（SS）	200	4
	生化需氧量（BOD_5）	60	0.5
	化学需氧量（COD_{Cr}）	150	1
	氨氮	25	0.8
	甲醛	2.0	0.125
	苯胺类	2.0	0.2
	氰化物	0.5	0.05
其他类	pH值	6.0~9.0	6级

五十一、肉类加工工业水污染物排放标准及应税污染物

我国的肉类加工工业经历了从冷冻肉到热鲜肉、再到冷却肉的发展轨迹，其中速冻方便肉类食品发展迅速，成为许多肉类食品加工企业新的经济支柱。我国是世界第一产肉大国，肉类加工工业迅速发展产生的污染物排放问题必须引起高度重视。

（一）肉类加工工业废水

肉类加工产品种类较多，主要有鸡、鸭、猪、牛等。肉类加工工业废水由肉类加工过程中耗用的大量鲜水产生，主要来源于屠宰和预备工序，包括围栏冲洗、宰前淋洗和屠宰、放血、脱毛、解体、开腔劈片、清洗内脏肠胃、油脂提取、剔骨、切割以及副食品加工等。此外，肉类加工厂还有来自冷冻机房的冷却水，以及车间卫生设备、洗衣房、办公室和场内福利设施排出的生活污水等。肉类加工工业废水含有大量的血污、油脂、油块、毛、肉屑、内脏杂物、未消化的食料和粪便等污染物，污染指标主要有pH、BOD_5、COD_{Cr}、SS和大肠菌群等。这类废水外观呈血红色，具有较浓的腥臭味，水量较大，水质受生产产品、生产工艺、生产管理水平、用水量、废物清除方式

影响较大，表现出有机物浓度高、生化降解速率慢的特点。这类废水如不经处理直接排放，会对水环境造成严重污染，对人畜健康造成危害。

（二）水污染物排放标准的制定与实施

为贯彻《中华人民共和国环境保护法》《中华人民共和国水污染物防治法》《中华人民共和国海洋环境保护法》，促进生产工艺和污染治理技术的进步，防治水污染，国家环境保护局科技标准司组织制定了我国首个肉类加工工业水污染物排放标准。1992年5月18日，国家环境保护局正式批准了《肉类加工工业水污染物排放标准》（GB 13457—92），自1992年7月1日起实施。

（三）排放标准及应税污染物

1. 适用范围

《肉类加工工业水污染物排放标准》（GB 13457—92）按废水排放去向，分年限规定了肉类加工企业水污染物最高允许排放浓度和排水量等指标。该标准适用于肉类加工工业的企业排放管理，以及建设项目的环境影响评价、设计、竣工验收及其建成后的排放管理。

2. 应税水污染物排放控制要求

肉类加工工业企业及其生产设施排放废水中的污染物监测项目，包括2项物理指标、3项有机污染物指标、1项非金属无机物指标、1项生物指标，总计7种污染物，均属于《中华人民共和国环境保护税法》规定的应税污染物，其排放限值及污染当量值见表2-56。

表2-56　肉类加工工业应税污染物排放限值及污染当量值

类型	污染物	排放限值①（mg/L，其他类除外）									污染当量值（kg，其他类除外）
		畜类屠宰加工			肉制品加工			禽类屠宰加工			
		一级	二级	三级	一级	二级	三级	一级	二级	三级	
第二类	悬浮物（SS）	60	120	400	60	100	350	60	100	300	4
	生化需氧量（BOD_5）	30	60	300	25	50	300	25	40	250	0.5
	化学需氧量（COD_{Cr}）	80	120	500	80	120	500	70	100	500	1
	氨氮	15	25	—	15	20	—	15	20	—	0.8
	动植物油	15	20	60	15	20	60	15	20	50	0.16
其他类	pH值	6.0~8.5			6.0~8.5			6.0~8.5			6级
	大肠菌群数	5000	10000	—	5000	10000	—	5000	10000	—	3.3吨污水

注：①排入GB 3838—2002中Ⅲ类水域（水体保护区除外）、GB 3097—1997中二类海域的废水，执行一级标准；排入GB 3838—2002中Ⅳ、Ⅴ类水域，GB 3097—1997中三类海域的废水，执行二级标准；排入设置二级污水处理厂的城镇下水道的废水，执行三级标准。

五十二、海洋石油开发工业水污染物排放标准及应税污染物

石油既是一种重要的矿产资源和能源，又是一种重要的战略物资。世界石油资源

潜力相当大，有待发展先进技术，进一步加强勘探和开发，以提高发现成功率和采收率，降低勘探开发成本。我国油田分布广，除了陆地油田外，在东海和南海均发现了大型油田，海洋石油开发步入快速发展期。

（一）海洋石油开发工业废水

近年来，从油轮和海上钻井平台上泄漏的油污对海洋环境造成严重破坏的事件时有发生，海上采油面临挑战，采油过程需要解决诸多技术问题，其中与水处理相关的主要包括两个方面：其一，油田采出的含油废水处理，是防治海洋污染的关键环节；其二，油田注水过程中存在的结垢问题，对保障海上油田的可持续开采至关重要。由于海上采油平台的寿命短、风险高，为了维持开采系统的正常运行，必须向油井中高压注入成千上万吨回注水。采出水处理后回注是保障油田可持续性开发并减轻环境污染的一个重要途径。海洋石油开发工业的含油污水是指采油平台上经过处理后从固定排污口排放的采油工艺污水（即采油废水）。这些废水包括油田开发过程中的产出水，洗井水，油田钻井、作业、机械冷却和设备场地清洁水等。采油废水含油量高、矿化度高，有大量的固体悬浮物，且含有腐生菌和硫酸盐还原菌，以及采油过程、油水破乳及输送过程中投加的种类繁杂的药剂，因此必须经过净化处理后才能排放到海洋里。

（二）水污染物排放标准的制定与实施

为贯彻执行《中华人民共和国海洋环境保护法》，防止海洋石油开发工业含油污水对海洋环境的污染，中华人民共和国城乡建设环境保护部组织《海洋石油开发工业含油污水排放标准》编制组制定了我国首个海洋石油开发工业水污染物排放标准。1985年1月18日，中华人民共和国城乡建设环境保护部正式批准了《海洋石油开发工业含油污水排放标准》（GB 4914—85），自1985年8月1日起实施。

（三）排放标准及应税污染物

1. 适用范围

《海洋石油开发工业含油污水排放标准》（GB 4914—85）适用于在中华人民共和国管辖的一切海域从事海洋石油开发的一切企业事业单位、作业者（操作者）和个人。海洋石油开发工业含油污水排放标准分为两级：一级适用于辽东湾、渤海湾、莱州湾、北部湾，国家划定的海洋特别保护区，海滨风景游览区和其他距岸10海里以内的海域；二级适用于一级标准适用范围以外的海域。

2. 应税水污染物排放控制要求

海洋石油开发工业含油污水中有1项有机污染物监测项目（石油类）。按照《中华人民共和国环境保护税法》的规定，石油类水污染物属于第二类应税水污染物，其排放限值及污染当量值见表2-57。

表 2-57 海洋石油开发工业应税污染物排放限值及污染当量值

类型	污染物	级别	月平均值（mg/L）	一次容许值	污染当量值（kg）
第二类	石油类	一级	30	45	0.1
		二级	50	75	

五十三、船舶工业水污染物排放标准及应税污染物

船舶工业是为水上交通、海洋开发和国防建设等行业提供技术装备的现代综合性产业，也是劳动、资金、技术密集型产业，对机电、钢铁、化工、航运、海洋资源勘采等上、下游产业发展具有较强带动作用，对促进劳动力就业、发展出口贸易和保障海防安全意义重大。我国船舶工业在全球市场上所占的比重逐年上升，造船吨位多年来位居全球第一。

（一）船舶工业废水

船舶工业废水主要为电镀（镀件在镀槽中经过化学或电化学反应获得金属保护层的工艺）生产过程中产生的废水，包括废镀液、镀件过滤用水、镀件漂洗用水等。由于镀件功能要求各异，镀种、镀液组分、操作方式、工艺条件等也有差别，带入电镀喷水中的污染物质也就变得较为复杂，但废水中的主要污染物均为金属离子，常见的有 Cr^{6+}、Cu^{2+}、Ni^{2+}、Zn^{2+}、Cd^{2+}等，其次是酸碱物质，硫酸、磷酸、盐酸、硝酸、氢氧化钠、碳酸钠等，还有氰化物。其中，重金属离子对人类健康威胁最大；铬会损害人体的皮肤、呼吸系统和内脏；过量的镍会损害人的肝脏和心肺功能，导致严重皮炎和皮肤过敏；过量的锌会导致周身乏力、头晕，引发急性肠胃炎；铜会影响人体造血细胞生长以及某些酶的活动及内分泌腺功能；镍的毒性主要表现为抑制酶系统；镉会引起前列腺癌和骨痛病，还会导致肺癌。酸碱废水一旦排入海水中，会破坏微生物的生存环境；氰化物属剧毒物质，极少量的氰化物（每千克体重数毫克）就会使人、畜在很短的时间内中毒死亡，含氰化物浓度很低的水（<0.05 mg/L）也会使鱼等水生物中毒死亡。因此，船舶工业废水如果不经过处理就进行排放，将会对人类生存和生态环境造成巨大危害。

（二）水污染物排放标准的制定与实施

为贯彻《中华人民共和国环境保护法（试行）》，防治船舶工业废水、废气对环境的污染，国务院原环境保护领导小组组织中国船舶工业总公司第九设计研究院制定了我国首个船舶工业水污染物排放标准。1984 年 5 月 18 日，中华人民共和国城乡建设环境保护部正式批准了《船舶工业污染物排放标准》（GB 4286—84），自 1985 年 3 月 1 日起实施。

（三）排放标准及应税污染物

1. 适用范围

《船舶工业污染物排放标准》（GB 4286—84）适用于全国船舶工业的船厂、造机厂、仪表厂、武备厂等。船舶工业水污染物排放标准分为两级：第一级是指新建、改建、扩建企业，自标准实施之日起立即执行的标准；第二级是指现有企业，自标准实施之日起立即执行的标准。

2. 应税水污染物排放控制要求

《船舶工业污染物排放标准》（GB 4286—84）规定了船舶工业企业及其生产设施排放废水中的污染物监测项目，包括1项物理指标、1项非金属无机物指标、6项金属指标，总计8种污染物，其中7种属于《中华人民共和国环境保护税法》规定的应税污染物，其排放限值及污染当量值见表2-58。

表2-58 船舶工业应税污染物排放限值及污染当量值

类型	污染物	排放限值（mg/L，pH值除外）		污染当量值（kg，pH值除外）
		任何一日最大值	连续三十日平均值	
第一类	六价铬	0.5	0.3~0.5	0.02
	总镍	1.5	1.0	0.025
	总镉	0.15	0.1	0.005
第二类	总铜	1.5	1.0	0.1
	总锌	7.5	5.0	0.2
	氰化物	1.5	1.0	0.05
其他类	pH值	6.0~9.0	6.0~9.0	6级

五十四、烧碱、聚氯乙烯工业水污染物排放标准及应税污染物

烧碱用途广泛，主要用于造纸、纤维素浆粕的生产和肥皂、合成洗涤剂、合成脂肪酸的生产以及动植物油脂的精炼。聚氯乙烯是五大通用塑料之一，具有耐腐蚀、电绝缘、阻燃性和机械强度高等优异性能，广泛用于工农业及日常生活等领域。近年来，建筑市场对聚氯乙烯产品的需求巨大，使其成为具备相当竞争力的一个塑料品种。

（一）烧碱、聚氯乙烯工业废水

烧碱工业是指以氯化钠为原料采用离子交换膜等电解法生产液碱、固碱和氯氢处理的工业。烧碱废水是一种有害的废水，具有较强的腐蚀性，如果不加治理直接排出，会导致管道遭到腐蚀、地面塌陷；排入水体会改变水体的pH值，影响水生生物的生长和渔业生产；排入农田会改变土壤的性质，使土壤酸化或盐碱化，危害农作物。

聚氯乙烯工业是指采用乙炔法和乙烯氧氯化法生产聚氯乙烯的工业。聚氯乙烯废水来源主要为乙炔气制备过程中所产生的工业废水。这类废水中含有一定量的硫化物、饱和的乙炔、氢氧化钙及乙烯基乙炔二乙烯基乙炔等衍生物，以及少量的氢氧化铝、氢氧化镁、磷化物、氨等。还有一部分来自聚合循环水及母液水，这部分水中含有大量树脂及沉淀物，还含有硫化物等。聚氯乙烯废水呈强碱性，浓度随季节变化而变化，pH 值一般为 12~13，根据电石原料及生产用水量的不同，质量浓度一般为 700~1500 mg/L，溶解在废水中的乙炔的质量浓度一般为 200~300 mg/L，废水中的 COD 高达数千 mg/L，并且废水中无机还原性物质含量高，同时含有大量的硫化物和乙炔成分，一旦未经处理直接排放，会对环境造成严重危害。

无论是烧碱废水还是聚氯乙烯废水，都必须经过严格的污水处理，达到排放标准后再排放到自然环境中，才不会对环境造成破坏。

（二）水污染物排放标准的制定与实施

为贯彻《中华人民共和国环境保护法》《中华人民共和国水污染防治法》《中华人民共和国海洋环境保护法》等法律、法规，保护环境，防治污染，促进烧碱、聚氯乙烯工业生产工艺和污染治理技术的进步，环境保护部科技标准司组织中国环境科学研究院、青岛科技大学、中国氯碱工业协会共同对《烧碱、聚氯乙烯工业水污染物排放标准》（GB 15581—95）进行了修订。2016 年 5 月 11 日，环境保护部正式批准了《烧碱、聚氯乙烯工业污染物排放标准》（GB 15581—2016），新建企业自 2016 年 9 月 1 日起实施，现有企业自 2018 年 7 月 1 日起实施。

（三）排放标准及应税污染物

1. 适用范围

《烧碱、聚氯乙烯工业污染物排放标准》（GB 15581—2016）规定了烧碱、聚氯乙烯工业企业水污染物的排放限值、监测和监控要求，以及标准的实施与监督等。该标准适用于现有烧碱、聚氯乙烯工业企业水污染物排放管理，以及烧碱、聚氯乙烯工业企业建设项目的环境影响评价、环境保护设施设计、竣工环境保护验收及其投产后的水污染物排放管理；不适用于苛化法烧碱生产过程中的污染物排放管理。

2. 应税水污染物排放控制要求

《烧碱、聚氯乙烯工业污染物排放标准》（GB 15581—2016）规定了烧碱、聚氯乙烯企业及其生产设施排放废水中的 14 种污染物监测项目，其中 10 种污染物属于《中华人民共和国环境保护税法》中规定的应税污染物，其排放限值及污染当量值见表 2-59。

表 2-59　应税污染物排放限值及污染当量值

类型	污染物	控制污染源	排放限值（mg/L，pH 值除外）		采样或监控位置	污染当量值（kg，pH 值除外）
			直接排放	间接排放		
第一类	总汞	乙炔法聚氯乙烯企业	0.003		生产车间或设施废水排放口	0.0005
第一类	总镍	烧碱企业	0.05		生产车间或设施废水排放口	0.025
第二类	悬浮物（SS）	烧碱企业、聚氯乙烯企业	30（20※）	70（30※）	企业废水总排放口	4
第二类	化学需氧量（COD_{Cr}）	烧碱企业、聚氯乙烯企业	60（40※）	250（60※）	企业废水总排放口	1
第二类	生化需氧量（BOD_5）	聚氯乙烯企业	20（10※）	60（20※）	企业废水总排放口	0.5
第二类	石油类	烧碱企业、聚氯乙烯企业	3（1※）	10（3※）	企业废水总排放口	0.1
第二类	氨氮	烧碱企业、聚氯乙烯企业	15（8※）	40（15※）	企业废水总排放口	0.8
第二类	总磷	烧碱企业、聚氯乙烯企业	1.0（0.5※）	5.0（1.0※）	企业废水总排放口	0.25
第二类	硫化物	乙炔法聚氯乙烯企业	0.5（0.2※）	0.5（0.2※）	企业废水总排放口	0.125
其他类	pH 值	烧碱企业、聚氯乙烯企业	6.0~9.0	6.0~9.0	企业废水总排放口	6 级

五十五、石油化学工业水污染物排放标准及应税污染物

石油化学工业原料来源广泛且稳定，不仅可以原油为原料，也可以石脑油、重油、液态烃、气态炔等为原料。石油化学工业是基础性产业，为农业、能源、交通、机械、电子、纺织、轻工、建筑、建材等工农业和人们的日常生活提供配套和服务，是化学工业的重要组成部分，在国民经济中发挥着重要作用。同时，其生产新技术、新流程发展较快，是世界上最重要的化学工业部门之一。

（一）石油化学工业工业废水

石油化学工业是指以石油馏分、天然气等为原料生产有机化学品、合成树脂、合成纤维、合成橡胶等的工业。石油化学工业废水是指石油化学工业生产过程中产生的废水，包括工艺废水、污染雨水（与工艺废水混合处理）、生活污水、循环冷却水排污水、化学水制水排污水、蒸汽发生器排污水、余热锅炉排污水等。按照含有污染物质的性质，可将石油化学工业废水分为有机石油化学工业废水、无机石油化学工业废水和综合石油化学工业废水。石油化学工业废水一般具有以下特点：①来源众多，组分各异，且与生产流程密切相关，因此废水的水质水量很难确定；②水量大，除生产废水外，还有冷却水及其他用水；③组分复杂，除含有油、硫、酚、氰化物、COD 外，还含有多种有机化合物，如多环芳烃化合物、芳香胺类化合物、杂环化合物等，且因

石油化学工业产品繁多，反应过程和单元操作复杂，废水性质复杂多变；④废水中的有机物，特别是烃类及其衍生物含量高，并含有多种重金属。石油化学工业废水中的某些成分可与土壤中的磷、氮结合，影响农作物生长。这类废水中的重金属如砷、铬、镍等均具有致癌作用。这类废水如果未经处理直接排出，会使水中的溶解氧降低，破坏水生生态系统，还会影响人们的身体健康，因此在排放前要先对其进行处理。

（二）水污染物排放标准的制定与实施

为贯彻《中华人民共和国环境保护法》《中华人民共和国水污染防治法》等法律、法规，保护环境，防治污染，促进石油化学工业的技术进步和可持续发展，环境保护部科技标准司组织抚顺石油化学工业研究院和中国环境科学研究院共同制定了我国首个石油化学工业水污染物排放标准。2015 年 4 月 3 日，环境保护部正式批准了《石油化学工业污染物排放标准》（GB 31571—2015），新建企业自 2015 年 7 月 1 日起实施，现有企业自 2017 年 7 月 1 日起实施，不再执行《污水综合排放标准》（GB 8978—1996）、《关于发布〈污水综合排放标准〉（GB8978—1996）中石化工业 COD 标准值修改单的通知》（环发〔1999〕285 号）的相关规定。

（三）排放标准及应税污染物

1. 适用范围

《石油化学工业污染物排放标准》（GB 31571—2015）规定了石油化学工业企业及其生产设施的水污染物排放限值、监测和监督管理要求。该标准适用于现有石油化学工业企业或生产设施的水污染物排放管理，以及石油化学工业建设项目的环境影响评价、环境保护设施设计、竣工环境保护验收及其投产后的水污染物排放管理。

2. 应税水污染物排放控制要求

《石油化学工业污染物排放标准》（GB 31571—2015）规定了石油化学工业企业及其生产设施排放废水中的 26 种污染物监测项目，其中 23 种污染物属于《中华人民共和国环境保护税法》中规定的应税污染物，其排放限值及污染当量值见表 2-60。

表 2-60 石油化学工业应税污染物排放限值及污染当量值

类型	污染物	排放限值①（mg/L，pH 值除外）		采样或监控位置	污染当量值（kg，pH 值除外）
		直接排放	间接排放		
第一类	总铅	1.0		生产车间或设施废水排放口	0.025
	总镉	0.1			0.005
	总砷	0.5			0.02
	总镍	1.0			0.025
	总汞	0.05			0.0005
	总铬	1.5			0.04
	六价铬	0.5			0.02
	苯并（a）芘	0.00003			0.0000003

续表

类型	污染物	排放限值①（mg/L，pH 值除外）		采样或监控位置	污染当量值（kg，pH 值除外）
		直接排放	间接排放		
第二类	悬浮物（SS）	70（50※）	—	企业废水总排放口	4
	化学需氧量（COD_{Cr}）	60（100）②（50※）	—		1
	生化需氧量（BOD_5）	20（10※）	—		0.5
	氨氮	8.0（5.0※）	—		0.8
	总磷	1.0（0.5※）	—		0.25
	总有机碳（TOC）	20（30）②（15※）	—		0.49
	石油类	5.0（3.0※）	20（15※）		0.1
	硫化物	1.0（0.5※）	1.0		0.125
	氟化物	10（8.0※）	20（15※）		0.5
	挥发酚	0.5（0.3※）	0.5		0.08
	总铜	0.5	0.5		0.1
	总锌	2.0	2.0		0.2
	总氰化物	0.5（0.3※）	0.5		0.05
	可吸附有机卤化物（AOX）	1.0	5.0		0.25
其他类	pH 值	6.0~9.0	—		6 级

注：①废水进入城镇污水处理厂或经由城镇污水管线排放，应达到直接排放限值。废水进入园区（包括各类工业园区、开发区、工业聚集地等）污水处理厂，执行间接排放限值；未规定限值的污染物，由企业与园区污水处理厂根据其污水处理能力商定相关标准，并报当地环境保护主管部门备案。

②丙烯腈-腈纶、己内酰胺、环氧氯丙烷、2，6-二叔丁基-4-甲基苯酚（BHT）、精对苯二甲酸（PTA）、间甲酚、环氧丙烷、萘系列和催化剂生产废水执行该限值。

五十六、锡、锑、汞工业水污染物排放标准及应税污染物

随着科技的不断发展，锡、锑、汞逐渐成为现代工业生产中不可缺少的金属。锡主要用于生产马口铁、电镀、腐蚀科学、焊接、材料、锡化工产品等，广泛应用于电子、信息、电器、化工、冶金、建材、机械、食品包装、航天、船舶、燃料、原子能及宇宙飞船等尖端科技领域；锑作为“工业的味精”，广泛应用于阻燃剂、蓄电池及铅合金、玻璃陶瓷、化学制品、催化剂等工业及军事领域；汞及其化合物被广泛应用于化学、医药、冶金、电器仪器、军事及其他精密高新科技领域，汞主要用于制造科学测量仪器（如气压计、温度计等）、电子电器产品、化学药物、催化剂、汞蒸气灯、电极、雷汞等。在工业迅速发展的同时，金属污染问题也日益严重，对生态环境构成很大威胁，我们必须加以重视。

（一）锡、锑、汞工业废水

锡、锑、汞工业是指生产锡、锑、汞金属的采矿、选矿、冶炼工业企业，不包括以废旧锡、锑、汞物料为原料的再生冶炼工业企业。锡、锑、汞工业废水是指此类工业生产过程中产生的废水和废液，包括生产废水、生产污水及冷却水，其中含有随水流失的工业生产用料、中间产物、副产品及生产过程中产生的污染物。废水中含有过量的锡、锑、汞会对人类及生态环境造成严重危害。有研究证明，人体摄入过量无机锡元素会引起消化系统病变、出现中毒症状，并且会损害神经系统；高浓度的锡会对水生生物造成危害，当锡浓度超过 2 mg/L 时会对鱼产生致毒作用，锡浓度为 0.35 mg/L 时可降低水蚤的繁殖能力。如果含锡废水直接排放，锡离子在一定条件下会通过烷基化等生物和非生物作用转化成有机锡，带来更为严重的危害。

锑的大部分化合物对人体有害，并被证明可以致癌，已被美国国家环保署（EPA）和欧盟（EU）列为优先控制污染物。废水中的锑主要以三硫化二锑、三氧化二锑及锑酸盐等形态存在。有研究发现，锑矿废渣及锑冶炼固废中采矿废石浸出液中锑的浓度为 3.55 mg/L；鼓风炉燃烧残渣浸出液中锑的浓度为 3.11 mg/L，均超过排放标准数倍。此外，用于冶炼的锑矿石在长期堆积下也会受氧化、淋滤、微生物效应等因素影响使锑元素被溶出，这些高浓度含锑溶液如若进入水中，会造成水体污染，同时对周边环境及居民身体健康造成严重危害。废水中的汞除无机汞状态外，还以各种有机化合物形式存在。环境中任何形式的汞（金属汞、无机二价汞、芳基汞和烷基汞等），在一定条件下均可转化为有剧毒的甲基汞。甲基汞有一甲基汞（$Hg^{+}-CH_3$）和二甲基汞（$CH_3-Hg-CH_3$）。元素汞和有机汞化合物可能对肾脏和免疫系统产生危害，而甲基汞可以对神经系统和心脑血管造成威胁。甲基汞具有在食物链中的富集能力，进入人体后会对人体健康产生影响。近年来，水环境中汞污染的危害越来越引起人们的担心。

（二）水污染物排放标准的制定与实施

为贯彻《中华人民共和国环境保护法》《中华人民共和国水污染防治法》《中华人民共和国海洋环境保护法》等法律、法规，保护环境，防治污染，促进锡、锑、汞工业生产工艺和污染治理技术的进步，环境保护部科技标准司组织昆明理工大学、中国环境科学研究院、有色金属工业污染控制工程技术中心、中国瑞林工程技术有限公司（原南昌有色冶金设计研究院）共同制定了我国首个锡、锑、汞工业水污染物排放标准。2014 年 4 月 28 日，环境保护部正式批准了《锡、锑、汞工业污染物排放标准》（GB 30770—2014），新建企业自 2014 年 7 月 1 日起实施，现有企业自 2015 年 1 月 1 日起实施，不再执行《污水综合排放标准》（GB 8978—1996）中的相关规定。

（三）排放标准及应税污染物

1. 适用范围

《锡、锑、汞工业污染物排放标准》（GB 30770—2014）规定了锡、锑、汞采选及冶炼工业企业水和大气污染物的排放限值、监测和监控要求，以及标准的实施与监督等。该标准适用于现有锡、锑、汞采选及冶炼工业企业水污染物和大气污染物的排放管理，以及锡、锑、汞采选及冶炼工业企业建设项目的环境影响评价、环境保护设施设计、竣工环境保护验收及其投产后的水污染物和大气污染物排放管理；不适用于锡、锑、汞再生及加工等工业。

2. 应税水污染物排放控制要求

《锡、锑、汞工业污染物排放标准》（GB 30770—2014）规定了锡、锑、汞工业企业及其生产设施排放废水中的 18 种污染物监测项目，其中 15 种属于《中华人民共和国环境保护税法》中规定的应税污染物，其排放限值及污染当量值见表 2-61。

表 2-61　锡、锑、汞工业应税污染物排放限值及污染当量值

类型	污染物	排放限值（mg/L，pH 值除外）		采样或监控位置	污染当量值（kg，pH 值除外）
		直接排放	间接排放		
第一类	总铅	0.2		生产车间或设施废水排放口	0.025
	总镉	0.02			0.005
	总砷	0.1			0.02
	总汞	0.005			0.0005
	六价铬	0.2			0.02
第二类	悬浮物（SS）	70（采选） 30（其他） （10※）	200（采选） 140（其他） （30※）	企业废水总排放口	4
	化学需氧量（COD_{Cr}）	60（50※）	200（60※）		1
	氨氮	8（5※）	25（8※）		0.8
	总磷	1.0（0.5※）	2.0（1.0※）		0.25
	石油类	3（1※）	10（3※）		0.1
	硫化物	0.5（0.5※）	1.5（1.0※）		0.125
	氟化物	5（5※）	15（10※）		0.5
	总铜	0.2	—		0.1
	总锌	1.0	—		0.2
其他类	pH 值	6.0~9.0	6.0~9.0		6 级

五十七、其他工业水污染物排放标准及应税污染物

随着科技与经济的大力发展，我国建立起门类齐全的工业体系，有超过 500 个门

类行业，都需要使用水资源。面对我国水资源短缺和水环境污染的双重压力，水资源的保护任务也更加艰巨。为加强环境治理和环境修复，推动经济增长，实现科学发展、和谐发展的目标，制定污染物排放标准十分必要。污染物排放标准是国家和地方环境保护法律体系的重要组成部分，也是执行环境保护法律、法规的重要技术依据，在环境保护执法和管理工作中发挥着不可替代的作用。前面介绍的不同行业排放标准的制定与实施，有效推动了相关行业环境保护技术开发和环境管理工作。但是，由于工业门类多，还没有形成全覆盖的排放标准体系，仅有1/10行业建立了行业排放标准，其他工业废水需要执行污水综合排放标准。

（一）其他工业废水

工业废水是指工业生产过程中排放的废水。工业生产用水中除一小部分被真正耗去外，绝大多数仅仅是作为洗涤、冷却、地面冲洗等用水来使用，因此工业废水中夹带了生产过程中耗用的原料和生产反应的中间体、产物或副产物等。由于工业的迅速发展，工业废水的水量不断增加，已成为最重要的污染源。按污染物性质，工业废水分为无机废水、有机废水、兼含有机物和无机物的混合废水、含放射性物质废水等，不同工业废水因生产工艺和生产方式的不同而差别很大。它们都具有以下特征：①排放量大，污染范围广；②水质成分复杂，副产物多；③污染物含量高；④有大量有毒有害污染物；⑤色度高。

（二）水污染物排放标准的制定与实施

为控制水污染，促进国民经济和城乡建设的发展，1996年10月4日，国家环境保护局正式批准了《污水综合排放标准》（GB 8978—1996），自1998年1月1日起实施。该标准按照污水排放去向，分年限规定了69种水污染物最高允许排放浓度及部分行业最高允许排水量。

（三）排放标准及应税污染物

1. 适用范围

《污水综合排放标准》（GB 8978—1996）适用于现有单位水污染物的排放管理，以及建设项目的环境影响评价、建设项目环境保护设施设计、竣工验收及其投产后的排放管理。按照国家综合排放标准与国家行业排放标准不交叉执行的原则，除造纸、船舶、纺织染整、钢铁等56个工业执行对应的56个行业排放标准外，其他水污染物排放均执行该标准。该标准颁布后，新增加国家行业水污染物排放标准的行业，执行相应的国家水污染物行业标准，不再执行该标准。

2. 应税水污染物排放控制要求

工业企业及其生产设施排放废水中包括69种污染物监测项目，其中34种属于《中华人民共和国环境保护税法》规定的应税污染物，其排放限值及污染当量值见表2-62。

表 2-62　其他工业应税污染物排放限值及污染当量值

<table>
<tr><th rowspan="2">类型</th><th rowspan="2">污染物</th><th rowspan="2">适用范围</th><th colspan="3">排放限值[①]（mg/L，其他类除外）</th><th rowspan="2">污染当量值（kg，其他类除外）</th></tr>
<tr><th>一级标准</th><th>二级标准</th><th>三级标准</th></tr>
<tr><td rowspan="10">第一类</td><td>总汞</td><td rowspan="10">一切排污单位</td><td colspan="3">0.05</td><td>0.0005</td></tr>
<tr><td>总铬</td><td colspan="3">1.5</td><td>0.04</td></tr>
<tr><td>总镉</td><td colspan="3">0.1</td><td>0.005</td></tr>
<tr><td>六价铬</td><td colspan="3">0.5</td><td>0.02</td></tr>
<tr><td>总砷</td><td colspan="3">0.5</td><td>0.02</td></tr>
<tr><td>总铅</td><td colspan="3">1.0</td><td>0.025</td></tr>
<tr><td>总镍</td><td colspan="3">1.0</td><td>0.025</td></tr>
<tr><td>苯并芘</td><td colspan="3">0.00003</td><td>0.0000003</td></tr>
<tr><td>总铍</td><td colspan="3">0.005</td><td>0.01</td></tr>
<tr><td>总银</td><td colspan="3">0.5</td><td>0.02</td></tr>
<tr><td rowspan="19">第二类</td><td rowspan="5">悬浮物（SS）</td><td>采矿、选矿、选煤工业</td><td>70</td><td>300</td><td>—</td><td rowspan="5">4</td></tr>
<tr><td>脉金选矿</td><td>70</td><td>400</td><td>—</td></tr>
<tr><td>边远地区砂金选矿</td><td>70</td><td>800</td><td>—</td></tr>
<tr><td>城镇二级污水处理厂</td><td>20</td><td>30</td><td>—</td></tr>
<tr><td>其他排污单位</td><td>70</td><td>150</td><td>400</td></tr>
<tr><td rowspan="4">生化需氧量（BOD_5）</td><td>甘蔗制糖、苎麻脱胶、湿法纤维板、染料、洗毛工业</td><td>20</td><td>60</td><td>600</td><td rowspan="4">0.5</td></tr>
<tr><td>甜菜制糖、酒精、味精、皮革、化纤浆粕工业</td><td>20</td><td>100</td><td>600</td></tr>
<tr><td>城镇二级污水处理厂</td><td>20</td><td>30</td><td>—</td></tr>
<tr><td>其他排污单位</td><td>20</td><td>30</td><td>300</td></tr>
<tr><td rowspan="5">化学需氧量（COD_{Cr}）</td><td>甜菜制糖、合成脂肪酸、湿法纤维板、染料、洗毛、有机磷农药工业</td><td>100</td><td>200</td><td>1000</td><td rowspan="5">1</td></tr>
<tr><td>味精、酒精、医药原料药生物制药、苎麻脱胶、皮革化纤浆粕工业</td><td>100</td><td>300</td><td>1000</td></tr>
<tr><td>石油化工工业（包括石油炼制）</td><td>60</td><td>120</td><td>500</td></tr>
<tr><td>城镇二级污水处理厂</td><td>60</td><td>120</td><td>—</td></tr>
<tr><td>其他排污单位</td><td>100</td><td>150</td><td>500</td></tr>
<tr><td>石油类</td><td>一切排污单位</td><td>5</td><td>10</td><td>20</td><td>0.1</td></tr>
<tr><td>动植物油</td><td>一切排污单位</td><td>10</td><td>15</td><td>100</td><td>0.16</td></tr>
<tr><td>挥发酚</td><td>一切排污单位</td><td>0.5</td><td>0.5</td><td>2.0</td><td>0.08</td></tr>
<tr><td>总氰化物</td><td>一切排污单位</td><td>0.5</td><td>0.5</td><td>1.0</td><td>0.05</td></tr>
<tr><td>硫化物</td><td>一切排污单位</td><td>1.0</td><td>1.0</td><td>1.0</td><td>0.125</td></tr>
</table>

续表

类型	污染物	适用范围	排放限值①（mg/L，其他类除外）			污染当量值（kg，其他类除外）
			一级标准	二级标准	三级标准	
第二类	氨氮	医药原料药、染料、石油化工工业	15	50	—	0.8
		其他排污单位	15	25	—	
	氟化物	黄磷工业	10	15	20	0.5
		低氟地区（水体含氟量<0.5 mg/L）	10	20	30	
		其他排污单位	10	10	20	
	甲醛	一切排污单位	1.0	2.0	5.0	0.125
	苯胺类	一切排污单位	1.0	2.0	5.0	0.2
	硝基苯类	一切排污单位	2.0	3.0	5.0	0.2
	阴离子表面活性剂	一切排污单位	5.0	10	20	0.2
	总铜	一切排污单位	0.5	1.0	2.0	0.1
	总锌	一切排污单位	2.0	5.0	5.0	0.2
	总锰	合成脂肪酸工业	2.0	5.0	5.0	0.2
		其他排污单位	2.0	2.0	5.0	
	彩色显影剂	电影洗片	1.0	2.0	3.0	0.2
	单质磷	一切排污单位	0.1	0.1	0.3	0.05
	有机磷农药	一切排污单位	不得检出	0.5	0.5	0.05
其他类	pH 值	一切排污单位	6.0~9.0	6.0~9.0	6.0~9.0	6 级
	色度（稀释倍数）	一切排污单位	50	80	—	5 吨水·倍
	大肠菌群数	医院②、兽医院及医疗机构含病原体污水	500 个/L	1000 个/L	5000 个/L	3.3 吨污水
		传染病、结核病医院污水	100 个/L	500 个/L	1000 个/L	
	余氯量	医院②、兽医院及医疗机构含病原体污水	<0.5③	>3（接触时间≥1 h）	>2（接触时间≥1 h）	3.3 吨污水
		传染病、结核病医院污水	<0.5③	>6.5（接触时间≥1.5 h）	>5（接触时间≥1.5 h）	

注：①排入 GB 3838—2002 中Ⅲ类水域（划定的保护区和游泳区除外）和排入 GB 3097—1997 中二类海域的污水，执行一级标准；排入 GB 3838—2002 中Ⅳ、Ⅴ类水域和排入 GB 3097—1997 中三类海域的污水，执行二级标准；排入设置二级污水处理厂的城镇排水系统的污水，执行三级标准。②指 50 个床位以上的医院。③加氯消毒后需进行脱氯处理，达到 GB 8978—1996 标准要求。

（三）应税水污染物排放浓度

当排放单位在同一个排污口排放两种或两种以上工业污水，且每种工业污水中同一污染物的排放标准不同时，采用式（2-3）计算混合排放时该污染物的最高允许排放浓度。工业污水污染物的最高允许排放负荷按式（2-4）计算。污染物最高允许年排放总量按式（2-5）计算。部分行业水污染物最高允许排水量见表 2-63。

$$C_{混合}=\frac{\sum_{i=1}^{n} C_i Q_i Y_i}{\sum_{i=1}^{n} Q_i Y_i} \tag{2-3}$$

式中：$C_{混合}$——混合污水某污染物最高允许排放浓度，mg/L；

C_i——不同工业污水某污染物最高允许排放浓度，mg/L；

Q_i——不同工业的最高允许排水量，m^3/t（产品）；

Y_i——不同工业产品产量（t/d，以月平均计）。

$$L_{负}=C\times Q\times 10^{-3} \tag{2-4}$$

式中：$L_{负}$——工业污水污染物最高允许排放负荷，kg/t（产品）；

C——某污染物最高允许排放浓度，mg/L；

Q——某工业的最高允许排水量，m^3/t（产品）。

$$L_{总}=L_{负}\times Y\times 10^{-3} \tag{2-5}$$

式中：$L_{总}$——某污染物最高允许年排放量，t/a；

$L_{负}$——某污染物最高允许排放负荷，kg/t（产品）；

Y——核定的产品年产量，t（产品）/a。

表 2-63　部分行业水污染物最高允许排水量

行业类别			最高允许排水量或最低允许水重复利用率	
			1997 年 12 月 31 日以前建立的单位	1998 年 1 月 1 日以后建立的单位
矿山工业	有色金属系统选矿		水重复利用率 75%	水重复利用率 75%
	其他矿山工业采矿、选矿、选煤等		水重复利用率 90%（选煤）	水重复利用率 90%（选煤）
	脉金选矿	重选	16.0 m^3/t（矿石）	16.0 m^3/t（矿石）
		浮选	9.0 m^3/t（矿石）	9.0 m^3/t（矿石）
		氰化	8.0 m^3/t（矿石）	8.0 m^3/t（矿石）
		碳浆	8.0 m^3/t（矿石）	8.0 m^3/t（矿石）
焦化企业（煤气厂）			1.2 m^3/t（焦炭）	1.2 m^3/t（焦炭）
有色金属冶炼及金属加工			水重复利用率 80%	水重复利用率 80%
石油炼制工业（不包括直排水炼油厂） 加工深度分类： A. 燃料型炼油厂 B. 燃料+润滑油型炼油厂 C. 燃料+润滑油型+炼油化工型炼油厂（包括加工高含硫原油页岩油和石油添加剂、生产基地的炼油厂）			>500 万 t，1.0 m^3/t（原油） 250 万~500 万 t，1.2 m^3/t（原油） <250 万 t，1.5 m^3/t（原油）	>500 万 t，1.0 m^3/t（原油） 250 万~500 万 t，1.2 m^3/t（原油） <250 万 t，1.5 m^3/t（原油）
			>500 万 t，1.5 m^3/t（原油） 250 万~500 万 t，2.0 m^3/t（原油） <250 万 t，2.0 m^3/t（原油）	>500 万 t，1.5 m^3/t（原油） 250 万~500 万 t，2.0 m^3/t（原油） <250 万 t，2.0m3/t（原油）
			>500 万 t，2.0 m^3/t（原油） 250 万~500 万 t，2.5 m^3/t（原油） <250 万 t，2.5 m^3/t（原油）	>500 万 t，2.0 m^3/t（原油） 250 万~500 万 t，2.5 m^3/t（原油） <250 万 t，2.5 m^3/t（原油）

续表

行业类别		最高允许排水量或最低允许水重复利用率	
		1997 年 12 月 31 日以前建立的单位	1998 年 1 月 1 日以后建立的单位
合成洗涤剂工业	氯化法生产烷基苯	200.0 m^3/t（烷基苯）	200.0 m^3/t（烷基苯）
	裂解法生产烷基苯	70.0 m^3/t（烷基苯）	70.0 m^3/t（烷基苯）
	烷基苯生产合成洗涤剂	10.0 m^3/t（产品）	10.0 m^3/t（产品）
合成脂肪酸工业		200.0 m^3/t（产品）	200.0 m^3/t（产品）
湿法生产纤维板工业		30.0 m^3/t（板）	30.0 m^3/t（板）
制糖工业	甘蔗制糖	10.0 m^3/t（甘蔗）	10.0 m^3/t（甘蔗）
	甜菜制糖	4.0 m^3/t（甜菜）	4.0 m^3/t（甜菜）
皮革工业	猪盐湿皮	60.0 m^3/t（原皮）	60.0 m^3/t（原皮）
	牛干皮	100.0 m^3/t（原皮）	100.0 m^3/t（原皮）
	羊干皮	150.0 m^3/t（原皮）	150.0 m^3/t（原皮）
发酵、酿造工业	酒精工业 以玉米为原料	100.0 m^3/t（酒精）	100.0 m^3/t（酒精）
	酒精工业 以薯类为原料	80.0 m^3/t（酒精）	80.0 m^3/t（酒精）
	酒精工业 以糖蜜为原料	70.0 m^3/t（酒精）	70.0 m^3/t（酒精）
	味精工业	600.0 m^3/t（味精）	600.0 m^3/t（味精）
	啤酒工业（排水量不包括麦芽水部分）	16.0 m^3/t（啤酒）	16.0 m^3/t（啤酒）
铬盐工业		5.0 m^3/t（产品）	5.0 m^3/t（产品）
硫酸工业（水洗法）		15.0 m^3/t（硫酸）	15.0 m^3/t（硫酸）
苎麻脱胶工业		500 m^3/t（原麻）	500 m^3/t（原麻）
		750 m^3/t（精干麻）	750 m^3/t（精干麻）
化纤浆粕		本色：150 m^3/t（浆） 漂白：240 m^3/t（浆）	本色：150 m^3/t（浆） 漂白：240 m^3/t（浆）
粘胶纤维工业（单纯纤维）	短纤维（棉型中长纤维、毛型中长纤维）	300 m^3/t（纤维）	300 m^3/t（纤维）
	长纤维	800 m^3/t（纤维）	800 m^3/t（纤维）
制药工业医药原料药	青霉素	—	4700 m^3/t（青霉素）
	链霉素	—	1450 m^3/t（链霉素）
	土霉素	—	1300 m^3/t（土霉素）
	四环素	—	1900 m^3/t（四环素）
	洁霉素	—	9200 m^3/t（洁霉素）
	金霉素	—	3000 m^3/t（金霉素）
	庆大霉素	—	20400 m^3/t（庆大霉素）
	维生素 C	—	1200 m^3/t（维生素 C）
	氯霉素	—	2700 m^3/t（氯霉素）
	新诺明	—	2000 m^3/t（新诺明）

续表

行业类别		最高允许排水量或最低允许水重复利用率	
		1997 年 12 月 31 日以前建立的单位	1998 年 1 月 1 日以后建立的单位
制药工业医药原料药	维生素 B_1	—	3400 m^3/t（维生素 B_1）
	安乃近、非那西汀	—	180 m^3/t（安乃近）
		—	750 m^3/t（非那西汀）
	呋喃唑酮、咖啡因	—	2400 m^3/t（呋喃唑酮）
		—	1200 m^3/t（咖啡因）
有机磷农药工业①	乐果②	—	700 m^3/t（产品）
	甲基对硫磷（水相法）②	—	300 m^3/t（产品）
	对硫磷（P_2S_5法）②	—	500 m^3/t（产品）
	对硫磷（$PSCl_3$法）②	—	550 m^3/t（产品）
	敌敌畏（敌百虫碱解法）	—	200 m^3/t（产品）
	敌百虫	—	40 m^3/t（产品）（不包括三氯乙醛生产废水）
	马拉硫磷	—	700 m^3/t（产品）
除草剂工业①	除草醚	—	5 m^3/t（产品）
	五氯酚钠	—	2 m^3/t（产品）
	五氯酚	—	4 m^3/t（产品）
	二甲四氯	—	14 m^3/t（产品）
	2，4-D	—	4 m^3/t（产品）
	丁草胺	—	4.5 m^3/t（产品）
	绿麦隆（以 Fe 粉还原）	—	2 m^3/t（产品）
	绿麦隆（以 Na_2S 还原）	—	3 m^3/t（产品）
火力发电工业		—	3.5 m^3/（MW h）
铁路货车洗刷		5.0 m^3/辆	5.0 m^3/辆
电影洗片		5 m^3/ 1000 m（35 mm 的胶片）	5 m^3/ 1000 m（35 mm 的胶片）
石油沥青工业		冷却池的水循环利用率 95%	冷却池的水循环利用率 95%

注：①产品按 100%浓度计。②不包括 P_2S_5、$PSCl_3$、PCl_3原料生产废水。

习题

1. 环境保护税的纳税人有哪些？
2. 水环境质量标准的定义是什么？其分类有哪些？
3. 我国现行的国家排放标准有哪些？
4. 试述一级、二级、三级废水处理的基本方法。
5. 环境保护税的计税单位和依据分别是什么？

6. 如何计算水污染物的污染当量？

7. 污水处理场所环境保护税应纳税额一般应如何计算？

8. 排放污染物同时存在国家标准和地方标准的，如何执行？

9. 污水处理场所水污染物排放量应如何确定？

10. 简述《石油炼制工业污染物排放标准》（GB 31570—2015）的适用范围。

11. 常见的合成树脂种类有哪些？

12. 无机化学工业废水的应税污染物有哪些？应在何处进行采样？

13. 电池工业废水中通常含有哪些污染物？它们有哪些危害？

14. 合成氨工业企业及其生产设施所排放废水中主要的监测指标有哪些？

15. 什么是柠檬酸工业？该工业所排放的废水来源于什么地方？

16. 简述麻纺工业废水的特点。

17. 根据毛纺工业生产工序和生产工艺的不同，所产生的废水可以分为哪几种类型？

18. 缫丝工业废水中第二类应税污染物有哪些？

19. 纺织染整工业第一类和第二类应税污染物的采样或监控位置是否相同？

20. 什么是炼焦化学工业？其废水主要来自哪里？

21. 油墨工业的应税水污染物有哪些？其采样或监控位置在何处？

22. 什么是铁合金？其用途有哪些？

23. 钢铁工业废水中含有哪些污染物质？其特点是什么？

24. 试述淀粉工业废水的主要来源。

25. 什么是铁矿采选？该行业所产生废水若未经处理直接排放会带来什么问题？

26. 《橡胶制品工业污染物排放标准》（GB 27632—2011）于何时开始实施？简述其适用范围。

27. 如何区分发酵酒精工业、白酒工业和啤酒工业？其废水中的污染物主要有哪些？

28. 什么是航天推进剂？其所产生的废水中含有哪些物质？其危害有哪些？

29. 试述船舶工业废水中污染物的种类及其危害。

30. 工业废水按污染物性质可以分为哪几类？它们都有哪些特征？

31. 简述《污水综合排放标准》（GB 8978—1996）的适用范围及执行原则。

32. 根据山东省的规定，化学需氧量、氨氮、总铅、总汞、总铬、总镉、总砷的具体适用税额为每污染当量 3.0 元，其他应税水污染物的具体适用税额为每污染当量 1.4 元。该省某纺织企业 7 月共向水体中排放废水 450 吨，请计算该企业 7 月水污染物应缴纳的环境保护税是多少？

33. 广东某陶瓷企业 2 月向水体中排放第一类水污染物总镉、总铬、总铅、总镍、总铍各 3 千克。请计算该企业 2 月水污染物应缴纳的环境保护税是多少？（广东省应税水污染物的具体适用税额为每污染当量 2.8 元。)

34. 某羽绒服制造厂是环境保护税的纳税人，该厂只有 1 个污水排放口且直接向黄河排放污水。该厂已安装使用符合国家规定和监测规范的污染物自动监测设备。监测数据显示，2021 年 3 月，该厂共排放污水 6 万吨（折合 6 万立方米），应税污染物为阳离子表面活性剂（浓度为 5 mg/L）。请计算该厂 2021 年 3 月应缴纳的环境保护税是多少？（该厂所在省份水污染物税率为每污染当量 1.4 元，阳离子表面活性剂的污染当量值为 0.2 千克）。

35. 某三唑酮原药生产企业 5 月向水体中排放第二类水污染物悬浮物、化学需氧量、氨氮各 15 千克。假设水污染物每污染当量税额按《环境保护税税目税额表》中的最低标准 1.4 元计算。请计算该企业 5 月水污染物应缴纳的环境保护税是多少？

36. 某省同一个排污口排放提取类制药工业污水和混装制剂类制药工业污水，当每种工业污水中同一污染物的排放标准不同时，请计算混合排放时悬浮物的最高允许排放浓度。

37. 某甘蔗制糖工业悬浮物、化学需氧量、生化需氧量、氨氮和总磷的最高允许排放浓度分别为 100 mg/L、120 mg/L、40 mg/L、15 mg/L 和 1.0mg/L，最高允许排水量为 10.0 m^3/t（甘蔗）。请计算该工业污水各种污染物的最高允许排放负荷量分别是多少？

38. 山西某企业安装水流量计后，测得 2020 年 5 月排放污水量为 70 吨，污染当量值为 0.5 吨。假设当地水污染物适用税额为每污染当量 2.1 元，则该企业当月应缴纳的环境保护税是多少？

39. 某味精工业年产量 6 万吨，该工业水污染物的最高允许排放负荷为 600 m^3/t。请计算该污染物最高允许年排放总量。

40. 某企业 9 月生产酵母 1200 吨，该厂只有 1 个污水排放口且直接排放污水。经实测，该月排水总量为 4.5 万 m^3，化学需氧量的排放浓度为 230 mg/L（该单位产品基准排水量为 80 m^3/t，且产品实际排水量超过单位产品基准排水量）。请计算该污染物基准排水量排放质量浓度。

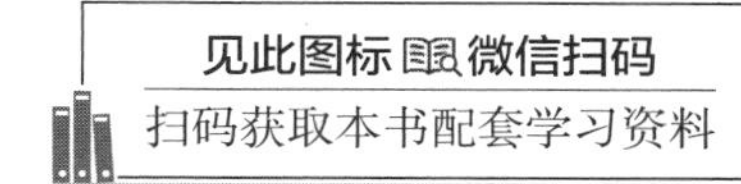

应税水污染物的监测方法

废水排放企业类型不同，生产工艺不同，排放的污染物差异很大。《污水综合排放标准》（GB 8978—1996）按照污水排放去向，分年限规定了69种污染物的最高允许排放浓度及部分行业的最高允许排水量。本章重点介绍列入《中华人民共和国环境保护税法》中的65种应税水污染物的监测方法。

第一节　监测方案的制订

一、监测方案的制订要求

（一）污染物监测与计量方法

《中华人民共和国环境保护税法》规定，应税大气污染物、水污染物、固体废物的排放量和噪声的分贝数监测与计量方法主要有以下四种（优先选择前面排序的方法进行监测与计量）：①纳税人安装使用符合国家规定和监测规范的污染物自动监测设备的，按照污染物自动监测数据计算。②纳税人未安装使用污染物自动监测设备的，按照监测机构出具的符合国家有关规定和监测规范的监测数据计算。③因排放污染物种类多等原因不具备监测条件的，按照国务院生态环境主管部门规定的排污系数、物料衡算方法计算。另外，《水污染物排放总量监测技术规范》也规定，日排水量100吨以下的排污单位，以物料衡算法、排污系数法统计排污总量。④不能按照前述三种方法计算的，按照省、自治区、直辖市人民政府环境保护主管部门规定的抽样测算的方法核定计算。

（二）监测方案的主要内容

监测方案主要包括以下内容：①生产概况。包括生产工艺流程、生产状况、产品及主要原辅材料的性质、产品年产量、原辅料年使用量、年用水量、中间体等内容及工况的控制和记录检查。②工艺特点及产污环节、生产及排污情况。③采样点性质、名称、位置和编号。④排放污染物种类及数量、排放规律、排污去向。⑤总量排放限值和总量排放削减、物料平衡、水平衡和污水的循环利用情况。⑥监测项目和分析方法。⑦采样方式、采样设备及运行情况。⑧采样频次、采样时间、采样量等。⑨样品保存及运输。⑩流量测量和自动监测仪器。测量流量方法和监测方法，监测频次，仪器的维护及注意事项。⑪质量保证要求。⑫数据自动传输及储存情况。⑬数据处理及审核、上报要求及上报方式。

（三）监测方案的制订步骤

监测方案的制订步骤如下：①准备阶段。收集环境保护方面的法律、法规、标准和规范。②实地调查。组织有关人员深入现场，详细了解排污单位生产和排污种类、排污规律和监测点位等基本情况。③制订方案。根据有关资料和实地调查情况，按选定监测方式要求，根据监测方案的主要内容，制订详细的监测方案。

第二节　废水样品的采集和保存

一、排放口设置要求

排放口设置应符合以下要求：①排放口应满足现场采样和流量测定的要求，原则上设在厂界内，或厂界外不超过 10 m 范围内。②污水排放管道或渠道监测断面应为矩形、圆形、梯形等规则形状。测流段水流应平直、稳定、有一定水位高度。用暗管或暗渠排污的，需设置一段能满足采样条件和流量测量的明渠。③污水面在地面以下超过 1 m 的排放口，应配建取样台阶或梯架。监测平台面积应不小于 1 m^2，平台应设置不低于 1.2 m 的防护栏。④排放口应按照《环境保护图形标志——排放口（源）》（GB 15562.1—1995）的规定设置明显标志，并应加强日常管理和维护，确保监测人员的安全，经常进行排放口的清障、疏通工作；保证污水监测点位场所通风、照明正常；产生有毒有害气体的监测场所应强制设置通风系统，并安装相应的气体浓度安全报警装置。⑤经生态环境主管部门确认的排放口不得随意改动。因生产工艺或其他原因需变更排放口时，需按上述要求重新确认。

二、采样点的布设

总汞、总镉、总铬、六价铬、总砷、总铅、总镍、苯并（a）芘、总铍、总银这 10 种应税污染物为第一类水污染物，在含有此类水污染物的污水与其他污水混合前的车间或车间预处理设施的出水口设置监测点位，如果含此类水污染物的同种污水实行集中预处理，则车间预处理设施排放口是指集中预处理设施的出水口。如果环境管理有要求，还可同时在排污单位的总排放口设置监测点位；其余 55 种应税污染物为第二类水污染物或其他类水污染物，监测时应在单位的总排放口布设采样点。

三、水样的采集和保存

水样的采集和保存是水质监测的重要环节，要注意两个重要原则：一是确保水样具有足够的代表性；二是必须避免受到任何污染。

（一）水样的类型

1. 瞬时水样

瞬时水样是指在某一时间和地点（废水采样点）随机采集的不连续水样。通常对水质比较稳定的废水进行瞬时采样。废水的组分在相当长的时间和相当大的空间范围变化不大时，采集瞬时样品具有很好的代表性。以下七种情况适用于瞬时采样：①所测污染物性质不稳定，易受到混合过程的影响；②不能连续排放的污水，如间歇排放；③需要考察可能存在的污染物，或特定时间的污染物浓度；④需要得到污染物最高值、最低值或变化情况的数据；⑤需要得到短期（一般不超过 15 min）的数据，以确定水质的变化规律；⑥需要确定水体空间污染物变化特征，如污染物在水流的不同断面或深度的变化情况；⑦污染物排放（控制）标准等相关环境管理工作中规定可采集瞬时水样的情况。

当排污单位的生产工艺过程连续且稳定，有污水处理设施并正常运行，其污水能稳定排放时（浓度变化不超过 10%），瞬时水样具有较好的代表性，可用瞬时水样的浓度代表采样时段的采样浓度。

2. 混合水样

混合水样是指在某一时段内，在采样点以相等时间间隔采集等体积的多个水样，经混合均匀后得到的水样。混合采样包括等时混合水样和等比例混合水样两种。当污水流量变化小于平均流量的 20%，污染物浓度基本稳定时，可采集等时混合水样。当污水的流量、浓度甚至组分都有明显变化时，可采集等比例混合水样。等比例混合水样一般采用与流量计相连的水质自动采样器采集，分为连续比例混合水样和间隔比例混合水样两种。连续比例混合水样是在选定的采样时段内，根据污水排放量，按一定比例连续采集的混合水样。间隔比例混合水样是根据一定的排放量间隔，分别采集与排放量有一定比例关系的水样混合而成的。下列情况适用混合采样：①计算一定时间的平均污染物浓度；②计算单位时间的污染物质量负荷；③污水特征变化大；④污染物排放（控制）标准等相关环境管理工作中规定可采集混合水样的情况。

3. 综合水样

综合水样是指在不同采样点同时采集的各个瞬时水样混合后所得到的水样，或者把在几个废水排放口采集的水样按流量比例混合后得到的水样。综合采样适合企业生产周期内废水排放量波动性变化较大的情况，是获得水质监测项目平均值的重要方式。

（二）采样前的准备

采样前，首先要根据监测项目的物理化学性质，选择材质化学稳定性好的采样器具和样品容器；其次要采用合适的方法清洗这些器具；最后要根据监测方法要求确定采样体积和准备现场用的保护性试剂。

1. 采样器材要求

采样器材主要是采样器具和样品容器。具体要求如下：①应按照监测项目所采用分析方法的要求，准备合适的采样器材，如要求不明确，可按照附录。②采样器材的材质应具有较好的化学稳定性，在样品采集、贮存期间不会与水样发生物理化学反应，从而避免引起水样组分浓度的变化。采样器具可选用聚乙烯、不锈钢、聚四氟乙烯等材质，测定有机及生物项目的样品容器应选用硬质（硼硅）玻璃容器；测定金属、放射性及其他无机项目，可选用高密度聚乙烯和硬质（硼硅）玻璃容器。③采样器具内壁表面应光滑，易于清洗、处理。④采样器具应有足够的强度，使用灵活、方便可靠，没有弯曲物干扰流速，尽可能减少旋塞和阀的数量。样品容器应具备合适的机械强度、密封性好，用于微生物检验的样品容器应能耐受高温灭菌，并在灭菌温度下不释放或产生任何能抑制生物活动或导致生物死亡或促进生物生长的化学物质。⑤污水监测应配置专用采样器材，不能与地表水、地下水等环境样品的采样器材混用。

2. 清洗原则

应根据待测项目的要求来清洗容器。需注意以下四点：①测定硫酸盐及铬时，不能用重铬酸钾-硫酸洗液；②测定磷酸盐时，不能用含磷的洗涤剂来清洗玻璃容器；③测定油和脂类的容器不能用肥皂洗涤；④细菌检验时，容器清洗后还要进行灭菌处理。

3. 其他用品

准备现场采样所需的保存剂、样品箱、低温保存箱以及记录表格、标签、安全防护用品等辅助用品。按照监测项目所采用分析方法的要求，选择现场测试仪器。

（三）采样频次

（1）排污单位的排污许可证、相关污染物排放（控制）标准、环境影响评价文件及其审批意见、其他相关环境管理规定等对采样频次有规定的，按规定执行。

（2）如未明确采样频次，按照生产周期确定采样频次。生产周期在 8 h 以内的，采样时间间隔应不小于 2 h；生产周期大于 8 h，采样时间间隔应不小于 4 h。每个生产周期内采样频次应不少于 3 次。如无明显生产周期、稳定、连续生产，采样时间间隔应不小于 4 h，每个生产日内采样频次应不少于 3 次。排污单位间歇排放或排放污水的流量、浓度、污染物种类有明显变化的，应在排放周期内增加采样频次。当雨水排放口有明显水流动时，可采集一个或多个瞬时水样。

（3）为确认自行监测的采样频次，排污单位也可在正常生产条件下的一个生产周期内进行加密监测：周期在 8 h 以内的，每小时采 1 次样；周期大于 8 h 的，每 2 h 采 1 次样。每个生产周期采样次数不少于 3 次，采样的同时测定流量。

（四）水样采集

某企业排放废水的监测采样方法取决于其生产工艺和排污规律。由于工业废水大多是流量和浓度都随时间变化的非稳态流体，可根据能反映其变化并具有代表性的采样原则要求，采集适合的水样类型（瞬时水样、混合水样或综合水样）。

1. 水样采集方法

具体水样采样方法可以参考以下三种情况来实施。

- 浅层废水。以沟渠形式向水体排放废水时，应适当地围堰，可以用长柄采水勺从堰溢流中直接采样。在排污管道或渠道中采样时，应在废水流动的部位采集水样。

- 深层废水。适用于废水收集池或者污水处理池的水样采集，可使用专用的深层采样器采集。

- 自动采样。自动采样器有瞬时自动混合采样器和定时自动分配混合采样器之分。前者可在一个生产周期内，按照时间间隔采集多个水样进行混合得到混合水样，也可以按照流量比例采集水样进行混合得到混合水样，结果以平均值形式表达；后者则定时连续自动采集水样并分配于不同的容器中，可获得监测指标浓度与时间的关系。在应税水污染物监测中，一般采用前者进行自动采样。

2. 水样采样流程

- 采样前要认真检查采样器具、样品容器及其瓶塞（盖），及时维修或更换采样工具中破损和不牢固的部件。确保样品容器已盖好，减少污染的机会并安全存放。用于微生物等组分测试的样品容器在采样前应包装完整，避免污染。

- 到达监测点位，采样前先将采样容器及相关工具摆放整齐。

- 对照监测方案采集样品。采样时应去除水面的杂物、垃圾等漂浮物，不可搅动水底部的沉积物。

- 采样前先用水样荡涤采样容器和样品容器 2~3 次。

- 对不同的监测项目选用的容器材质、加入的保存剂及其用量、保存期限和采集的水样体积等，需按照监测项目的分析方法要求执行；如未明确要求，可按照附录执行。

- 采样完成后应在每个样品容器上贴上标签，标签内容包括样品编号或名称、采样日期和时间、监测项目名称等，同步填写现场记录。

- 采样结束后，核对监测方案、现场记录与实际样品数，如有错误或遗漏，应立即补采或重采。如在采样现场未按监测方案采集到样品，应详细记录实际情况。

3. 注意事项

- 部分监测项目采样前不能荡洗采样器具和样品容器，如动植物油类、石油类、挥发性有机物、微生物等。

- 部分监测项目在不同时间采集的水样不能混合测定，如水温、pH 值、色度、动植物油类、石油类、生化需氧量、硫化物、挥发性有机物、氰化物、余氯、微生物、放射性等。

• 部分监测项目保存方式不同，须单独采集储存，如动植物油类、石油类、硫化物、挥发酚、氰化物、余氯、微生物等。

• 部分监测项目采集时须注满容器，不留顶上空间，如生化需氧量、挥发性有机物等。

• 现场监测人员需考虑相应的安全预防措施，在采样过程中采取必要的防护措施。监测人员应身体健康，适应工作要求，现场采样时至少两人同时在场。

• 监测过程中应配备必要的防护设备、急救用品。现场采样时，若采样位置附近有腐蚀性、高温、有毒、挥发性、可燃性物质，须穿戴防护用具。现场监测人员要特别注意安全，避免滑倒落水，必要时应穿救生衣。

（五）废水流量测量

对应税水污染物进行污染当量核算时，必须进行排放废水浓度和流量的同步测定。《水污染物排放总量监测技术规范》（HJ/T 92—2002）对废水流量测量原则和测量方法进行了规范。可采用流速仪法、堰槽法、容器法、浮标法和压差法等方法使用超声波式、电容式、浮子式或潜水电磁式污水流量计测量污水流量，所使用的流量计必须符合有关标准规定。

1. 流量测量原则

• 污染源的污水排放渠道，在已知其“流量—时间”排放曲线波动较小，用瞬时流量代表平均流量所引起的误差可以允许时（小于 10%），在某一时段内的任意时间测得的瞬时流量乘以该时段的时间即为该时段的流量。

• 如排放污水的“流量—时间”排放曲线虽有明显波动，但其波动有固定的规律，可以用该时段中几个等时间间隔的瞬时流量来计算平均流量，可定时进行瞬时流量测定，在计算出平均流量后再乘以时间得到总流量。

• 如排放污水的“流量—时间”排放曲线既有明显波动又无规律可循，则必须连续测定流量，流量对时间的积分即为总流量。

2. 流量测量方法

在采样点需修建能满足采样和安装流量计的建筑物，一般修建满足采样测流的阴井或 10 m 左右的平直明渠。如建设标准的测流槽（如矩形、梯形或 U 形槽等）或者测流堰（如矩形薄壁堰、三角薄壁堰等），所使用的测流槽、测流堰必须符合有关标准的规定。

• 容器法：将污水注入已知容量的容器中，测定其充满容器所需要的时间，进而计算污水量。该方法简单易行，测量精度较高，适用于计量污水量较小的连续或间歇排放的污水。对于流量小（低于 50 吨/天）的排放口，可采用此方法，但溢流口与受纳水体应有适当落差或能用导水管形成落差。

• 流速仪法：通过测量排污渠道的过水截面积，以流速仪测量污水流速，计算污水量。适当选用流速仪，可用于很宽范围的流量测量。该方法多用于渠道较宽的污水量测量。测量时需要根据渠道深度和宽度确定点位垂直测点数和水平测点数。该方法较为简单，但易受污水水质影响，难以用于污水量的连续测定。排污截面底部需硬质平滑，截面形状为规则几何形，排污口处需有 3~5 m 的平直过流水段，且水位高度不小于 0.1 m。

● 量水槽法：在明渠或涵管内安装量水槽，测量其上游水位，可以计量污水量。常用的是巴氏槽。用量水槽测量流量，可以获得较高的精度(±2%~±5%)和进行连续自动测量。其优点是：水头损失小、壅水高度小、底部冲刷力大，不易沉积杂物。但造价较高，施工要求也较高。

● 溢流堰法：在固定形状的渠道上安装特定形状的开口堰板，过堰水头与流量有固定关系，据此测量污水流量。根据污水量大小可选择三角堰、矩形堰、梯形堰等。溢流堰法精度较高，在安装液位计后可连续自动测量。为进行连续自动测量液位，选用的传感器有浮子式、电容式、超声波式和压力式等。利用堰板测流，堰板的安装会造成一定的水头损失。另外，固体沉积物在堰前堆积或藻类等物质在堰板上黏附均会影响测量精度。

● 污水流量计法：用电磁式流量计时，排污口有一段不小于 2 m 的规则平直段，直渠段需符合 CJ/T 3017—93 的要求，排污口宽度为 0.8~1.5 m，液面高度不得小于 0.4 m。用电表式明渠流量计时，排污口有一段不小于 2 m 的规则段，排污渠底宽 1 m 左右。如污水为管道排放，所使用的电磁式或其他类型的污水流量计应定期进行计量检定。

● 浮标法：排污口上溯有一段底壁平滑且长度不小于 10 m、无弯曲、有一定液面高度的排污渠道，应经常进行疏通、消障。

以上方法均可选用，但在选择时，应注意各种方法的测量范围和所需条件。在以上方法无法使用时，可用统计法。

（六）现场监测项目及现场记录

1. 现场监测项目

水温、pH 值等能在现场测定的监测项目或分析方法中要求须在现场完成测定的监测项目，应在现场测定。现场还应监测水样感官指标：用文字定性描述水的颜色、混浊度、气味（嗅）等样品状态和水面有无油膜等表观特征。

2. 现场记录

现场记录应包含以下内容：监测目的、排污单位名称、气象条件、采样日期、采样时间、现场测试仪器型号与编号、采样点位、生产工况、污水处理设施处理工艺、污水处理设施运行情况、污水排放量/流量、现场测试项目和监测方法、水样感官指标的描述、采样项目、采样方式、样品编号、保存方法、采样人、复核人、排污单位人员及其他需要说明的有关事项等。具体格式可自行制定。

（七）平均浓度的确定

污染物排放单位的污水排放渠道，在已知其“浓度—时间”排放曲线波动较小，用瞬时浓度代表平均浓度所引起的误差可以容许时（小于10%），在某时段内的任意时间采样所测得的浓度，均可作为平均浓度。

如果“浓度—时间”排放曲线虽有波动但有规律，用等时间间隔的等体积混合样的浓度代表平均浓度所引起的误差可以容许，可等时间间隔采集等体积混合样，测其平均浓度。

如果“浓度—时间”排放曲线既有波动又无规律，则必须以“比例采样器”做连续采样，即确定某一比值，在连续采样中能使各瞬时采样量与当时的流量之比均为此比值。以此种“比例采样器”在任一时段采得的混合样所测得的浓度即为该时段的平均浓度。

四、样品保存、运输和交接

（一）样品保存与运输

采集样品后，应尽快将其送至实验室进行分析，并根据监测项目所采用分析方法的要求确定样品的保存方法，确保在规定的保存期限内对样品进行分析测试。如要求不明确，可按照附录执行。

根据采样点的地理位置和监测项目保存期限，选用适当的运输方式。样品运输前应将容器的外（内）盖盖紧。装箱时应用泡沫塑料等减震材料分隔固定，以防破损。除防震、避免日光照射和低温运输外，还应防止沾污。

同一采样点的样品应尽量装在同一样品箱内，运输前应核对现场采样记录上的所有样品是否齐全，应有专人负责样品运输。

（二）样品交接

现场监测人员与实验室接样人员进行样品交接时，须清点和检查样品，并在交接记录上签字。样品交接记录内容包括交接样品的日期和时间、样品数量和性状、测定项目、保存方式、交样人、接样人等。

五、监测项目与分析方法

（一）监测项目

排污单位的排污许可证、污染物排放（控制）标准、环境影响评价文件及其审批意见、其他相关环境管理规定等明确要求的污染控制项目被列入《中华人民共和国环境保护税法》应税水污染物的项目。

（二）分析方法

监测项目分析方法应优先选用污染物排放（控制）标准中规定的标准方法；若适用性满足要求，其他国家、行业标准方法也可选用。尚无国家、行业标准分析方法的，可选用国际标准、区域标准、知名技术组织或由有关科技书籍或期刊公布的、设备制造商规定的其他方法，但需按照 HJ 168—2020 中的规定进行方法确认和验证。

所选用分析方法的测定下限应低于排污单位的污染物排放限值。

除分析方法有规定的，污水分析前须摇匀取样，不能过滤或澄清。

第三节 第一类水污染物的监测方法

一、总汞的测定

汞及其化合物属于剧毒物质，是重点防控的重金属污染物。在金属冶炼、石油炼制、合成树脂、无机化学、电池等工业废水中，通常含有一定量的汞及其化合物。汞在水体中有多种存在形态。总汞是指未过滤的水样经剧烈消解后测得的汞浓度，包括无机态汞、有机结合态汞、可溶态汞和悬浮态汞。

总汞的测试方法有高锰酸钾-过硫酸钾消解法-双硫腙分光光度法（GB 7469—87）、原子荧光光谱法（HJ 694—2014）、冷原子吸收光谱法（HJ 597—2011）。双硫腙分光光度法是测定多种金属离子的标准方法，但对测试条件要求严格、操作比较烦琐；其他两种方法是测定水中微量和痕量汞的特效方法，测定简便，干扰因素少，灵敏度比较高。

（一）高锰酸钾-过硫酸钾消解法-双硫腙分光光度法（GB 7469—87）

该方法适用于生活污水、工业废水和受汞污染的地表水。取 250 mL 水样测定，汞的最低检出浓度为 2 μg/L，测定上限为 40 μg/L。

1. 方法原理

该方法是在 95℃用高锰酸钾和过硫酸钾对水样进行消解，把水样中所含不同形态汞全部转化为二价汞，用盐酸羟胺将过剩的氧化剂还原后，加入双硫腙溶液。在酸性条件下，汞离子与双硫腙能生成橙色螯合物，然后用三氯甲烷或者四氯化碳等有机溶剂萃取，再加入碱溶液洗去过剩的双硫腙。于 485 nm 波长处测其吸光度，以标准曲线法定量。

2. 测试要点

（1）水样消解

将试样或已经稀释成 250 mL 的部分待测试样（含汞不超过 10 μg）放入锥形瓶中，小心地加入 10 mL 优级纯硫酸和 2.5 mL 优级纯硝酸，摇晃混合均匀。加入15 mL高锰酸钾溶液，（如果不能在 15 min 内维持深紫色，则混合后再加 15 mL 高锰酸钾溶液以使颜色持久；如加入后仍不能使颜色持久，则需要减小试样体积或者考虑改用其他消解方法），然后加入 8 mL 过硫酸钾溶液并在 95℃水浴上加热 2 h（含悬浮物或有机物较少的水可把加热时间缩短为 1 h，不含悬浮物的较清洁水可把加热时间缩短为 30 min），冷却至 40℃后加入盐酸羟胺溶液还原过剩的氧化剂，直至溶液的颜色刚好消失和所有锰的氧化物都溶解为止，开塞放置 5~10 min。将溶液转移至 500 mL 分液漏斗中，以少量水洗锥形瓶两次，一并移入分液漏斗中。

（2）萃取和测定

分别向各份消解液中加入 1 mL 亚硫酸钠溶液，混匀后加入 10 mL 双硫腙氯仿溶液，缓缓旋摇并放气，再密塞振摇 1 min，静置分层。将有机相转入已盛有 20 mL 双硫腙洗脱液的 60 mL 分液漏斗中，振摇 1 min，静置分层。必要时再重复洗涤 1~2 次，直至有机相不带绿色。用滤纸吸去分液漏斗放液管内的水珠，塞入少许脱脂棉，将有机相放入 20 mm 比色皿中，在 485 nm 波长下以氯仿为参比测定吸光度，以试样的吸光度减去空白试验的吸光度后，从标准曲线上查得汞含量。

（3）空白试验

用去离子水代替试样，按照水样消解、萃取和测定步骤加入与测定试样时相同体积的试剂，应把采样时加的试剂量考虑在内。

（4）绘制标准曲线

取 6 个 500 mL 锥形瓶分别加入一系列不同体积的汞标准溶液，加入去离子水至 250 mL，然后对每一种标准溶液进行消解、萃取，在 485 nm 波长下测定吸光度，以测定的各吸光度减去试剂空白（零浓度）的吸光度后和对应的汞含量绘制标准曲线。

3. 结果计算

水样中的总汞含量 C(μg/L) 按式（3-1）计算：

$$C=\frac{m}{V}\times 1000 \tag{3-1}$$

式中：m——测得的试样中汞含量，μg；

V——测定用试样体积，mL。

如果考虑采样时加入的试剂体积，则应按式（3-2）计算：

$$C=\frac{m\times 1000}{V_0}\times\frac{V_1+V_2+V_3}{V_1} \tag{3-2}$$

式中：m——测得的试样中汞含量，μg；

V_0——测定用试样体积，mL；

V_1——采集的水样体积，mL；

V_2——水样加硝酸体积，mL；

V_3——水样加高锰酸钾溶液体积，mL。

结果以两位小数表示。

4. 注意事项

测试时，应注意以下事项：

- 在酸性条件下，干扰物主要是铜离子，在双硫腙的碱洗脱液中加入 10 g/L 的 EDTA 二钠盐（乙二胺四乙酸二钠）至少可掩蔽 300 μg 铜离子的干扰。该方法对操作条件要求比较苛刻，氯仿和四氯化碳萃取双硫腙汞均为理想的溶剂。但由于双硫腙铜在四氯化碳和氯仿中的萃取常数前者较大，且四氯化碳对人体的毒性较大，因此用氯仿做萃取溶剂较好。然而，氯仿在贮存过程中常会生成光气，从而使双硫腙生成氧化产物，不仅失去与汞螯合的功能，还溶于氯仿（不能被双硫腙洗脱液除去）显深黄色，用分光光度计测定时有一定吸光度，故所用氯仿应预重蒸馏精制，加乙醇做保护剂，充满经过处理并干燥的棕色试剂瓶，避光避热密闭保存。

• 用盐酸羟胺还原实验室样品中的高锰酸钾时，二氧化锰沉淀溶解，使所吸附的汞返回溶液中，以便均匀取出试样。消解后也按上述操作。应注意的是，在此操作中，所加盐酸羟胺勿过量，并且随即继续以后的操作，切勿长时间放置，以防在还原状态下汞挥发损失。用双硫腙氯仿溶液萃取汞时，试份的 pH 值小于 1 时干扰很小。在 250 mL试样中加入 5 mL 硫酸时，硫酸的浓度为 0.45 mol/L，经计算其 pH 值为 0.92。试验证明，每 250 mL 试样中分别加 5 mL、10 mL、15 mL 或 20 mL 硫酸对测定均没有影响。

• 双硫腙汞对光敏感，因此强调要避光或在半暗室里操作，或加入乙酸防止双硫腙汞见光分解。另外，采用不纯的双硫腙时，双硫腙汞见光分解很快。因此，双硫腙的纯化对提高双硫腙汞的稳定性以及分析的准确度很重要。双硫腙洗脱液有用氨水配制的，是为了去除铜的干扰。但氨水的挥发性大，因微溶于有机相而容易出现“氨雾”，影响比色。改用 0.2 mol/L 氢氧化钠-10 g/L EDTA 二钠溶液做双硫腙洗脱液，就不会出现这种现象，但应注意必须使用含汞量很少的优级纯氢氧化钠。

• 分液漏斗的活塞若涂抹凡士林防漏，凡士林溶于氯仿可引进正误差；若不涂抹凡士林，则萃取液易漏溅而引入负误差。为此，可改用非油性润滑剂（溶于水，不够理想），或改为直接在锥形瓶中振摇萃取（先缓缓旋摇并多次启塞放气，再密塞振摇）后，倾去大部分水分，转移入具塞比色管内分层，用抽气泵吸出水相。以后洗脱过剩双硫腙的操作也可很方便地在比色管中进行。实践证明，这样操作不仅省时省力，还减少了用分液漏斗反复转移溶液而引起的误差。

• 鉴于汞的毒性，双硫腙汞的氯仿溶液切勿丢弃，应加入浓硫酸处理以破坏有机物，并与其他杂质一起随水相分离后，用氧化钙中和残存于氯仿中的硫酸去除水分，将氯仿重蒸回收。含汞废液可加入氢氧化钠溶液中和至呈微碱性，再于搅拌下加入硫化钠溶液至氢氧化物完全沉淀为止，沉淀物予以回收或进行其他处理。

（二）原子荧光光谱法（HJ 694—2014）

该方法适用于地表水、地下水、生活污水和工业废水中汞、砷、锑、铋、硒的溶解态和总量的测定。汞的检出限为 0.04 μg/L，测定下限为 0.16 μg/L；砷的检出限为 0.3 μg/L，测定下限为 1.2 μg/L；硒的检出限为 0.4 μg/L，测定下限为 1.6 μg/L；锑和铋的检出限为 0.2 μg/L，测定下限为 0.8 μg/L。

1. 方法原理

水样经消解处理后进入原子荧光仪，汞、砷、锑、铋、硒在酸性硼氢化钾（或硼氢化钠）还原作用下分别生成汞原子、砷化氢、锑化氢、铋化氢和硒化氢气体，用载气（氩气）导入电热石英管原子化器，氢化物在氩氢火焰中形成基态原子，其基态原子和汞原子分别吸收相应元素灯发射的特征光后被激发产生原子荧光，在一定实验条件下，原子荧光强度与水样中的汞、砷、锑、铋、硒含量成正比，用标准曲线法定量。

2. 测试要点

（1）水样预处理

直接取一定量不经过滤的总汞水样于 10 mL 具塞比色管中，加入 1 mL 硝酸-盐酸溶液，加塞混合均匀，在沸水浴中加热消解 1 h（加热期间摇动 1~2 次并开盖放气），冷却，定容待测。取一定量用于测定砷、锑、铋、硒的水样加入 150 mL 锥形瓶中，加入 5 mL 硝酸-高氯酸混合酸，于电热板上加热至冒白烟、冷却。再加入 5 mL 盐酸溶液，加热至黄褐色烟冒尽，冷却后定容待测。

（2）空白试验

用去离子水或其他无待测元素净化水代替水样，按照水样预处理步骤制备空白试样。每测定 20 个样品要增加 1 个空白试样，当批不满 20 个样品时，要测定两个空白试样，空白试样的测试结果应小于方法的检出限。

（3）绘制标准曲线

按照水样介质条件，配置系列汞（砷、锑、铋、硒）标准溶液，调整仪器各参数至最佳状态，以盐酸溶液为载液，以硼氢化钾溶液为还原剂，测定标准溶液的原子荧光强度，用同样的方法测定空白样品。以扣除空白后的各荧光值为纵坐标，以标准溶液的浓度为横坐标，绘制标准曲线。每批样品均应绘制标准曲线。每次样品分析应绘制标准曲线，标准曲线相关系数应大于等于 0. 995。

（4）水样测定

按照绘制标准曲线的方法和条件测定水样。对超过标准曲线高浓度点的样品，经消解液稀释后再测定，稀释倍数记为 f。每测完 20 个样品要进行一次标准曲线零点和中间点浓度的核查，测试结果相对偏差应不大于 20%。每批样品至少测定 10%的平行样，样品数小于 10 时，至少测定一个平行双样，测试结果相对偏差应不大于 20%；每批样品至少测定 10%的加标样，样品数小于 10 时，至少测定一个加标样，加标回收率控制在 70%~130%。

3. 结果计算

水样中待测元素的质量浓度 C（μg/L）按照式（3-3）计算：

$$C=\frac{C_1 \times f \times V_1}{V} \tag{3-3}$$

式中：C_1——测试样中待测元素的质量浓度，μg/L；

f——水样消解后的稀释倍数（未稀释则为 1）；

V_1——水样预处理后定容体积，mL；

V——水样预处理时取样体积，mL。

当汞的测定结果小于 1 μg/L 时，保留小数点后两位；当汞的测定结果大于等于 1 μg/L 时，保留三位有效数字。

4. 注意事项

- 试验产生的废液和废物不可随意丢弃，应置于密闭容器中保存，委托有资质的单位进行处理。
- 硼氢化钾是强还原剂，暴露在空气中极易变质，在中性或酸性溶液中易分解并产生氢气。因此，在配置硼氢化钾还原剂时，要将硼氢化钾溶解在氢氧化钠溶液中，并临用现配。
- 实验室所用的玻璃器皿均需用硝酸溶液浸泡 24 h，或用热硝酸荡涤。清洗时，依次用自来水、去离子水洗净。

（三）冷原子吸收光谱法（HJ 597—2011）

该方法适用于地表水、地下水、饮用水、生活污水及工业废水中总汞的测定。当碘离子浓度大于等于 3. 8 mg/L 时，会明显影响高锰酸钾-过硫酸钾消解法的回收率与精密度；当洗净剂浓度大于等于 0. 1 mL/L 时，采用溴酸钾-溴化钾消解法，汞的回收率小于 67. 7%；若有机物含量较高，方法中规定的消解试剂最大用量不足以氧化样品中的有机物，则该方法不适用。当取样体积为 200 mL 时，检出限为 0. 01 μg/L，测定下限为 0. 04 μg/L；当取样体积为 100 mL 时，检出限为 0. 02 μg/L，测定下限为 0. 08 μg/L；当取样体积为 25 mL 时，检出限为 0. 06 μg/L，测定下限为 0. 24 μg/L。

1. 方法原理

汞原子蒸气对波长为 253. 7 nm 的紫外光具有选择性、强烈的吸收作用，在一定浓度范围内，吸光度与汞浓度成正比。在硫酸-硝酸介质及加热条件下，用高锰酸钾和过硫酸钾将试样消解，或用溴酸钾和溴化钾混合试剂在硫酸介质中消解样品，或在硝酸-盐酸介质中用微波消解仪消解样品。水样经消解后，将各种形态的汞转变成二价汞，再用氯化亚锡将二价汞还原为元素汞，用载气（氮气或干燥清洁的空气）将产生的汞蒸汽带入冷原子吸收测汞仪的吸收池，测定吸光度，与汞标准溶液吸光度进行比较定量。

2. 测试要点

（1）水样消解

- 高锰酸钾-过硫酸钾消解法

近沸保温法：该方法适用于一般废水或地表水、地下水。将水样充分摇匀后立即准确吸取 10～50 mL 废水（或 100～200 mL 清洁地表水或地下水）注入 125 mL（或 500 mL）锥形瓶中，取样量少者应补充适量无汞蒸馏水。依次加 1. 5 mL 浓硫酸（对清洁地表水或地下水应加 2.5～5.0 mL)、1.5 mL 硝酸溶液（对地表水或地下水应加 2.5～5.0 mL)、4 mL 高锰酸钾溶液，如果不能至少在 15 min 维持紫色，则混合后补加适量高锰酸钾溶液，以使颜色维持，但总量不超过 30 mL。然后，加 4 mL 过硫酸钾溶液，插入小漏斗置于沸水浴中使水样在近沸状态保温 1 h，取下冷却。临近测定时，边摇边滴加盐酸羟胺溶液，直至刚好将过剩的高锰酸钾及器壁上的二氧化锰全部褪色为止。将废水试样转入 100 mL 容量瓶，立即用稀释液（0.2 g 重铬酸钾+900 mL 去离子水+37.8 mL 硫酸）定容至 1000 mL。

煮沸法：该方法对消解含有机物、悬浮物较多、组成复杂的废水，效果比近沸保温法好。将水样充分摇匀后，立即根据样品中的汞含量准确吸取 5～50 mL 废水，置于 125 mL锥形瓶中，取样量少者，应补加无汞蒸馏水，使总体积达到 50 mL。依次加 1.5 mL 浓硫酸、1.5 mL 硝酸溶液、4 mL 高锰酸钾溶液，如果不能至少在 15 min 维持紫色则混合后补加适量高锰酸钾溶液，以使颜色维持，但总量不超过 30 mL。然后，加 4 mL 过硫酸钾溶液，加数粒玻璃珠或沸石，插入小漏斗，擦干瓶底，然后置高温电炉或高温电热板上加热煮沸，10 min 后取下冷却。后续步骤同近沸保温法。

- 溴酸钾-溴化钾消解法

该方法适用于清洁地表水、地下水或饮用水，也适用于含有机物（特别是洗净剂）较少的生活污水与工业废水。充分摇匀后，立即准确分取 10～50 mL 水样注入 100 mL 容量瓶，当取样少于 50 mL 时，应补加适量水，再加 2.5 mL 浓硫酸、2.5 mL 溴化剂，加塞摇匀，在 20℃以上室温放置 5 min 以上，样品中应有橙黄色溴释出，否则可适当补加溴化剂，但每 50 mL 样品中最大用量不应超过 8 mL；若仍无溴释出，则该方法不适用，可改用高锰酸钾-过硫酸钾消解法。临测定前，边摇边滴加盐酸羟胺溶液还原过剩的溴，立即用稀释液稀释至标线，分取适量试样进行测定。

- 微波消解法

该方法适用于含有机物较多的生活污水和工业废水。水样摇匀后，取适量加入消解罐中，依次加入适量硝酸和盐酸，摇匀加塞，室温静置 30～60 min，若反应剧烈，适当延长静置时间。将微波消解罐放入微波消解仪中，设置升温程序进行消解，消解完毕后，冷却至室温，转移消解液至容量瓶中定容，待测。

（2）空白试验

每分析一批试样，应同时用无汞蒸馏水代替试样，按试样消解步骤制备两份空白试样，并把采样时加的试剂量考虑在内。每批样品最少做一个空白实验，测定结果要小于 2.2 倍检出限。

（3）绘制标准曲线

分别量取一系列不同体积汞标准使用溶液（0.1 mg/L）加入容量瓶中，用稀释液稀释至标线，摇匀，然后完全按照测定水样步骤从低到高浓度对每一个标准系列溶液进行测定。最后，以扣除空白（零标准溶液）后的标准系列各点测定值（与汞浓度成正比的）为纵坐标，以相应标准试份溶液汞浓度（μg/L）为横坐标，绘制标准曲线。汞蒸气的发生受较多外界因素的影响，如载气流速、温度、酸度、汞还原器和气液体积比等，因此每次测定均应同时绘制标准曲线。当环境温度低于10℃时，灵敏度会明显降低。标准曲线相关系数要大于等于0.999。

（4）水样测定

将待测样品转移到反应瓶中，加入适量氯化亚锡溶液，迅速插入吹气头，由低浓度向高浓度依次测定。每批样品至少测定10%的平行样，当样品数小于10个时，至少测定一个平行样，当样品总汞含量小于等于1 μg/L时，测试结果相对偏差应不大于30%；当样品总汞含量为1~5 μg/L时，测试结果相对偏差应不大于20%；当样品总汞含量大于5 μg/L时，测试结果相对偏差应不大于15%。每批样品至少测定10%的加标样，当样品数小于10个时，至少测定一个加标样，当样品总汞含量小于等于1 μg/L时，加标回收率控制在85%~115%；当样品总汞含量大于1 μg/L时，加标回收率控制在90%~110%。

3. 结果计算

水样中汞浓度可根据扣除空白后的样品测定值（与汞浓度成正比的）直接从标准曲线上查得，乘以样品被稀释的倍数，即可得出水样中总汞的含量 C（μg/L）：

$$C=\frac{(C_1-C_0)\times V_0}{V}\times\frac{V_1+V_2}{V_1} \tag{3-4}$$

式中：C_1——被测样品中总汞的含量，μg/L；

C_0——空白样品中总汞的含量，μg/L；

V——测定时分取样品体积，mL；

V_0——测定时定容体积，mL；

V_1——采取的水样体积，mL；

V_2——采样时向水中加入硫酸或盐酸的体积，mL。

当测定结果小于10 μg/L时，保留小数点后两位有效数字；当测定结果大于等于10 μg/L时，保留三位有效数字。

4. 注意事项

- 加入氯化亚锡后，先在闭气条件下用手或振荡器充分振荡30~60 s，待完全达到气液平衡后，将汞蒸气抽入（或吹入）吸收池，可使信号值比不振荡的读数高80~110。
- 选择大小适当、气化效果好的汞还原器。汞还原器大小应根据测定时的试份体积决定，吹气头形状以莲蓬形最佳且与底部距离越近越好。采用抽气（或吹气）鼓泡法进样时，当气相与液相体积比为1∶1~5∶1时，对灵敏度影响很小；该体积比为2∶1~3∶1时为最佳。采用闭气振摇操作时，该体积比为3∶1~8∶1时灵敏度较高。
- 当室温低于10℃时，不能进行测定，应采取提高操作间环境温度的办法来提高试份的气化温度。

• 选择合适的载气流速与进样方式。当采用抽气（或吹气）鼓泡法进样时，流速太大会使进入吸收池的汞蒸气浓度降低，流速过小又会使气化速度减慢，选择0.8～1.2 L/min的流速较好。

• 水蒸气对汞的测定有影响，会导致响应值降低，应注意保持连接管路和汞吸收池干燥。可采用红外灯加热方式使汞吸收池保持干燥。

• 汞容易在反应器等玻璃器皿表面发生吸附和解吸反应，因此，每次测定前要用洗液浸泡反应器等玻璃器皿过夜并洗涤干净。

• 每测定一个样品后，取出吹气头弃去废液，用去离子水冲洗反应装置两次，再用稀释液清洗装置一次，以氧化可能残留的二价锡。

二、总镉的测定

镉属于剧毒金属，可在人体的肝肾等组织中蓄积，造成脏器组织损伤，尤其对肾脏损害较重，还会导致骨质疏松，诱发癌症。电镀、采矿、冶炼、颜料、电池等工业废水中通常含有镉。

测定镉的标准方法有双硫腙分光光度法（GB 7471—87）、原子吸收分光光度法（GB 7475—87）、电感耦合等离子体质谱法（HJ 700—2014）、电感耦合等离子发射光谱法（HJ 776—2015）。

（一）双硫腙分光光度法（GB 7471—87）

该方法适用于测定天然水和废水中的微量镉。在该方法规定的条件下，天然水中正常存在的金属离子浓度不干扰测定；分析水样中存在金属离子（铅20 mg/L、锌30 mg/L、铜40 mg/L、锰4 mg/L、铁4 mg/L）时不干扰测定，当镁离子浓度达到20 mg/L时，需要多加酒石酸钾钠掩蔽。该方法适用于测定镉的浓度范围为1～50 μg/L，当镉的浓度大于50 μg/L时，可对样品进行适当稀释后再进行测定。当使用光程长为20 mm比色皿、试份体积为100 mL时，检出限为1 μg/L。

1. 方法原理

水样经酸消解处理后，在强碱性溶液中，镉离子与双硫腙反应生成红色络合物，用氯仿萃取后，于518 nm波长处进行测定，用标准曲线法定量，通过吸光度求出总镉的含量。

2. 测试要点

（1）水样消解

一般废水，取适量水样，加入硝酸后置于电热板上，微沸消解10 min，冷却后用快速滤纸过滤，滤纸用稀硝酸洗涤数次，然后用稀硝酸稀释定容，待测定。

含悬浮物和有机质较多的废水，取适量水样，加入硝酸后在电热板上加热，消解到10 mL左右，稍冷却，再加入5 mL硝酸和2 mL高氯酸，继续加热消解，蒸至近干，冷却后用稀硝酸温热溶解残渣，冷却后用快速滤纸过滤，滤纸用稀硝酸洗涤数次，然后用稀硝酸稀释定容，待测定。

（2）空白试验

用蒸馏水代替水样，消解和测试步骤与水样相同。每分析一批试样，要平行做两个空白试验。

（3）绘制标准曲线

向一系列 250 mL 分液漏斗中分别加入不同体积的镉标准溶液，加适量蒸馏水以补充到 100 mL，加入 3 滴百里酚蓝溶液，用氢氧化钠溶液调节到刚好出现稳定的黄色。加入 1 mL 酒石酸钾钠溶液、5 mL 氢氧化钠-氰化钾溶液及 1 mL 盐酸羟胺溶液，每加入一种试剂后均需摇匀，特别是加入酒石酸钾钠溶液后，需充分摇匀。加入 15 mL 双硫腙氯仿溶液，振摇 1 min。打开分液漏斗塞子放气（不要通过转动下面的活塞放气），将氯仿层放入第二套已盛有 25 mL 冷酒石酸溶液的分液漏斗内，用氯仿洗涤第一套分液漏斗，摇动 1 min 后，将氯仿层再放入第二套分液漏斗中，注意勿使水溶液进入第二套分液漏斗中，加入双硫腙以后，要立即进行以上两次萃取，摇动第二套分液漏斗 2 min 后弃去氯仿层。加入 5 mL 氯仿于第二套分液漏斗中，摇动 1 min 弃去氯仿层，分离越仔细越好。按次序加入 0. 25 mL 盐酸羟胺溶液、15. 0 mL 双硫腙氯仿溶液及 5 mL 氢氧化钠-氰化钾溶液，立即摇动 1 min，待分层后，将氯仿层通过一小团洁净脱脂棉滤入 30 mm 比色皿中，立即在 518 nm 的最大吸收波长处，以氯仿为参比测量氯仿层吸光度，从测得的吸光度扣除试剂空白（零浓度）的吸光度后，绘制 30 mm 比色皿光程的吸光度对镉量的曲线。这条标准线应为通过原点的直线。定期检查标准曲线，特别是在每次使用一批新试剂时。

（4）水样测定

显色与测定步骤同绘制标准曲线，由测量所得吸光度扣除空白试验吸光度值后，从标准曲线上查出镉量，然后按式（3-5）计算样品中镉的含量。

3. 结果计算

水样中总镉的含量 C(mg/L) 按式（3-5）计算：

$$C=\frac{m}{V}\times f \qquad (3-5)$$

式中：m——从标准曲线上查得的总镉含量，μg；

V——用于测定的水样体积，mL；

f——需稀释时的稀释倍数，无稀释取值 1。

结果以两位有效数字表示。

4. 注意事项

- 在第一次萃取时，双硫腙溶液要有足够的浓度，否则萃取不完全。
- 形成的双硫腙镉络合物在被氯仿所饱和的强碱中容易分解，要迅速将有机相放入事先准备好的第二套分液漏斗中。

- 冷酒石酸可以减轻碱同酒石酸反应所产生的热的影响，酒石酸贮存在冰箱中可延长使用时间。

- 气温较高时，氢氧化钠-氰化钾溶液配制后需放置7~10天再使用，否则会影响测定结果。

- 试剂空白值的高低与双硫腙的纯度有关。一般双硫腙必须经过提纯，测定时应以氯仿调零，从观察空白的吸光度考查试剂纯度。

- 为消除硬水地区水样中 Mg^{2+} 的干扰，当取样体积为100 mL时，可用2 mL酒石酸钾钠溶液掩蔽。

- 如果水样中镉的含量高于10 μg，取样量可以改为25 mL或50 mL。

（二）原子吸收分光光度法（GB 7475—87）

该方法适用于测定地下水、地表水和废水中的铜、锌、铅、镉含量。测定浓度范围与仪器的特性有关。地下水和地表水中的共存离子和化合物在常见浓度下不干扰测定，但当钙的浓度高于1000 mg/L时，会抑制镉的吸收，当浓度为2000 mg/L时，信号抑制达19%。当铁的含量超过100 mg/L时，会抑制锌的吸收。当样品中含盐量很高，特征谱线波长又低于350 nm时，可能出现非特征吸收，如高浓度的钙因产生背景吸收，会使铅的测定结果偏高。

1. 方法原理

未经过滤的样品经消解后，将其直接吸入火焰，在火焰中形成的基态原子会吸收特征电磁辐射，将测得的样品吸光度和标准溶液的吸光度进行比较，确定样品中被测元素的浓度，计算出样品中包括溶解和悬浮态金属的总量。

2. 测试要点

（1）水样消解

取适量水样，加入浓硝酸后在电热板上加热消解，确保样品不沸腾，蒸至10 mL左右，再加入浓硝酸和高氯酸，继续消解至1 mL左右；如果消解不完全，再加入硝酸和高氯酸，蒸至1 mL左右，取下冷却，加水溶解残渣，通过中速滤纸（预先用酸洗）滤入容量瓶中，用水稀释至标线。

（2）空白试验

在测定样品的同时测定空白。取100 mL硝酸溶液（0.2%）代替样品，置于200 mL烧杯中，按照水样消解步骤进行操作。

（3）绘制标准曲线

按照表3-1，准确移取不同体积标准溶液，分别注入100 mL容量瓶，然后用硝酸溶液（0.2%）稀释标准溶液，定容，待测。

表 3-1　标准曲线

标准溶液体积（mL）	0.50	1.00	3.00	5.00	10.00
铜（mg）	0.25	0.50	1.50	2.50	5.00
锌（mg）	0.05	0.10	0.30	0.50	1.00
铅（mg）	0.50	1.00	3.00	5.00	10.00
镉（mg）	0.05	0.10	0.30	0.50	1.00

（4）水样测定

原子吸收分光光度计及相应的辅助设备，配有乙炔-空气燃烧器。光源选用空心阴极灯或无极放电灯，仪器操作参数可参照厂家的说明进行选择。选择波长和调节火焰后，吸入 0.2%的硝酸溶液，将仪器调零，依次吸入空白、工作标准溶液、样品，记录吸光度。在测定过程中，要定期复测空白和工作标准溶液，以检查基线的稳定性和仪器的灵敏度是否发生了变化。

3. 结果计算

水样中的金属总含量 C（μg/L）按式（3-6）计算：

$$C=\frac{m}{V}\times1000 \tag{3-6}$$

式中：m——从标准曲线上查得的试样中金属含量，μg；

V——水样体积，mL。

4. 注意事项

- 消解中使用高氯酸有爆炸风险，整个消解过程要在通风橱中进行。
- 为了检验是否存在基体干扰或背景吸收，通常要有验证实验。一般通过测定加标回收率判断基体干扰的程度，通过测定特征谱线附近 1 nm 内的一条非特征吸收谱线处的吸收判断背景吸收的大小。
- 如果存在基体干扰，用标准加入法测定并计算结果；如果存在背景吸收，用自动背景校正装置或邻近非特征吸收谱线法进行校正。后一种方法是从特征谱线处测得的吸收值中扣除邻近非特征吸收谱线处的吸收值，得到被测元素原子的真正吸收值。此外，也可使用螯合萃取法或样品稀释法降低或排除产生基体干扰或背景吸收的组分。

（三）电感耦合等离子体质谱法（HJ 700—2014）

电感耦合等离子体质谱法适用于地表水、地下水、生活污水、低浓度工业废水中65种元素（银、铝、砷、金、硼、钡、铍、铋、钙、镉、铈、钴、铬、铯、铜、镝、铒、铕、铁、镓、钆、锗、铪、钬、铟、铱、钾、镧、锂、镥、镁、锰、钼、钠、铌、钕、镍、磷、铅、钯、镨、铂、铷、铼、铑、钌、锑、钪、硒、钐、锡、锶、铽、碲、钍、钛、铊、铥、铀、钒、钨、钇、镱、锌、锆）的测定。其中，银、镉、铬、砷、铅、镍、铍、硒、铜、锰、锌等元素总量是应税污染物。该方法各元素的检出限为0.02~19.6 μg/L，测定下限为0.08~78.4 μg/L。各元素的方法检出限见表3-2。

表3-2　方法检出限

	银 Ag	砷 As	铍 Be	镉 Cd	锰 Mn	钴 Co	铬 Cr	锌 Zn	铜 Cu	镍 Ni	铅 Pb
检出限（μg/L）	0.04	0.12	0.04	0.05	0.12	0.03	0.11	0.67	0.08	0.06	0.09
测定下限（μg/L）	0.16	0.48	0.16	0.20	0.48	0.12	0.44	2.68	0.32	0.24	0.36

1. 方法原理

水样经预处理后，采用电感耦合等离子体质谱进行检测，根据元素的质谱图或特征离子进行定性，用内标法定量。样品由载气带入雾化系统进行雾化后，以气溶胶形式进入等离子体的轴向通道，在高温和惰性气体中被充分蒸发、解离、原子化和电离，转化成的带电荷的正离子经离子采集系统进入质谱仪，质谱仪根据离子的质荷比即元素的质量数进行分离并定性、定量地分析。在一定浓度范围内，元素质量数所对应的信号响应值与其浓度成正比。

2. 测试要点

（1）水样消解

电热板消解法：准确量取摇匀后的样品，注入250 mL聚四氟乙烯烧杯（视水样实际情况确定取样量，但需注意稀释倍数的计算），加入硝酸溶液（1+1）和盐酸溶液（1+1），将烧杯置于电热板上加热消解，加热温度不得高于85℃。持续加热，直至样品蒸发至20 mL左右。在烧杯口盖上表面皿以减少过多的蒸发，并保持轻微持续回流30 min。待样品冷却后，用去离子水冲洗烧杯至少3次，并将冲洗液倒入容量瓶中，用去离子水定容，加盖，摇匀保存。若消解液中存在一些不溶物，可静置过夜或离心以获得澄清液。若离心或静置过夜后仍有悬浮物，则可过滤去除，但应避免过滤过程中可能的污染。

微波消解法：准确量取摇匀后的样品，注入消解罐，加入4 mL浓硝酸和1 mL浓盐酸（可根据微波消解罐的体积，等比例减少取样量和加入的酸量），在170℃温度下微波消解10 min。消解完毕，冷却至室温后，将消解液移至容量瓶中，用去离子水定容至刻度，摇匀，待测。

（2）空白试验

以实验用水代替样品，按照水样消解步骤制备实验室空白试样。按照与水样相同的测定条件，测定实验室空白试样。每批样品应至少做一个全程序空白及实验室空白。空白值符合下列情况之一，才能被认为是可接受的：低于方法检出限；低于标准限值的10%；低于每一批样品最低测定值的10%。否则，需查找原因，重新分析，直至合格之后才能分析样品。

（3）绘制标准曲线

依次配制一系列待测元素标准溶液，可根据测量需要调整校准曲线的浓度范围。从容量瓶中取一定体积的标准使用液，使用硝酸溶液（1+99）配制系列标准曲线。内标元素标准使用溶液可直接加入工作溶液，也可在样品雾化之前通过蠕动泵自动加入。用ICP-MS测定标准溶液，以标准溶液浓度为横坐标、以样品信号与内标信号的比值为纵坐标建立校准曲线。用线性回归分析方法求得其斜率，用于样品含量计算。每次分析样品均应绘制标准曲线。通常情况下，标准曲线的相关系数应达到0.999以上。

（4）水样测定

水样测定需使用电感耦合等离子体质谱仪及相应的设备。仪器工作环境和对电源的要求需根据仪器说明书规定执行。每个试样测定前，应先用硝酸溶液（2+98）冲洗系统，直到信号降至最低，待分析信号稳定后，才可开始测定。试样测定时，应加入与绘制标准曲线时相同量的内标元素标准使用溶液。若样品中待测元素浓度超出标准曲线范围，需用硝酸溶液（1+99）稀释后重新测定，稀释倍数为f。每批样品应至少测定10%的平行双样，当样品数量少于10个时，应测定一个平行双样；做平行样时，2个平行样品测定结果的相对偏差应小于等于20%。每分析10个样品，应分析一次标准曲线中间浓度点，其测定结果与实际浓度值相对偏差应小于等于10%，否则应查找原因或重新绘制标准曲线。每批样品分析完毕后，应进行一次曲线最低点的分析，其测定结果与实际浓度值相对偏差应小于等于30%。

3. 结果计算

水样中元素的含量C（μg/L或mg/L）按式（3-7）进行计算：

$$C=(C_1-C_2)\times f \tag{3-7}$$

式中：C_1——稀释后样品中元素的含量，μg/L或mg/L；

C_2——稀释后实验室空白样品中元素的含量，μg/L或mg/L；

f——稀释倍数。

测定结果小数位数与方法检出限保持一致，最多保留三位有效数字。

4. 注意事项

- 实验中产生的废液应集中收集，并清楚地做好标记或贴上标签，如“有毒废液（重金属）”，委托有资质的单位进行处理。

- 实验所用器皿，在使用前需用硝酸溶液（1+1）浸泡至少12 h，用去离子水冲洗干净后方可使用。

- 当钾、钠、钙、镁等元素含量相对较高时，可选用其他国标方法测定。对于未知的废水样品，建议先用其他国标方法初测样品浓度，以避免分析期间样品对检测器的潜在损害，同时鉴别浓度超过线性范围的元素。

- 丰度较大的同位素会产生拖尾峰，影响相邻质量峰的测定。可通过调整质谱仪的分辨率来减少这种干扰。

• 在连续分析浓度差异较大的样品或标准品时，样品中待测元素（如硼等元素）易沉积并滞留在真空界面、喷雾腔和雾化器上，从而导致记忆干扰。可通过延长样品间的洗涤时间来避免这类干扰的发生。

（四）电感耦合等离子发射光谱法（HJ 776—2015）

该方法适用于地表水、地下水、生活污水及工业废水中银、铝、砷、硼、钡、铍、铋、钙、镉、钴、铬、铜、铁、钾、锂、镁、锰、钼、钠、镍、磷、铅、硫、锑、硒、硅、锡、锶、钛、钒、锌及锆这 32 种可溶性元素及元素总量的测定。其中，银、镉、铬、砷、铅、镍、铍、硒、铜、锰、锌等元素总量是应税水污染物。该方法的检出限为 0.009~0.1 mg/L，测定下限为 0.036~0.39 mg/L，见表 3-3。

表 3-3　测定元素分析方法检出限和测定下限

应税污染物	水平		垂直	
	检出限（mg/L）	测定下限（mg/L）	检出限（mg/L）	测定下限（mg/L）
总银 Ag	0.03	0.13	0.02	0.07
总硒 Se	0.03	0.12	0.1	0.45
总砷 As	0.2	0.60	0.2	0.81
总铍 Be	0.008	0.03	0.010	0.04
总镉 Cd	0.05	0.20	0.005	0.02
总铬 Cr	0.03	0.11	0.03	0.12
总铜 Cu	0.04	0.16	0.006	0.02
总锰 Mn	0.01	0.06	0.004	0.02
总镍 Ni	0.007	0.03	0.02	0.06
总铅 Pb	0.1	0.39	0.07	0.29
总锌 Zn	0.009	0.04	0.004	0.02

1. *方法原理*

经消解的水样注入电感耦合等离子体发射光谱仪后，目标元素在等离子体火炬中被气化、电离、激发并辐射出特征谱线，在一定浓度范围内，其特征谱线的强度与水样中待测元素总量成正比。

2. *测试要点*

（1）水样消解

按比例在一定体积的均匀样品中加入硝酸溶液（1+1），置于电热板上加热消解，在不沸腾的情况下，缓慢加热至近干。取下冷却，反复进行这一过程，直至试样溶液颜色变浅或稳定不变。冷却后，加入硝酸溶液若干毫升，再加入少量水，置电热板上继续加热，使残渣溶解。冷却后，用实验用水定容至原取样体积，使溶液保持 1%（V/V）的硝酸酸度。对于某些基体复杂的废水，消解时可加入 2~5 mL 高氯酸消解。若消解液中存在不溶物，可静置或在 2000~3000 r/min 转速下离心分离 10 min 以获得澄清液。（若离心或静置过夜后仍有悬浮物，则可过滤去除，但应避免过滤过程中可能的污染。）水样消解可按照 HJ678—2013 采用微波消解法。当待测元素含量较高时，应取适量消解液，用 1%硝酸溶液稀释后再测定。

（2）空白试验

以水代替样品，按与水样相同的消解步骤进行空白试样的制备。按照与试样测定的相同条件测定空白试样。每批样品至少做 2 个实验室空白，空白值应低于方法测定下限；否则，应检查实验用水质量、试剂纯度、器皿洁净度及仪器性能等。查明原因后，应重新分析，直至合格，再测定样品。

（3）绘制标准曲线

取一定量的单元素标准使用液制备标准曲线，根据废水中待测污染物浓度范围分组配制，在各自浓度范围内，至少配制 5 个浓度点。标准曲线参考浓度范围见表 3-4。由低浓度到高浓度依次进样，按照仪器参考测试条件测量发射强度。以发射强度值为纵坐标，目标元素系列质量浓度为横坐标，建立目标元素的标准曲线。

表 3-4　废水标准溶液浓度范围

应税污染物	浓度范围（mg/L）
Ag、Be、Cd、Cr、Cu、 Mn、Ni、Pb、Zn	0.00～250.00* 0.00～500.00
As、Se	0.00～500.00

注：*表示元素分组可根据所使用仪器也可根据有证标准物质分组情况确定，元素浓度范围根据所使用仪器适当调整。

每批样品分析均需绘制标准曲线，标准曲线的相关系数应大于 0.995。每分析 10 个样品需用一个标准曲线的中间点浓度校准溶液进行校准核查，其测定结果与最近一次标准曲线该点浓度的相对偏差应小于等于 10%，否则应重新绘制标准曲线。每半年至少应做一次仪器谱线的校对，以及元素间干扰校正系数的测定。

（4）水样测定

电感耦合等离子体发射光谱仪具有背景校正发射光谱计算机控制系统。不同型号仪器的最佳测试条件不同，应根据仪器说明书要求优化测试条件。

在与建立标准曲线相同的条件下，测定消解后的水样的发射强度。由发射强度值可在标准曲线上查得目标元素含量。在样品测量过程中，若样品中待测元素浓度超出标准曲线范围，需稀释样品后重新测定。每批样品应至少测定 10%的平行双样，样品数量少于 10 个时，应至少测定一个平行双样，两次平行测定结果的相对偏差应小于等于 25%。每批样品应至少测定 10%的加标样品，样品数量少于 10 个时，应至少测定一个加标样品，加标回收率应为 70%～120%。

3. 结果计算

水样中应税污染物的含量 C（mg/L）按式（3-8）计算：

$$C=(C_1-C_2)\times f \quad (3-8)$$

式中：C_1——试样中元素的含量，mg/L；

C_2——空白样品中元素的含量，mg/L；

f——稀释倍数。

测定结果小数位数与方法检出限保持一致，最多保留三位有效数字。

4. 注意事项

实验过程中产生的废液和废弃物应分类收集和保管，委托有资质的单位进行处理。

三、六价铬和总铬的测定

铬是生物体必需的一种微量元素，它的毒性与其存在价态密切相关。铬化合物常见价态为三价和六价，在水体中可以相互转化。其中，六价铬是一种毒性强的致癌物，易被人体吸收而在体内蓄积。通常认为六价铬的毒性比三价铬大 100 倍。但是，对水体中的鱼类而言，三价铬化合物的毒性比六价铬的大。铬矿石加工、金属表面处理、皮革鞣制、印染等行业废水中往往含有不同价态的铬化合物。

六价铬常用的标准测试方法有二苯碳酰二肼分光光度法（GB 7467—1987）、流动注射—二苯碳酰二肼光度法（HJ 908—2017）。总铬常用的标准测试方法有高锰酸钾氧化—二苯碳酰二肼分光光度法（GB 7466—87）、电感耦合等离子体质谱法（HJ 700—2014）、电感耦合等离子发射光谱法（HJ 776—2015），其中后两种方法与总镉测定完全相同，这里不再赘述。

（一）二苯碳酰二肼分光光度法（GB 7467—1987）

该方法适用于地表水和工业废水中六价铬的测定。取样体积为 50 mL，使用光程长为 30 mm 的比色皿，该方法的最小检出量为 0.2 μg 六价铬，最低检出浓度为 0.004 mg/L；使用光程为 10 mm 的比色皿，测定上限浓度为 1.0 mg/L。

水样含铁量大于1 mg/L，显色后呈黄色；六价钼和汞也和显色剂反应，生成有色化合物，但在该方法的显色酸度下，反应不灵敏；钼和汞的浓度达 200 mg/L，不干扰测定；钒有干扰，其含量高于 4 mg/L，即干扰显色，但钒与显色剂反应后 10 min 可自行褪色。

1. 方法原理

在酸性溶液中，六价铬会与二苯碳酰二肼反应生成紫红色化合物，可于波长 540 nm 处进行分光光度测定。

2. 测试要点

（1）样品的预处理

色度较浅水样，采用色度校正法，按水样测定步骤另取一份试样，以丙酮代替显色剂，水样测得的吸光度扣除此色度校正吸光度后，再行计算。

混浊、色度较深的水样，采用锌盐沉淀分离法进行预处理。取适量样品加水，滴加氢氧化钠溶液调节溶液 pH 值为 7~8，在不断搅拌下，滴加氢氧化锌共沉淀剂至溶液 pH 值为 8~9。将此溶液转移至容量瓶中，用水稀释至标线，用慢速滤纸干过滤，弃去初滤液，剩余滤液待测定。

含有二价铁等还原性物质水样，取适量样品于 50 mL 比色管中，用水稀释至标线，加入显色剂混匀，放置 5 min 后，加入 1 mL 硫酸溶液摇匀，5~10 min 后在 540 nm 波长处用 10 mm 或 30 mm 光程的比色皿，以水为参比，测定吸光度。

（2）空白试验

用去离子水代替水样，按照与水样完全相同的处理步骤进行空白试验。

（3）绘制标准曲线

向一系列 50 mL 比色管中分别加入不同体积的铬标准溶液，用水稀释至标线，然后按照水样的预处理、测定步骤进行操作，以扣除空白的吸光度为纵坐标，以标准系列铬含量为横坐标，绘制标准曲线。

（4）水样测定

取适量水样置于比色管中，用水稀释至刻线，加入 0.5 mL 硫酸溶液和 0.5 mL 磷酸溶液，摇匀，加入 2 mL 二苯碳酰二肼显色剂，摇匀，5~10 min 后在 540 nm 波长处用 10 mm 或 30 mm 光程的比色皿，以水为参比，测定吸光度，减去空白试验吸光度，从标准曲线上查得铬的含量。

含有次氯酸盐等氧化性物质的水样，在水样测定中加入尿素溶液消除干扰，再逐滴加入亚硝酸钠溶液去除剩余的尿素。含有二价铁等还原性物质的水样，加入显色剂后，再加入硫酸溶液摇匀，5~10 min 后再测定。

3. 结果计算

水样中六价铬的含量 C（mg/L）按式（3-9）计算：

$$C=\frac{m}{V} \quad (3-9)$$

式中：m——从标准曲线上查得的水样中铬含量，μg；

V——水样的体积，mL。

当六价铬含量小于 0.1 mg/L 时，结果以三位小数表示；当六价铬含量大于等于 0.1 mg/L 时，结果以三位有效数字表示。

4. 注意事项

- 当样品经锌盐沉淀分离法预处理后仍含有机物干扰测定时，可用酸性高锰酸钾氧化法破坏有机物后再测定。

- 样品应用玻璃瓶采集，采集时，用氢氧化钠调节水样的 pH 值约为 8；采集后应尽快测定，不得超过 24 h。

- 所有玻璃器皿内壁需光洁，以免吸附铬离子，不得用重铬酸钾洗液洗涤，可用硝酸-硫酸混合液或合成洗涤剂洗涤，洗涤后要冲洗干净。

（二）流动注射-二苯碳酰二肼光度法（HJ 908—2017）

该方法参考工作流程如图 3-1 所示。在封闭的管路中，将一定体积的试样注入连续流动的酸性载液，试样与试剂在化学反应模块中按特定的顺序和比例混合，在非完全反应的条件下，试样中的六价铬与二苯碳酰二肼生成紫红色化合物，进入流动检测池，于 540 nm 波长处测量吸光度。在一定的范围内，试样中六价铬的浓度与其对应的吸光度呈线性关系。

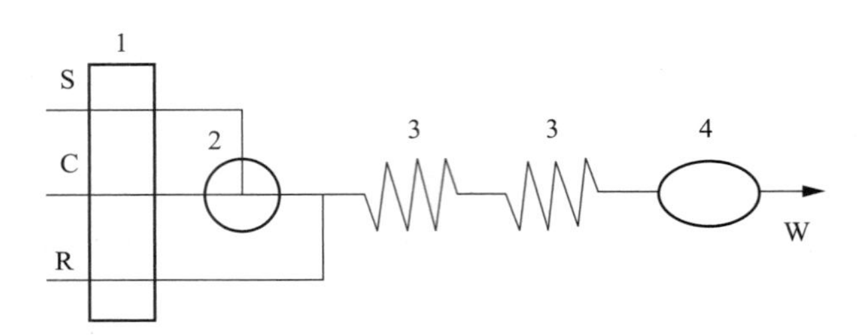

1—蠕动泵；2—注入阀；3—反应环；4—检测池（540 nm）；S—试样；C—载液；R—显色剂；W—废液。

图 3-1　流动注射-二苯碳酰二肼光度法测定六价铬参考工作流程

该方法适用于地表水、地下水和生活污水中六价铬的测定。当检测光程为 10 mm 时，检出限为 0.001 mg/L，测定下限为 0.004 mg/L。未经稀释的样品测定上限为 0.600 mg/L，超出测定上限应稀释后测定。

（三）高锰酸钾氧化-二苯碳酰二肼分光光度法（GB 7466—87）

该方法适用于地表水和工业废水中总铬的测定。试份体积为 50 mL，使用光程长为 30 mm 的比色皿，最低检出浓度为 0.004 mg/L；使用光程为 10 mm 的比色皿，测定上限浓度为 1.0 mg/L。铁含量大于 1 mg/L，显黄色；六价钼和汞也和显色剂反应，生成有色化合物，但在该方法的显色酸度下反应不灵敏；钼和汞的浓度达 200 mg/L，不干扰测定；钒有干扰，其含量高于 4 mg/L 时即干扰显色，但钒与显色剂反应后 10 min 可自行褪色。

1. 方法原理

总铬的测定是将三价铬氧化成六价铬后，用二苯碳酰二肪分光光度法测定。当铬含量高（>1 mg/L）时，也可采用硫酸亚铁铵滴定法。在酸性溶液中，试样的三价铬被高锰酸钾氧化成六价铬，六价铬与二苯碳酰二肼反应生成紫红色化合物，于波长 540 nm处进行分光光度测定。过量的高锰酸钾用亚硝酸钠分解，而过量的亚硝酸钠又会被尿素分解。

2. 测试要点

（1）样品的预处理

一般清洁地表水可直接用高锰酸钾氧化后测定。取适量水样，置于锥形瓶中，用氢氧化铵溶液（1+1）或硫酸溶液（1+1）调至中性，加入几粒玻璃珠，再加入少量硫酸溶液（1+1）、磷酸溶液（1+1），加水，摇匀。加 2 滴高锰酸钾溶液（40 g/L），如紫红色消退，则应添加高锰酸钾溶液保持紫红色，加热煮沸至溶液体积约剩 20 mL，取下冷却，加入尿素溶液（200 g/L），摇匀。用滴管滴加亚硝酸钠溶液，每加一滴充分摇匀，至高锰酸钾的紫红色刚好褪去，稍停片刻，待溶液内气泡逸出，转移至 50 mL 比色管中定容待测。

样品中含有钼、钒、铁、铜干扰测定时，使用铜铁试剂——氯仿萃取除去干扰；当样品中含有大量有机物时，先用硝酸-硫酸进行消解预处理，然后用高锰酸钾氧化处理。也可在消解时用磷酸溶液代替硫酸、磷酸溶液，消除少量铁的干扰。

（2）空白试验

用去离子水代替水样，按照与水样完全相同的处理步骤进行空白试验。

（3）绘制标准曲线

向一系列锥形瓶中分别加入不同体积的铬标准溶液，用水稀释至刻度，然后按照水样的预处理、测定步骤进行处理，从测得的吸光度减去空白试样吸光度，以此为纵坐标，以标准系列铬含量为横坐标，绘制标准曲线。

（4）水样测定

取适量水样置于比色管中，用水稀释至刻线，加入 2 mL 二苯碳酰二肼显色剂，摇匀。10 min 后，在 540 nm 波长处用 10 mm 或 30 mm 光程的比色皿，以水做参比，测定吸光度，减去空白试验吸光度，从标准曲线上查得铬的含量。

3. 结果计算

水样中总铬的含量 C(mg/L) 按式（3-10）计算：

$$C=\frac{m}{V} \tag{3-10}$$

式中：m——从标准曲线上查得的水样中铬含量，μg；

V——水样的体积，mL。

当总铬含量小于 0.1 mg/L 时，结果以三位小数表示；当总铬含量大于等于 0.1 mg/L 时，结果以三位有效数字表示。

4. 注意事项

- 样品应用玻璃瓶采集。采集时，加入硝酸调节样品 pH 值小于 2；采集后应尽快测定，不得超过 24 h。
- 所有玻璃器皿内壁需光洁，以免吸附铬离子；不得用重铬酸钾洗液洗涤，可用硝酸-硫酸混合液或合成洗涤剂洗涤，洗涤后要冲洗干净。

四、总砷的测定

砷元素毒性极低，但是砷的化合物均有剧毒，三价砷化合物毒性最强。砷化合物容易在人体内蓄积，造成急性或慢性中毒。在采矿、冶金、化工、制药、农药生产、玻璃生产、制革等工业废水中，往往含有砷化合物。

测定总砷的标准方法有二乙基二硫代氨基甲酸银分光光度法（GB 7485—87）、硼氢化钾-硝酸银分光光度法（GB 11900—89）、原子荧光法（HJ 694—2014）、电感耦合等离子体质谱法（HJ 700—2014）、电感耦合等离子发射光谱法（HJ 776—2015）。其中，电感耦合等离子体质谱法、电感耦合等离子发射光谱法同总镉测定方法，原子荧光法同总汞测定方法。硼氢化钾-硝酸银分光光度法适用于地表水、地下水和饮用水中痕量砷的测定，不适用于工业废水中总砷的测定。这里主要介绍二乙基二硫代氨基甲酸银分光光度法（GB 7485—87）。

该方法适用于测定水和废水中的砷或总砷。总砷指单体形态、无机和有机化合物中砷的总量。当试样取 50 mL 时，检出限为 0. 007 mg/L，测定上限为含砷0. 50 mg/L。当试样含砷浓度高时，可以用无砷水适当稀释试样再测定。锌、铋干扰测定；铬、钴、铜、镍、汞、银、铂等浓度低于 5 mg/L 时不干扰测定。

1. 方法原理

锌与酸作用，会产生新生态氢，在碘化钾和氯化亚锡存在的情况下，使五价砷还原为三价，三价砷被初生态氢还原成砷化氢（胂），用二乙基二硫代氨基甲酸银，三乙醇胺的氯仿液吸收胂生成红色胶体银，在波长 530 nm 处，测量吸收液的吸光度。

2. 测试要点

（1）水样消解

取适量水样加入砷化氢发生瓶，再加入硫酸和硝酸，在通风橱内煮沸消解至产生白色烟雾，如溶液仍不清澈，可再加硝酸继续加热至产生白色烟雾，直至溶液清澈为止（其中可能存在乳白色或淡黄色酸不溶物）。冷却后，小心加入 25 mL 水，再加热至产生白色烟雾，赶尽氮氧化物。冷却后，加水使总体积为 50 mL。

（2）空白试验

以同体积无砷水代替水样，按照水样的消解和测定步骤进行处理和测试。

（3）绘制标准曲线

取 8 个砷化氢发生瓶，分别加入 0. 00 mL、1. 00 mL、2. 50 mL、5. 00 mL、10. 00 mL、15. 00 mL、20. 00 mL、25. 00 mL 砷标准溶液，并用水加到 50 mL，再分别加入硫酸、碘化钾溶液、氯化亚锡溶液，混匀，放置 15 min。取 5. 0 mL 吸收液至吸收管中，插入导气管。分别加入硫酸铜溶液和无砷锌粒，立即将导气管与发生瓶连接，保证反应器密闭。在室温下，维持反应 1 h，使砷完全释出，加氯仿将吸收体积补到 5. 0 mL。用 10 mm比色皿，以氯仿为参比，在 530 nm 波长下测量吸光度，减去空白试验所测得的吸光度，以修正的吸光度为纵坐标，以标准溶液的砷含量为横坐标，绘制标准曲线。每次使用新试剂时，要重新绘制标准曲线。

（4）水样测定

向消解处理后的水样中加入碘化钾溶液、氯化亚锡溶液，混匀，放置 15 min。取 5. 0 mL吸收液至吸收管中，插入导气管。分别加入硫酸铜溶液和无砷锌粒，立即将导气管与发生瓶连接，保证反应器密闭。在室温下，维持反应 1 h，使砷完全释出，加氯仿将吸收体积补到 5.0 mL。用 10 mm 比色皿，以氯仿为参比，在 530 nm 波长处测量吸光度，减去空白试验所测得的吸光度，以修正的吸光度从标准曲线上查出试样中的含砷量。

3. 结果计算

水样中总砷的含量 C(mg/L) 按式（3-11）计算：

$$C=\frac{m}{V} \tag{3-11}$$

式中：m——从标准曲线上查得的试样中砷含量，μg；

V——水样的体积，mL。

以平行测定结果的算术平均值为测定结果，根据有效数字的规则，结果用两位或三位有效数字表示均可。

4. 注意事项

- 砷化氢为剧毒，整个测试反应应在通风橱内或通风良好的室内进行。
- 在消解破坏有机物的过程中，勿使溶液变黑，否则可能带来砷的损失。
- 产生的红色反应物可以稳定存在 2.5 h，必须在此时间内完成光度测定。
- 锌粒的规格（粒度）对砷化氢的发生有影响，表面粗糙的锌粒还原效率高，规格以 10~20 目为宜，粒度较大时，应适当增加用量。
- 夏天高温季节，还原反应激烈，可适当减少硫酸溶液的用量或将砷化氢发生瓶放入冷水中使反应缓和。

五、总铅的测定

铅是一种有毒重金属元素，可在人体或动植物体内蓄积，引发贫血、神经机能失调和肾损伤等。蓄电池、冶炼、五金、机械加工、涂料和电镀工业排放的废水中通常含有铅。

测定总铅的标准方法有双硫腙分光光度法（GB 7470—87）、原子吸收分光光度法（GB 7475—87）、电感耦合等离子体质谱法（HJ 700—2014）、电感耦合等离子发射光谱法（HJ 776—2015）。其中，后三种方法与总镉测定方法相同，这里主要介绍双硫腙分光光度法。

该方法适用于测定天然水和废水中的微量铅，也适用于水样经酸消解处理后测定水样中的总铅量。测定的铅浓度应为 0.01~0.30 mg/L，当铅浓度超过 0.30 mg/L 时，水样需稀释后再进行测定。使用 10 mm 比色皿，100 mL 水样，用 10 mL 双硫腙萃取时，最低检出浓度为 0.01 mg/L。

1. 方法原理

在 pH 为 8.5~9.5 的氨性柠檬酸盐-氰化物的还原性介质中，铅会与双硫腙作用生成淡红色的双硫腙铅螯合物，该螯合物被氯仿萃取后，于 510 nm 波长下进行光度测量，可求出铅的含量。

2. 测试要点

（1）水样消解

准确移取适量水样，加入硝酸，在电热板上加热消解到 10 mL 左右，稍冷却，再加入硝酸和高氯酸继续加热消解，蒸发至近干（但勿蒸干），冷却后用硝酸溶液温热溶解残渣，再冷却后用快速滤纸过滤，滤纸用硝酸溶液洗涤数次，滤液用硝酸溶液稀释定容供测定用。

（2）空白试验

用无铅去离子水代替水样，按照水样消解和测定步骤进行处理，使用的试剂量均相同。每分析一批试样，要平行做两个空白试验。

（3）绘制标准曲线

取 8 个分液漏斗，分别加入铅标准工作溶液 0.00 mL、0.50 mL、1.00 mL、5.00 mL、7.50 mL、10.00 mL、12.50 mL、15.00 mL，再加入适量无铅去离子水以补充到 100 mL，加入 10 mL 硝酸溶液（1+4）和 50 mL 柠檬酸盐-氰化钾还原性溶液，摇匀后冷却到室温，加入 10 mL 双硫腙工作溶液，塞紧后剧烈摇动分液漏斗 30 s，然后放置分层。在分液漏斗的茎管内塞入一小团无铅脱脂棉花，然后放出下层有机相，弃去 1～2 mL氯仿层后的萃取液注入 10 mm 比色皿，以双硫腙工作溶液为参比，在 510 nm 波长处测量吸光度，以扣除试剂空白的吸光度为纵坐标，以铅含量为横坐标，绘制标准曲线，这条线应为通过原点的直线。定期或每次使用一批新试剂时，要检查标准曲线。

（4）水样测定

取适量消解后的水样于分液漏斗中，加入 10 mL 硝酸溶液（1+4）和 50 mL 柠檬酸盐-氰化钾还原性溶液，后续操作与绘制标准曲线步骤相同。用测量所得吸光度扣除空白试验吸光度，再从校准曲线上查出铅含量。

3. 结果计算

水样中总铅的含量 C(mg/L) 按式（3-12）计算：

$$C=\frac{m}{V} \tag{3-12}$$

式中：m——从标准曲线上查得的试样中铅含量，μg；

V——测试用水样的体积，mL。

结果用两位有效数字表示。

4. 注意事项

• 实验使用的玻璃仪器在使用前要先用硝酸清洗，然后依次用自来水、无铅蒸馏水冲洗洁净。

• 水样消解时，严禁将高氯酸加到含有还原性有机物的热溶液中，要预先用硝酸加热处理后才能加入高氯酸，否则会引起剧烈反应而爆炸。

六、总镍的测定

镍具有很好的可塑性、耐腐蚀性和磁性等性能，因此主要被用于钢铁、镍基合金、电镀及电池等领域，广泛用于飞机、雷达等各种军工制造业、民用机械制造业和电镀工业等。此类工业生产废水中往往含有镍。镍是人体必需的生命元素，在激素作用和新陈代谢过程中都有镍的参与，每天需要量为 0.3 mg。缺乏镍可引起糖尿病、贫血、肝硬化、尿毒症、肾衰、肝脂质和磷脂质代谢异常等病症。镍也是最常见的致敏性金属，摄入过量可导致中毒，出现皮肤炎、呼吸器官障碍及呼吸道癌症等症状。

测定总镍的标准方法有丁二酮肟分光光度法（GB 11910—89）、火焰原子吸收分光光度法（GB 11912—89）、电感耦合等离子体质谱法（HJ 700—2014）、电感耦合等离子发射光谱法（HJ 776—2015）。其中，后两种方法与总镉测定方法相同，这里只介绍前两种方法。

（一）丁二酮肟分光光度法（GB 11910—89）

该方法适用于工业废水及受到镍污染的环境水体总镍的测定。当取样体积为 10 mL 时，测定浓度上限为 10 mg/L，最低检出浓度为 0.25 mg/L。当浓度超出此范围时，可以适当多取水样或稀释水样测定。

1. 方法原理

在氨溶液中，碘存在的情况下，镍与丁二酮肟（二甲基乙二醛肟）作用形成组成比为1∶4 的酒红色可溶性络合物，于波长 530 nm 处进行分光光度测定。

2. 测试要点

（1）水样消解

取适量水样于烧杯中，加入硝酸后置于电热板上，在近沸状态下蒸发至近干，冷却后再加入硝酸和高氯酸，继续加热消解，蒸发至近干。冷却后用硝酸溶液（1+99）溶解；若溶液仍不清澈，则重复上述操作，直至溶液清澈为止。将溶解液转移到容量瓶中，用少量水冲洗烧杯后转移到容量瓶中，不用定容，待测定。

（2）空白试验

以去离子水代替水样，按照水样的消解和测定步骤进行空白试验，所用试剂及用量与测定水样相同。

（3）绘制标准曲线

取 8 个容量瓶，分别加入 0.0 mL、0.5 mL、1.0 mL、2.0 mL、2.5 mL、3.0 mL、4.0 mL、5.0 mL 镍标准工作溶液，加水至 10 mL，加 2 mL 柠檬酸铵溶液，然后加 1 mL 碘溶液（0.05 mol/L），加水至 20 mL，摇匀，加 2 mL 丁二酮肟溶液，摇匀，加 2 mL Na_2-EDTA 溶液，加水至标线，摇匀。以水为参比，在 530 nm 波长处测量吸光度，绘制标准曲线。

（4）水样测定

在装有消解水样的容量瓶中加水至约 10 mL，加入 1 mL 氢氧化钠溶液（2 mol/L）使溶液呈中性，加 2 mL 柠檬酸铵溶液（500 g/L）。后续步骤与绘制标准曲线相同。测量的水样吸光度扣除空白吸光度后，通过标准曲线方程计算镍含量。

3. 结果计算

水样中总镍的含量 C(mg/L) 按式（3-13）计算：

$$C=\frac{m}{V} \tag{3-13}$$

式中：m——从标准曲线上查得的水样中镍含量，μg；

V——测试用水样的体积，mL。

结果用两位有效数字表示。

4. 注意事项

● 测试时，在加入碘溶液后，必须加水至约 20 mL 并摇匀，否则加入丁二酮肟后不能正常显色。

● 必须在加入丁二酮肟溶液并摇匀后再加入 Na_2-EDTA 溶液，否则将不显色。

● 在低于 20℃室温下显色时，络合物吸光度至少在 1 h 内不变，否则络合物的吸光度稳定性随温度升高而下降。在此情况下，须在较短时间（15 min）内进行显色测定，且样品测定与绘制标准曲线的显色时间应尽量一致。

● 废水中存在的铁、钴、铜离子会干扰测定，加入 Na_2-EDTA 溶液可消除铁（300 mg/L）、钴（100 mg/L）及铜（50 mg/L）对镍（小于 5 mg/L）测定的干扰。若铁、钴、铜的含量超过上述浓度，可采用丁二酮肟-正丁醇萃取分离去除干扰。

（二）火焰原子吸收分光光度法（GB 11912—89）

该方法适用于工业废水及受到污染的环境水样中镍或总镍的测定。最低检出浓度为 0.05 mg/L，测定范围为 0.2～5.0 mg/L。在测定总镍时，水样采集后要立即加入硝酸调节 pH 值为 1～2。

1. 方法原理

将试液喷入空气-乙炔贫燃火焰中。在高温下，镍化合物离解为基态原子，其原子蒸气会对锐线光源（镍空心阴极灯）发射的特征谱线（232.0 nm）产生选择性吸收。在一定条件下，吸光度与试液中镍的浓度成正比。

2. 测试要点

（1）水样消解

取适量水样加入烧杯，加 5 mL 硝酸后置于电热板上，在近沸状态下将样品蒸发至近干。冷却后再加入硝酸，重复上述操作一次。如果消解不完全，再加入硝酸或高氯酸，直到消解完全。用硝酸溶液（1+99）溶解残渣转移到容量瓶，若有不溶沉淀，应通过定量滤纸过滤至容量瓶，加硝酸溶液至标线，摇匀。

（2）空白试验

用去离子水代替水样，按照水样采集后加酸调节 pH 值、消解、测定的步骤进行试验，试剂用量与处理水样相同。

（3）绘制标准曲线

用硝酸溶液稀释镍标准工作溶液，配制至少 5 个标准溶液，浓度均匀分布在 0.2~5.0 mg/L 范围内。按所选择的仪器工作参数调好仪器，用硝酸溶液调零后，浓度由低到高依次测量标准溶液的吸光度，以减去空白吸光度后的数值为纵坐标，以标准溶液浓度为横坐标，绘制标准曲线。

（4）水样测定

在测量标准溶液的同时，测量空白和水样。根据扣除空白后水样的吸光度，从标准曲线上查出试样中镍的含量。

3. 结果计算

水样中总镍的含量 C(mg/L) 按式（3-14）计算：

$$C=\frac{C_1\times V_1}{V} \tag{3-14}$$

式中：C_1——从标准曲线上查得的试样中镍含量，mg/L；

V_1——消解后的定容体积，mL；

V——测试用水样的体积，mL。

结果用两位有效数字表示。

4. 注意事项

- 该方法基体干扰不显著，但当无机盐浓度较高时，会产生背景干扰，采用背景校正器校正。在测量浓度偏高时，也可采用稀释法。
- 使用 232.0 nm 作吸收线，存在波长相距很近的镍三线，选用较窄的光谱通带可以克服邻近谱线的光谱干扰。

七、总铍的测定

铍作为一种新兴材料日益被重视，广泛应用于原子能、火箭、导弹、航空、宇宙航行以及冶金工业中，这类行业排放的生产废水中往往含有少量铍。铍及其化合物都有剧毒，被世界卫生组织列为一类致癌物。铍进入人体后，排泄出去的速度极其缓慢，可引起肺炎，也可引起脏器或组织的病变而致癌。

测定铍的标准方法有石墨炉原子吸收分光光度法（HJ/T 59—2000）和铬菁 R 分光光度法（HJ/T 58—2000）。这两种方法均可用于地表水和污水中铍的测定。

（一）石墨炉原子吸收分光光度法（HJ/T 59—2000）

该方法适用于地表水和污水中可虑态铍或总铍的测定。该方法的检出限为 0.02 μg/L，测定范围为 0.2~0.5 μg/L。钾、钠、钙、镁、锰、铬、铁等离子对测定有一定干扰，最大允许存在的浓度分别为 700 mg/L、1600 mg/L、700 mg/L、80 mg/L、100 mg/L、50 mg/L、5 mg/L。

1. 方法原理

铍在热解石墨炉中被加热原子化，成为基态原子蒸气，会对空心阴极灯发射的特征辐射进行选择性吸收。在一定浓度范围内，其吸收强度与试液中铍的含量成正比。

2. 测试要点

（1）水样预处理

测定铍的总量时，水样采集后立即加入优级纯浓硫酸，使其 pH 值为 1~2。

（2）空白试验

用去离子水代替水样，按照水样预处理和测定步骤相同的试剂和用量处理，测定空白试样。

（3）绘制标准曲线

准确移取铍标准使用液 0.00 mL、0.05 mL、0.10 mL、0.20 mL、0.30 mL、0.40 mL、0.50 mL 于 10 mL 比色管中，加入铝溶液（10 mg/mL）、硫酸溶液（1+1），用水稀释至标线，摇匀，然后按照水样测定的条件，浓度由低到高依次测定标准溶液系列的吸光度。以减去空白溶液吸光度后的数值为纵坐标，以铍的含量为横坐标，绘制标准曲线。

（4）水样测定

取适量水样，置于 10 mL 比色管中，加入铝溶液（10 mg/mL）、硫酸溶液（1+1），用水稀释至标线，摇匀备测。按照仪器使用说明书调节仪器至最佳工作条件，测定试液的吸光度。不同型号仪器的最佳测试条件不同，可根据使用说明书自行选择。通常采用的测量条件见表 3-5。

表 3-5 仪器使用参数

测定元素	测定波长（nm）	通带宽度（nm）	灯电流（mA）	干燥（℃，s）	灰化（℃，s）	原子化（℃，s）	清除（℃，s）	氧气流量（mL/min）	进样量（μL）
铍（Be）	234.9	1.3	12.5	80~120，20	800，20	2600，5	2800，3	200	20

3. 结果计算

水样中总铍的含量 C(μg/L) 按式（3-15）计算：

$$C=\frac{C_1 \times V_1}{V} \tag{3-15}$$

式中：C_1——从标准曲线上查得的铍含量，μg/L；

V_1——水样定容体积，mL；

V——水样体积，mL。

4. 注意事项

石墨炉在使用过程中基线漂移较大，为了减少测定误差，测定过程中要适时用标准溶液进行校正。

（二）铬菁 R 分光光度法（HJ/T 58-2000）

该方法适用于地表水和污水中总铍的分析，检出限为 0.2 μg/L，测定范围为 0.7~40 μg/L。水样存在下述阳离子或阴离子会对测定有一定的干扰。最大允许存在浓度分别为 150 mg/L（Ca^{2+}、Mg^{2+}、Mn^{2+}、Cd^{2+}）、100 mg/L（Fe^{3+}、Ni^{2+}）、80 mg/L（Cu^{2+}、Zn^{2+}）、40 mg/L（Pb^{2+}、Al^{3+}）、30 mg/L（Ti^{4+}）、250 mg/L（NO_3^-、SO_4^{2-}）、45 mg/L（PO_4^{3-}）。

1. 方法原理

在 pH 值为 5 的缓冲介质中，铍离子与铬菁 R（$C_{23}H_{15}O_9SNa_3$, ECR）、氯代十六烷基吡啶（CPC）生成稳定的紫色胶束络合物。络合物的最大吸收波长为 582 nm。在一定浓度范围内，吸光度与铍的浓度成正比。

2. 测试要点

（1）水样预处理

水样采集后，如不能立即分析，需用优级纯浓盐酸将水样酸化至 pH 值为 1~2。取适量样品（含铍量不超过 0.4 μg）注入 10 mL 比色管，并用水稀释至约 5 mL。当水样中存在的 PO_4^{3-} 超过铍含量 1500 倍时，会产生严重负干扰。显色前，在试样中加入酒石酸钾钠溶液，可以消除干扰。当水样中存在的 F^- 超过铍含量 6 倍时，会产生严重负干扰。显色前，先将试样置于 50 mL 小烧杯内，加入 2 mL 浓硫酸加热蒸干，加少量水溶解残渣，然后小心洗入 10 mL 比色管中（溶液体积不宜超过 5 mL），可以消除干扰。加入 EDTA-TEA 溶液，可以消除一般金属和非金属离子的干扰。

（2）空白试验

以去离子水代替水样，按照水样预处理和测试步骤操作，所用试剂种类和用量与水样使用的相同。

（3）绘制标准曲线

准确移取铍标准使用液 0.00 mL、0.10 mL、0.20 mL、0.30 mL、0.50 mL、1.00 mL、2.00 mL、3.00 mL、4.00 mL，分别注入 9 个比色管，用少量水冲洗管壁。以下按水样测定步骤进行显色，以零浓度溶液为参比测定吸光度。以测得的吸光度为纵坐标，以对应的铍含量为横坐标，绘制标准曲线，并进行相应的回归计算。

（4）水样测定

未经预处理的水样，先用氨水或稀盐酸调至弱酸性或中性。经过预处理的水样，可直接加入 EDTA-TEA 溶液、对硝基酚溶液，摇匀。逐滴加入盐酸溶液（边滴加边振摇）至溶液由黄色刚好变为无色，再加入铬菁 R 溶液、六次甲基四胺缓冲溶液（HMT）、CPC 溶液，用水稀释至标线，摇匀。放置 20 min 后测量。用 20 mm 比色皿，于波长 582 nm 处，以空白试验溶液为参比测定吸光度。从标准曲线上查出试样中的含铍量或用回归方程进行计算。

3. 结果计算

水样中总铍的含量 C(μg/L) 按式（3-16）计算：

$$C=\frac{m\times1000}{V} \tag{3-16}$$

式中：m——从标准曲线上查得的铍含量，μg；

V——水样的体积，mL。

4. 注意事项

- 测试和采样所使用的玻璃器皿，在使用前，应先用盐酸溶液（1+9）浸泡 24 h，再用水仔细清洗。
- HMT 缓冲溶液放置一段时间易产生游离氨，使用前需重新调节 pH 值。
- 铍化合物为剧毒物质，操作时应小心，尽可能在通风橱内进行。

八、总银的测定

银及银基复合材料在电子电器、化工、感光材料行业应用比较广泛，此类行业生产废水中往往含有一定量的银。银的离子以及化合物对人体几乎无害，但是对某些细菌、病毒、藻类以及真菌毒性较强；在抗生素发明以前，银的相关化合物曾被用于防止感染。长期接触银及其化合物也会引发银质沉着症，严重的皮肤表面会呈现灰蓝色。银离子具有优异的杀菌性能，对水体中的微生物危害巨大，因此，被列为一类污染物进行监控。

银的标准测试方法有火焰原子吸收分光光度法（GB 11907—89）、3，5-Br_2-PADAP 分光光度法（HJ 489—2009）、镉试剂 2B 分光光度法（HJ 490—2009）、电感耦合等离子体质谱法（HJ 700—2014）、电感耦合等离子发射光谱法（HJ 776—2015）。其中，后两种方法与总镉测定方法相同，这里只介绍前三种方法。

（一）火焰原子吸收分光光度法（GB 11907—89）

该方法适用于感光材料生产、胶片洗印、镀银、冶炼等行业排放废水及受银污染的地表水中银的测定，最低检出浓度为 0.03 mg/L，测定上限为 5.0 mg/L。可以通过稀释或浓缩方式扩大测试范围。当水中存在大量的氯化物、溴化物、碘化物、硫代硫酸盐时，对该方法有干扰，需要通过消解处理消除干扰。

1. 方法原理

将消解处理后的待测水样吸入火焰，火焰类型为空气-乙炔，氧化型（蓝色）。在火焰中，银离子被解离为基态原子，该基态原子能够吸收波长为 328.1 nm 的特征电磁辐射，测得的吸光度与水样中银离子含量成正比。通过与标准溶液的吸光度比较，可以确定试样中银的浓度。

2. 测试要点

（1）水样消解

取适量水样置于烧杯中，加水至50 mL。依次加入一定量的浓硝酸、浓硫酸、过氧化氢试剂，在电热板上加热至冒白烟。冷却后加入适量高氯酸，加盖表面皿继续加热至冒白烟，蒸至近干。冷却后加入硝酸溶液（1+1）溶解残渣，然后小心用水洗入容量瓶中，定容，摇匀，待测。

（2）空白试验

用去离子水代替水样，按水样消解和测试步骤操作，试剂种类和用量与水样相同。

（3）绘制标准曲线

取5个以上容量瓶，分别加入硝酸溶液（1+1）及不同体积银标准溶液，配制出5个以上标准工作溶液，其浓度范围应包括试样中被测银的浓度，浓度由低到高依次与水样一起进行测试。以减去空白的吸光度为纵坐标，以标准溶液银浓度为横坐标，绘制标准曲线。

（4）水样测定

参照仪器使用说明书调节仪器至最佳工作条件，测定水样的吸光度。

3. 结果计算

水样中总银的含量 C(mg/L) 按式（3-17）计算：

$$C = C_1 \times f \tag{3-17}$$

式中：C_1——从标准曲线查得的银含量，mg/L；

f——水样稀释倍数。

4. 注意事项

● 水样采集时，一般用聚乙烯瓶贮存样品，用浓硝酸将水样酸化到pH值为1~2，并尽快分析。感光材料的生产、胶片洗印及镀银等行业的废水，样品采集后不能加酸，并应立即进行分析。含银水样应避免光照。

● 试样在消解过程中不宜蒸干，否则银会有损失；当样品成分复杂，含有机质较多或有沉淀时，应用硝酸-高氯酸反复消解几次，直至溶液澄清为止。

● 当水样中有沉淀或悬浮物时，如胶片洗印废水等，消解时要摇匀后取样。

（二）3,5-Br_2-PADAP分光光度法（HJ 489—2009）

该方法适用于感光材料生产、胶片洗印、镀银、冶炼等行业的排放废水及受银污染的地表水中银的测定，最低检出浓度为0.02 mg/L，测定上限为1.0 mg/L。经适当浓缩和稀释，可以扩大测定范围。

1. 方法原理

十二烷基硫酸钠存在条件下，在pH值为4.5~8.5的乙酸盐缓冲介质中，银会与3,5-Br_2-PADAP生成稳定的紫红色络合物，其颜色深度与银的浓度成正比，络合物的最大吸收波长为570 nm，试剂的最大吸收波长为470 nm。

2. 测试要点

（1）水样消解

取适量水样倒入烧杯内，依次加入浓硝酸、浓硫酸、过氧化氢试剂，加盖表面皿，在电热板上小心加热至沸腾，继续加热 5~10 min 后取下冷却。再加入少量高氯酸，在电热板上蒸发至近干。冷却后，加 1 mL 硝酸溶液（1 mol/L），以少许水冲洗杯壁，移至电热板上温热溶解盐类。然后，转入容量瓶定容。当水样中存在铁、铜、钴等离子干扰时，可以加入 EDTA-2Na 溶液掩蔽。

（2）空白试验

用去离子水代替水样，其他操作与水样测试步骤完全相同。

（3）绘制标准曲线

取 8 个容量瓶，分别加入不同体积的银标准使用液，用少量水洗涤管壁。再分别加入柠檬酸钠溶液，滴加 1 滴甲基橙指示剂，滴加氢氧化钠溶液使水样由红变黄，然后依次加入乙酸-乙酸钠缓冲溶液、EDTA-2Na 溶液、十二烷基硫酸钠溶液、2 mL 3，5-Br_2-PADAP 乙醇溶液（每加一种试剂后，均需摇匀）。用水稀释至标线，摇匀。放置 20 min 后，于 570 nm 波长处，测量吸光度。以水为参比，测量试剂空白（零浓度）的吸光度。以减去试剂空白（零浓度）的吸光度为纵坐标，以对应的银含量（μg）为横坐标，绘制标准曲线。

（4）水样测定

取适量经消解的水样置于容量瓶中，用少量水洗涤管壁，以下操作按照绘制标准曲线步骤进行。从标准曲线上查出样品中的含银量或用回归方程进行计算。

3. 结果计算

水样中总银的含量 C(mg/L) 按式（3-18）计算：

$$C=\frac{m}{V} \tag{3-18}$$

式中：m——从标准曲线上查得的银含量，μg；

V——水样的体积，mL。

4. 注意事项

- 测定银的水样，应用聚乙烯瓶收集和贮存，用浓硝酸将水样酸化至 pH 值为 1~2，并尽快分析。采集的水样应避光保存。
- 水样消解时，切勿蒸干，否则测定结果会偏低。当有机质浓度较高时，要用硝酸-高氯酸反复消解，直至溶液呈淡黄色或无色。

（三）镉试剂 2B 分光光度法（HJ 490—2009）

该方法适用于受银污染的地表水及感光材料生产、胶片洗印、镀银、冶炼等行业的工业废水中银的测定。试份体积为 25 mL，使用光程为 10 mm 的比色皿时，该方法检出限为 0.01 mg/L，测定下限为 0.04 mg/L，测定上限为 0.8 mg/L。

1. 方法原理

在曲力通 X-100（Triton X-100）存在下的四硼酸钠缓冲介质中，镉试剂 2B 与银离子生成络合比为 4∶1 的稳定的紫红色络合物。该络合物至少可以稳定 24 h，且颜色强度与银的浓度成正比，最大吸收波长为 554 nm。镉试剂 2B 是棕褐色的固体粉末，在弱酸或碱性介质中以分子形式存在，试剂为黄色，最大吸收波长为 445 nm。

2. 测试要点

（1）水样预处理

取适量水样于烧杯内，依次加入浓硝酸、浓硫酸和少量过氧化氢试剂，在电热板上缓慢加热至冒白烟。取下冷却后，加入高氯酸，加盖表面皿，继续加热至近干。冷却后，加少量硝酸溶液（1+1），再用少许水冲洗杯壁，微热溶解残渣。然后，洗入容量瓶中，溶液体积不宜超过 15 mL。

当存在 Cd^{2+}、Cu^{2+}、Ni^{2+}、Zn^{2+}、Pb^{2+}、Mn^{2+}、Fe^{3+}、Fe^{2+}、La^{3+}、Co^{2+}、Hg^{2+}、Al^{3+}、Cr^{3+}、Pd^{2+}、Y^{3+}等离子干扰时，可以加入适量 EDTA-2Na 溶液进行掩蔽。

（2）空白试验

用去离子水代替水样，其他与水样测试步骤完全相同。

（3）绘制标准曲线

取 7 个容量瓶，分别加入不同体积银标准溶液，再分别加入 EDTA-2Na 溶液，滴加 1 滴甲基橙指示剂，用氢氧化钠溶液（1 mol/L）调至指示剂刚好变黄。依次加入四硼酸钠溶液、曲力通 X-100 溶液和镉试剂 2B 乙醇溶液，用水稀释至标线，摇匀。放置 10 min 后，于 554 nm 波长处，以水为参比测量吸光度。以减去试剂空白（零浓度）后的吸光度为纵坐标，以标准溶液中银含量为横坐标，绘制校准曲线。

（4）水样测定

准确移取一定体积水样置于容量瓶中，按照绘制标准曲线步骤进行操作。将扣除空白的吸光度代入标准曲线，查出试样中的含银量或用回归方程进行计算。

3. 结果计算

计算方法同式（3-18）。

4. 注意事项

- 水样应用聚乙烯瓶收集和贮存，用浓硝酸将水样酸化到 pH 值为 1～2，并尽快分析。但是，感光材料生产和胶片洗印、镀银等行业的废水，采集后不加酸，立即进行分析。
- 采集的水样应避免光照。
- 消解时，如果样品复杂，含有机物质较多或有沉淀等，可多加硝酸反复消解，较清洁样品加硝酸和高氯酸一次消解即可。在消解过程中，不宜蒸干；否则，银会有损失。

九、苯并（a）芘的测定

苯并（a）芘（benzoapyrene）是一种五环多环芳香烃，化学式为 $C_{20}H_{12}$，英文表示苯并（a）芘。作为一种突变原和致癌物质，苯并（a）芘在体内代谢会产生二羟环氧苯并芘，产生致癌性的物质，已经发现它与许多癌症有关。苯并（a）芘主要存在于煤焦油中，以及焦化、炼油、沥青、塑料等工业污水中。地表水中的苯并（a）芘除了工业排污外，主要来自洗刷大气的雨水。

苯并（a）芘的标准测试方法有乙酰化滤纸层析荧光分光光度法（GB 11895—89）、液液萃取和固相萃取高效液相色谱法（HJ 478—2009）。其中，液液萃取和固相萃取高效液相色谱法不仅可以测量苯并（a）芘，还可以测量其他 15 种多环芳烃（PAHs），最低检出浓度远低于乙酰化滤纸层析荧光分光光度法，可以达到 ng/L 数量级。

（一）乙酰化滤纸层析荧光分光光度法（GB 11895—89）

该方法适用于饮用水、地表水、生活污水、工业废水中苯并（a）芘的测定，最低检出浓度为 0.004 mg/L。

1. 方法原理

水中多环芳烷及环己烷可溶物经环己烷萃取（水样必须充分摇匀），萃取液用无水硫酸钠脱水、浓缩，而后经乙酰化滤纸分离。分离后的苯并（a）芘用荧光分光光度计测定。

2. 测试要点

（1）水样的预处理

• 萃取、脱水、浓缩：取混合均匀的水样 1000 mL，放入分液漏斗中，每次用 50 mL环己烷萃取两次，在康氏振荡器上每次振荡 3 min，取下放气，静置半小时。待分层后，将两次环己烷萃取液收集于具塞锥形瓶中，弃去水相部分。在环己烷萃取液中加入 20~50 g 无水硫酸钠，静置 1~2 h 至完全脱水（锥形瓶底部无水为止）。如果环己烷萃取液颜色比较深，则将脱水后的环己烷定容至 100 mL，分取其一定体积浓缩；如果颜色不深，则全部浓缩。在温度为 70~75℃，用 KD 浓缩器减压浓缩至近干，用苯洗涤浓缩管壁 2 次，每次用 3 滴，再浓缩至 0.05 mL，以备纸层析用。如果处理石油或含油废水，要在浓缩前用二甲基亚砜（DMSO）试剂萃取 2 次，具体操作见 GB 11895 标准文件。

• 纸层析分离：在乙酰化滤纸 30 cm 长的下端 3 cm 处用铅笔画一横线，横线两端各留出 1.5 cm。以 2.4 cm 的间隔将标准苯并（a）芘与水样浓缩液用玻璃毛细管交叉点样，用冷风吹干，每支浓缩管洗 2 次，全部点在纸上，将滤纸挂在层析缸内架子上，加入展开剂，直到滤纸下端浸入展开剂 1 cm 为止，加盖并用透明胶纸密封，于暗室中展开 2~4 h，取出层析滤纸，在紫外分析仪照射下用铅笔圈出标样苯并（a）芘斑点以及样品中与其高度相同的紫蓝色斑点范围。剪下用铅笔圈出的斑点，剪成小条分别放入具塞离心管中。在 105～110℃ 烘箱中烘 10 min（也可以在干燥器或干净空气中晾干）。在干燥器内冷却后，加入丙酮至标线，振荡 1 min 后以 3000 r/min 的速度离心 2 min，上清液待测。

（2）水样测定

将标准苯并（a）芘斑点和样品斑点的丙酮洗脱液分别注入 10 mm 的石英比色皿，在激发、发射狭缝分别为 10 nm、2 nm，激发波长为 367 nm 处，测其发射波长 402 nm、405 nm、408 nm 处的荧光强度 F。

3. 结果计算

用窄基线法按式（3-19）计算出标准苯并（a）芘和水样苯并（a）芘的相对荧光强度，再用式（3-20）计算出水样中苯并（a）芘的含量 C（μg/L）（用相对比较计算法）。

$$F = F_{405\ \mathrm{nm}} - \frac{F_{402\ \mathrm{nm}} + F_{408\ \mathrm{nm}}}{2} \tag{3-19}$$

$$C = \frac{m \times F_{水样}}{F_{标准} \times V} \times R \tag{3-20}$$

式中：m——标准苯并（a）芘点样量，μg；

F——相对荧光强度；

$F_{标准}$——标准苯并（a）芘的相对荧光强度；

$F_{水样}$——水样斑点的相对荧光强度；

V——水样体积，L；

R——环己烷提取液总体积与浓缩时所取的环己烷提取液体积的比值。

4. 注意事项

- 由于苯并（a）芘的强致癌性，测试时必须戴抗有机溶剂的手套，溶液转移、定容、点样等操作应在白搪瓷盘中进行。室内应避免阳光直接照射，保持通风良好。
- 分液漏斗的活塞上禁用油性润滑剂，活塞直接用水或有机溶剂润滑即可。
- 水样应贮于玻璃瓶中并避光，当日（24 h 内）用环己烷萃取，环己烷萃取液放入冰箱中保存。
- 测量后的苯并（a）芘丙酮洗脱液切勿随意丢弃，可放入通风柜中的专用大烧杯中，统一处理。所用玻璃器皿必须用洗液浸泡 4 h 以上再洗涤。

（二）液液萃取和固相萃取高效液相色谱法（HJ 478—2009）

该方法适用于饮用水、地下水、地表水、海水、工业废水及生活污水中 16 种多环芳烃，即萘、苊、芴、二氢苊、菲、蒽、荧蒽、芘、苯并（a）蒽、䓛、苯并（b）荧蒽、苯并（k）荧蒽、苯并（a）芘、茚并（1，2，3-cd）芘、二苯并（a，h）蒽、苯并（ghi）苝的测定。液液萃取法适用于饮用水、地下水、地表水、工业废水及生活污水中多环芳烃的测定，固相萃取法适用于清洁水样中多环芳烃的测定。这里主要介绍液液萃取法。

当萃取样品体积为 1 L 时，该方法的检出限为 0.002～0.016 μg/L［苯并（a）芘为 0.004 μg/L］，测定下限为 0.008～0.064 μg/L［苯并（a）芘为 0.016 μg/L］。萃取样品体积为 2 L，苯并（a）芘的检出限为 0.0004 μg/L，测定下限为 0.0016 μg/L。

1. 方法原理

用正己烷或二氯甲烷萃取水中多环芳烃（PAHs），萃取液经硅胶或弗罗里硅土柱净化，用二氯甲烷和正己烷的混合溶剂洗脱，洗脱液浓缩后，用具有荧光/紫外检测器的高效液相色谱仪分离检测。

2. 测试要点

（1）水样预处理

废水样品预处理包括萃取、浓缩和净化三个步骤。第一步，萃取。摇匀水样，量取适量水样（萃取所用水样体积根据水质情况可适当增减）倒入分液漏斗，加入十氟联苯、氯化钠、二氯甲烷或正己烷，振摇后静置分层，收集有机相，放入接收瓶，重复萃取 2 遍，合并有机相，加入无水硫酸钠至有流动的无水硫酸钠存在。放置半小时后脱水干燥。第二步，浓缩。用浓缩装置浓缩至 1 mL（如萃取液为二氯甲烷，浓缩至 1 mL，加入适量正己烷至 5 mL，重复此浓缩过程 3 次，最后浓缩至 1 mL）。第三步，净化。用 1 g 硅胶柱或弗罗里硅土柱作为净化柱，将其固定在液液萃取净化装置上。先用淋洗液冲洗净化柱，再用正己烷平衡净化柱。将浓缩后的样品溶液加到柱上，再用正己烷洗涤装样品的容器，将洗涤液一并加到柱上，弃去流出的溶剂。被测定的样品吸附于柱上，用二氯甲烷或正己烷（1+1）洗涤吸附有样品的净化柱，收集洗脱液于浓缩瓶中。浓缩至 0.5～1.0 mL，加入 3 mL 乙腈，再浓缩至 0.5 mL 以下，最后准确定容到 0.5 mL 待测。

（2）空白试验

在分析样品的同时，做空白试验，用蒸馏水代替水样，按与样品测定相同的步骤分析，检查分析过程中是否有污染。测试结果应低于方法检出限。空白加标：各组分的回收率在 60%～120%。十氟联苯：回收率在 50%～130%。

（3）绘制标准曲线

取一定量多环芳烃标准使用液和十氟联苯标准使用液于乙腈中，制备至少 5 个浓度点的标准系列，多环芳烃质量浓度分别为 0.1 μg/L、0.5 μg/L、1.0 μg/L、5.0 μg/L、10.0 μg/mL，贮存在棕色小瓶中，于冷暗处存放。色谱条件设置同水样测定。通过自动进样器或样品定量环移取标准使用液注入液相色谱，得到不同浓度的多环芳烃的色谱图（见图 3-2）。不同填料的色谱柱，化合物出峰的顺序有所不同。以峰高或峰面积为纵坐标，以浓度为横坐标，绘制标准曲线。标准曲线的相关系数应大于

0.999，否则，应重新绘制标准曲线。每个工作日应测定曲线中间点溶液，以检验标准曲线。

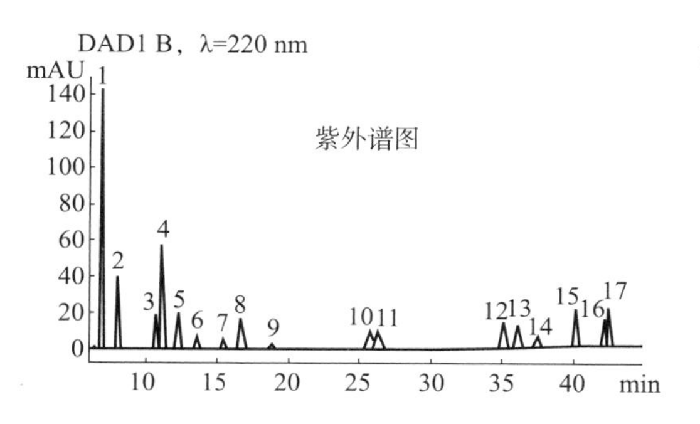

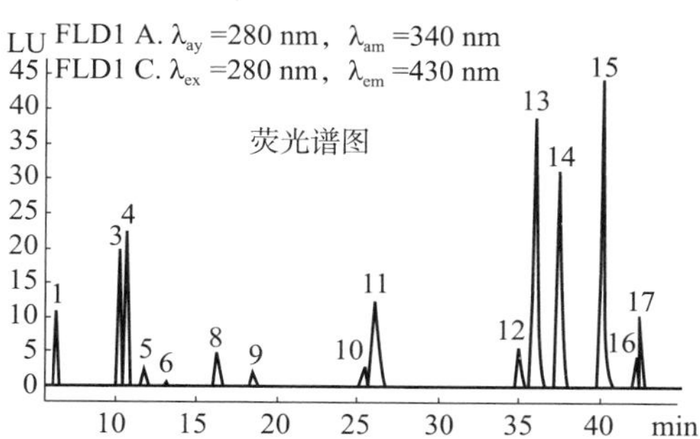

1—萘；2—苊；3—芴；4—二氢苊；5—菲；6—蒽；7—十氟联苯；8—荧蒽；9—芘；10—䓛；11—苯并（a）蒽；12—苯并（b）荧蒽；13—苯并（k）荧蒽；14—苯并（a）芘；15—二苯并（a，h）蒽；16—苯并（ghi）苝；17—茚并（1，2，3-cd）芘。

图 3-2　16 种多环芳烃标准样品的色谱图

（4）水样测定

参照仪器使用说明，设置色谱条件。取少量样品注入高效液相色谱仪中。记录色谱峰的保留时间和峰高（或峰面积）。

乙腈作为洗脱液，色谱条件如下：梯度洗脱程序，65%乙腈+35%水，保持 27 min；以 2.5%乙腈/min 的增量至 100%乙腈，保持至出峰完毕。流动相流量：1.2 mL/min。

甲醇作为洗脱液，色谱条件如下：

梯度洗脱程序：80%甲醇+20%水，保持 20 min；以 1.2%甲醇/min 的增量至 95%甲醇+5%水，保持至出峰完毕。流动相流量：1.0 mL/min。

紫外检测器的波长（λ）：254 nm、220 nm 和 295 nm。

荧光检测器的波长：激发波长 λ_{ex} 为 280 nm，发射波长 λ_{em} 为 340 nm；20 min 后，λ_{ex} 为 300 nm，λ_{em} 为 400 nm、430 nm 和 500 nm。

16 种多环芳烃在紫外检测器上对应的最大吸收波长及在荧光检测器特定的条件下最佳的激发和发射波长见表 3-6。

表 3-6　用紫外和荧光检测器检测多环芳烃时对应的波长　　单位：nm

序号	组分名称	最大紫外吸收波长	激发波长 λ_{ex}	发射波长 λ_{em}
1	萘	219	275	350
2	苊	228	—	—
3	芴	210	275	350
4	二氢苊	225	275	350
5	菲	251	275	350
6	蒽	251	260	420

续表

序号	组分名称	最大紫外吸收波长	激发波长 λ_{ex}	发射波长 λ_{em}
7	荧蒽	232	270	440
8	芘	238	270	440
9	䓛	267	260	420
10	苯并（a）蒽	287	260	420
11	苯并（b）荧蒽	258	290	430
12	苯并（k）荧蒽	240	290	430
13	苯并（a）芘	295	290	430
14	二苯并（a，h）蒽	296	290	430
15	苯并（g，h，i）苝	210	290	430
16	茚并（1，2，3-cd）芘	251	250	500

注："—"表示荧光检测器不适用于苊的测定。

3. 结果计算

按式（3-21）计算样品中多环芳烃的质量浓度：

$$C_i=(C_{ix}\times V_1)\div V \tag{3-21}$$

式中：C_i——样品中组分 i 的质量浓度，μg/L；

C_{ix}——从标准曲线中查得的组分 i 的质量浓度，mg/L；

V_1——萃取液浓缩后的体积，μL；

V——水样体积，mL。

4. 注意事项

• 样品必须采集在预先洗净烘干的采样瓶中，采样前不能用水样预洗采样瓶，以防止样品的沾染或吸附。采样瓶要完全注满，不留气泡。若水中有残余氯存在，要在每升水中加入 80 mg 硫代硫酸钠除氯。

• 样品采集后，应避光于 4℃以下冷藏，在 7 d 内萃取，萃取后的样品应避光于 4℃以下冷藏，在 40 d 内分析完毕。

• 在萃取过程中，如果出现乳化现象，可采用搅动、离心、用玻璃棉过滤等方法破乳，也可采用冷冻的方法破乳。

• 在样品分析时，若预处理过程中溶剂转换不完全（即有残存正己烷或二氯甲烷），会出现保留时间漂移、峰变宽或双峰的现象。

第四节　第二类及其他类水污染物的监测方法

一、悬浮物的测定

水质中的悬浮物是指水样通过 0.45 μm 滤膜过滤截留在滤膜上并于 103～105℃烘

干至恒重的固体物质，也被称为不可滤残渣，是表征水中不溶性物质含量的指标。重量法（GB 11901—89）是测定水中悬浮物的唯一标准方法。该方法适用于地表水、地下水、生活污水和工业废水中悬浮物的测定。

1. 采样

可以用聚乙烯瓶或硬质玻璃瓶采集水样，采样前要用洗涤剂将其洗净，再依次用自来水和蒸馏水将其冲洗干净，采样时用即将采集的水样清洗 3 次，然后采集水样，盖严瓶塞。漂浮或浸没的不均匀固体物质不属于悬浮物质，应从水样中除去。水样采集后，应尽快分析测定，如需放置，应贮存在 4℃冷藏箱中，最长不得超过 7 天。不能加入任何保护剂，以防破坏物质在固、液间的分配平衡。

2. 测试要点

用扁嘴无齿镊子夹取微孔滤膜放于事先恒重的称量瓶里，移入烘箱中，以103~105℃烘干半小时后取出置于干燥器内，冷却至室温，称其重量。反复烘干、冷却、称量，直至两次称量的重量差≤0.2 mg，将恒重的微孔滤膜正确安放在滤膜托盘上，加盖配套的漏斗并用夹子固定好，以蒸馏水湿润滤膜，并不断吸滤。准确量取充分混合均匀的试样 100 mL，抽吸过滤，使水分全部通过滤膜，再以 10 mL 蒸馏水连续洗涤 3 次，继续吸滤以除去痕量水分，停止吸滤后，仔细取出载有悬浮物的滤膜放在原恒重的称量瓶里，移入烘箱中，以 103~105℃烘干一小时后移入干燥器，冷却到室温，称其重量。反复烘干、冷却、称量，直至两次称量的重量差≤0.4 mg 为止。

3. 结果计算

水样中悬浮物含量 C(mg/L) 按式（3-22）计算：

$$C=\frac{(A-B)\times10^{6}}{V} \tag{3-22}$$

式中：A——悬浮物+滤膜+称量瓶重量，g；

B——滤膜+称量瓶重量，g；

V——试样体积，mL。

4. 注意事项

滤膜上截留过多的悬浮物可能夹带过多的水分，除延长干燥时间外，还可能造成过滤困难，遇此情况，可酌情少取试样；滤膜上悬浮物过少，会增大称量误差，影响测定精度，必要时，可增大试样体积。悬浮物重量以 5~10 mg 为佳。

二、pH 值的测定

pH 值是用于衡量水体酸碱性的指标，水体酸碱性的变化会对水生生物和水体自净能力产生重要影响。正常地表水水体 pH 值为 6~9。为了保护环境水体，污水综合排放标准规定，排放的污水 pH 值也为 6~9。

pH 值常用的监测标准方法为电极法（HJ 1147—2020）。在采样现场或实验室均可测试废水的pH值。根据相关标准的要求，pH值一般应在现场测定。还有一种pH值水质自动分析仪（HJ/T 96—2003），在安装调试好后可以自动检测pH值，满足实时在线监测的要求。

（一）电极法（HJ 1147—2020）

电极法适用于地表水、地下水、生活污水和工业废水中pH值的测定，测定范围为0~14。水的颜色、浊度、胶体物质、氧化剂及还原剂均不干扰测定。

1. 方法原理

电极法是一种电位分析方法，pH值由测量原电池的电动势而得。该电池通常由参比电极和氢离子指示电极（玻璃电极）组成。溶液每变化1个pH单位，在同一温度下电位差的改变是常数，据此在仪器上直接以pH值的读数表示。

2. 测试要点

（1）电极选择

测量pH值的电极种类较多，如单电极、复合电极、耐酸碱电极。pH值小于1的强酸性溶液和pH值大于10的强碱性溶液容易产生干扰，会影响测定结果的准确性。为了减少强酸或强碱的干扰，可以选用耐酸碱pH电极，或者选择与被测溶液的pH值相近的标准缓冲溶液对仪器进行校准。

适用离子强度电极：测定电解质低的样品时，选择适用于低离子强度的pH电极测定；测定电解质高（盐度大于5‰）的样品时，选择适用于高离子强度的pH电极测定。

耐氢氟酸电极：测定含高浓度氟的酸性样品时，选用耐氢氟酸pH电极。

（2）测试准备

按照使用说明书对电极进行活化和维护，确认仪器正常工作。

使用pH试纸粗测样品的pH值，根据样品的pH值大小选择两种合适的校准用标准缓冲溶液。两种标准缓冲溶液pH值相差约3个pH单位。样品pH值应尽量在两种标准缓冲溶液pH值范围之间。若超出范围，样品pH值至少与其中一个标准缓冲溶液pH值之差不超过2个pH单位。

手动温度补偿的仪器，将标准缓冲溶液的温度调节至与样品的实际温度相一致，用温度计测量并记录温度。校准时，应将酸度计的温度补偿旋钮调至该温度上。带有自动温度补偿功能的仪器，无须将标准缓冲溶液与样品保持在同一温度，按照仪器说明书进行操作。现场测定时，必须使用带有自动温度补偿功能的仪器。

采用两点校准法，按照仪器说明书选择校准模式，先用中性（或弱酸、弱碱）标准缓冲溶液，再用酸性或碱性标准缓冲溶液校准（如选用更高精度的仪器设备，需使用更高精度的标准缓冲溶液。标准缓冲溶液配制的精确度应满足仪器的要求）。将电极浸入第一个标准缓冲溶液，缓慢搅拌，避免产生气泡，待读数稳定（酸度计1 min内读数变化小于0.05个pH单位，即可视为读数稳定）后，调节仪器示值与标准缓冲溶液的pH值一致。用蒸馏水冲洗电极并用滤纸吸去电极表面水分，浸入第二个标准缓冲溶液，待读数稳定后，调节仪器示值与标准缓冲溶液的 pH 值一致。重复操作，待读数稳定后，仪器的示值与标准缓冲溶液的 pH 值之差应≤0.05 个 pH 单位，否则，应重复校准直至合格〔也可采用多点校准法，按照仪器说明书操作。在测定实际样品时，需采用 pH 值相近（不得大于 3 个 pH 单位）的有证标准样品或标准物质核查〕，使用过的标准缓冲溶液不允许再倒回原瓶中。

（3）水样测定

用蒸馏水冲洗电极并用滤纸边缘吸去电极表面水分。现场测定时，根据使用的仪器取适量样品或直接测定；实验室测定时，将样品沿杯壁倒入烧杯，立即将电极浸入样品中，缓慢搅拌，避免产生气泡。待读数稳定后，记下 pH 值。具有自动读数功能的仪器可直接读取数据。每个样品测定后，用蒸馏水冲洗电极。

3. 结果表示

测定结果保留小数点后一位，并注明样品测定时的温度。当测量结果超出测量范围（0~14）时，以“强酸，超出测量范围”或“强碱，超出测量范围”记录。

4. 注意事项

- 实验过程中产生的废物应分类收集、妥善保管，依法委托有资质的单位进行处理。
- 测定 pH 值大于 10 的强碱性样品时，应使用聚乙烯烧杯。

（二）pH 水质自动分析仪（HJ/T 96—2003）

pH 水质自动分析仪的测定原理与电极法相同。分析仪由检测单元、信号转换器、显示记录、数据处理、信号传输单元等构成。测量的最小范围一般为 pH = 2 ~ 12（0~40℃）。工作电压为单相 220±20 V，频率为 50±0.5 漂移。

1. 基本结构组成

- 采样部分，有完整密闭的采样系统。
- 测量单元，是指将电极浸入试样，产生的信号稳定地传输至显示记录单元。由玻璃电极、参比电极、温度补偿传感器及电极支持部分等构成。温度补偿传感器一般采用铂镍热电耦等温度传感器。电极支持部分包括固定电极的电极套管，由不锈钢、硬质聚氯乙烯、聚丙烯等不受试样侵蚀的材质构成。
- 显示记录单元，即具有将 pH 值以等分刻度、数字形式显示记录、打印下来的功能。
- 数据传输装置。有完整的数据采集、传输系统。
- 附属装置。根据需要可配置以下附属装置：电极清洗装置，即采用水等流体清洗电极的清洗装置等；自动采水装置，即自动采集试样并将其以一定流速输送至测量系统的装置。

2. 仪器校准

（1）校正操作的基本步骤

首先，将电极浸入 pH = 9.180 的标准液，充分搅拌标准液使其流动均匀，将指示值调为标准液的 pH 值，用蒸馏水充分洗净并吸干玻璃电极上的水；其次，将电极浸入 pH=6.865 的标准液，将指示值调为标准液的 pH 值，用蒸馏水充分洗净并吸干玻璃电极上的水；最后，将电极浸入 pH=4.008 的标准液，将指示值调为标准液的 pH 值。交替进行以上操作，调节分析仪，直至显示值与标准液的测定值之差在±0.1pH 以内。

（2）自动分析仪性能校验

pH 自动分析仪的性能必须满足表 3-7 的技术要求。重现性、漂移和响应时间校准周期为每月至少进行一次现场校验，可自动校准或手工校准。

表 3-7　pH 自动分析仪的性能指标及校验方法

项目	性能	校验方法
重复性	±0.1pH 以内	将电极浸入 pH=4.008 的标准液，连续测定 6 次。求出各次测定值与平均值之差，最大差值即为重复性
漂移（pH=9）	±0.1pH 以内	将电极浸入 pH=9.180 的标准液中，读取 5 min 后的测量值为初始值，连续测定 24 h。与初始值比较，计算该段时间内的最大变化幅度
漂移（pH=7）	±0.1pH 以内	将电极浸入 pH=6.865 的标准液中，读取 5 min 后的测量值为初始值，连续测定 24 h。与初始值比较，计算该段时间内的最大变化幅度
漂移（pH=4）	±0.1pH 以内	将电极浸入 pH=4.008 的标准液中，读取 5 min 后的测量值为初始值，连续测定 24 h。与初始值比较，计算该段时间内的最大变化幅度
响应时间①	0.5 min 以内	将电极从 pH=6.865 的标准液移入 pH=4.008 的标准液中，记录测定显示值达到 pH=4.3 时所需要的时间
温度补偿精度	±0.1pH 以内	将带有温度补偿传感器的玻璃电极浸入 pH=4.008 的标准液中，在 10~30℃之间以 5℃的变化方式改变液温，并测定 pH 值。根据测定结果，求出各测量值与该温度下 pH=4.008 标准液标准 pH 值之差
MTBF②	≥720 h/次	采用实际水样，连续运行 2 个月，记录总运行时间和故障次数
实际水样比对试验	±0.1pH 以内	选择 10 种或 10 种以上分布在高、中、低 3 个 pH 水平的实际水样，分别以自动分析仪与标准方法（HJ 1147—2020）对水样进行比对实验，每种水样的比对实验次数应不少于 15 次，计算测量结果的最大误差
电压稳定性	±0.1pH 以内	将电极浸入 pH=4.008 的标准液中，在显示值稳定后，加上高于或低于规定电压 10%的电源电压，读取显示值，计算其与规定电压下的 pH 值的最大误差
绝缘阻抗	5 mΩ 以上	在正常环境下，在关闭自动分析仪电路状态时，采用国家规定的阻抗计（直流 500 V 绝缘阻抗计）测量电源相与机壳（接地端）之间的绝缘阻抗

注：①响应时间，是指将电极从 pH=6.865 的标准液移入 pH=4.008 的标准液中，显示值达到 pH=4.3 时所需要的时间。②平均无故障连续运行时间，是指自动分析仪在检验期间的总运行时间与发生故障次数的比值，以 MTBF 表示，单位为 h/次。

长期处于干燥状态的玻璃电极，应预先浸入水中，浸泡过夜后，与信号转换器连接。接通电源，试验开始前，自动分析仪应预热 30 min 以上，以使各部分功能及显示记录单元稳定。电极受沾污后，应采用洗涤剂、0.01 mol/L 盐酸等洗涤，然后用流水充分洗净。

3. 水样测定

不同厂家生产的自动分析仪均有安装和使用说明书，按照说明书完成设备安装、测定的准备工作，配制标准溶液进行校正，依据操作方法完成自动检测并记录数据。

4. 注意事项

- 安装的连续监测系统需要采用现场比对测试、对运行数据或日常运行记录进行审核检查等方式进行定期校验。定期校验由具有相应资质的监测机构承担。
- 在仪器上，必须在醒目处端正地标示仪器名称及型号、测定对象、测定范围、使用温度范围、电源类别及容量、制造商名称、生产日期和生产批号等事项。

三、色度的测定

色度是一项感官性指标。纯净的天然水通常是清澈透明的，没有颜色；污水因为含有金属化合物或有机化合物等有色污染物而呈各种颜色。水体也会因为存在悬浮物而呈现颜色。含有悬浮物的原始水样呈现的颜色称为水的表观颜色；经 0.45μm 滤膜过滤去除悬浮物的水样呈现的颜色称为水的真实颜色。

色度的测定方法主要有两种：铂钴比色法和稀释倍数法。在《水质色度的测定》（GB 11903—89）标准中，规定了这两种方法的适用范围：铂钴比色法是参照国际标准ISO 7887制定的，适用于清洁、轻度污染并略带黄色调的水，例如比较清洁的地表水、地下水和饮用水等。稀释倍数法适用于污染较严重的地表水和工业废水。2021 年，生态环境部制定了稀释倍数法（HJ 1182—2021）。这里主要介绍稀释倍数法。

1. 方法原理

水样用光学纯水（经 0.2 μm 滤膜过滤的蒸馏水或去离子水）稀释至与光学纯水相比刚好看不见颜色时的稀释倍数，以此表述水样颜色的强度，单位为倍。同时，观察样品，检验颜色性质：颜色的深浅（无色、浅色或深色）、色调（红、橙、黄、绿、蓝和紫等），包括样品的透明度（透明、混浊或不透明），用文字予以描述。结果以稀释倍数值和文字描述相结合表达。

2. 测试要点

（1）水样采集及预处理

采集和保存水样的玻璃器皿先用盐酸或表面活性剂溶液清洗，再用蒸馏水或去离子水洗净、沥干。采样后，要尽早进行测定，如果必须贮存，需将样品贮存于暗处，密封，避免温度的变化。

（2）水样测定

将水样倒入量筒，静置 15 min，取上层水样和光学纯水于具塞比色管中至标线，将具塞比色管放在白色表面上，具塞比色管与该表面应呈合适的角度，使光线被反射自具塞比色管底部向上通过液柱。垂直向下观察液柱，比较水样和光学纯水，描述水样呈现的色度和色调，包括透明度。

将试样用光学纯水逐级稀释成不同倍数，分别置于具塞比色管中至标线。将具塞比色管放在白色表面上，用上述相同的方法与光学纯水进行比较。将试样稀释至刚好与光学纯水无法区别为止，记下此时的稀释倍数值。

稀释的方法：色度在50倍以上时，用移液管计量吸取水样于容量瓶中，用光学纯水稀释至标线，每次取大的稀释比，使稀释后色度在50倍之内。色度在50倍以下时，在具塞比色管中取水样25 mL，用光学纯水稀释至标线，每次稀释倍数为2。

水样或水样经稀释至色度很低时，应自具塞比色管倒至量筒适量水样并计量，然后用光学纯水稀释至标线，每次稀释倍数小于2，记下各次稀释倍数值。

另取水样测定pH值。

3. 结果表示

将逐级稀释的各次倍数相乘，所得之积取整数值，以此表达样品的色度。同时，用文字描述样品的颜色深浅、色调，如果可能，包括透明度。在报告样品色度的同时，报告pH值。

4. 注意事项

pH值对颜色有较大影响，在测定颜色时，应同时测定pH值。

四、总氰化物的测定

氰化物属于剧毒物质，它们进入人体后会分解释放出氰离子（CN^-），其与细胞线粒体内氧化型细胞色素氧化酶的三价铁结合，阻止氧化酶中的三价铁还原，妨碍细胞正常呼吸，导致机体陷入内窒息状态。另外，某些氰类化合物的分子本身具有直接对中枢神经系统的抑制作用。氰化物在工农业生产中应用广泛，电镀、洗注、油漆、染料、橡胶等行业的生产废水中往往存在少量的氰化物。在污水排放标准中，氰化物通常按照总氰化物计量。总氰化物是指在pH = 2酸性介质、磷酸和EDTA存在条件下，加热蒸馏形成氰化氢的氰化物，包括全部简单氰化物（多为碱金属和碱土金属的氰化物，铵的氰化物）和绝大部分络合氰化物（锌氰络合物、铁氰络合物、镍氰络合物、铜氰络合物等），不包括钴氰络合物。

水中总氰化物的测定方法有硝酸银滴定法（HJ 484—2009）、异烟酸-吡唑啉酮分光光度法（HJ 484—2009）、异烟酸-巴比妥酸分光光度法（HJ 484—2009）、吡啶-巴比妥酸分光光度法（HJ 484—2009）、流动注射-分光光度法（HJ 823—2017）、真空检测管-电子比色法（HJ 659—2013）。硝酸银滴定法是一种容量分析方法，一般用于氰化物含量比较高的工业废水中总氰的检测。分光光度法的测试范围较广，适用性较强，可用于地表水、地下水、生活污水和工业废水中总氰的测定。真空检测管-电子比色法灵敏度较高，适用于清洁水体或生活污水中低浓度氰化物的测定，不适用于工业废水中总氰的测定。

（一）硝酸银滴定法（HJ 484—2009）

该方法适用于受污染的地表水、生活污水和工业废水，检出限为 0.25 mg/L，测定下限为 1.00 mg/L，测定上限为 100.00 mg/L。

1. 方法原理

经蒸馏得到的碱性水样，用硝酸银标准溶液滴定，氰离子与硝酸银作用生成可溶性的银氰络合离子 $[Ag(CN)_2]^-$，过量的银离子会与试银灵指示剂反应，溶液由黄色变为橙红色。

2. 测试要点

（1）水样预处理

连接好蒸馏装置。用量筒量取适量水样倒入蒸馏瓶（若氰化物浓度高，可少取样品，加水稀释至 200 mL），加数粒玻璃珠；再往接收瓶内加入少量氢氧化钠溶液。馏出液导管上端接冷凝管的出口，下端插入接收瓶的吸收液，检查连接部位气密性。然后将 EDTA-2Na 溶液加入蒸馏瓶，迅速加入磷酸，当样品碱度大时，可适当多加磷酸，使 $pH<2$，立即盖好瓶塞，打开冷凝水，打开可调电炉，由低档逐渐升高，馏出液以 2~4 mL/min 速度进行加热蒸馏。当接收瓶内试样体积接近 100 mL 时，停止蒸馏，用少量水冲洗馏出液导管，取出接收瓶，用水稀释至标线，此碱性水样待测。

（2）空白试验

用新制备的不含氰化物和活性氯的蒸馏水或去离子水代替水样，按照水样预处理步骤进行操作，得到空白试验试样待测。取适量该样品于锥形瓶中，按水样测定步骤进行滴定，记下消耗体积（V_0）。

（3）水样测定

取适量预处理得到的碱性水样于锥形瓶中，加入少量试银灵指示剂，摇匀，在不断旋摇下，用硝酸银标准溶液（使用前需标定）滴定至溶液由黄色变为橙红色，记下消耗体积（V_3）。（用硝酸银标准溶液滴定试样前，应以 pH 试纸试验试样的 pH 值。必要时，应加氢氧化钠溶液调节至 $pH>11$。）

3. 结果计算

氰化物的质量浓度以氰离子（CN^-）计，按式（3-23）计算：

$$C=\frac{C_0(V_3-V_0)\times 52.04\times\frac{V_1}{V_2}\times 1000}{V} \tag{3-23}$$

式中：C_0——硝酸银标准溶液浓度，mol/L；

V_3——滴定试样时硝酸银标准溶液的用量，mL；

V_0——滴定空白试验时硝酸银标准溶液的用量，mL；

V——蒸馏时取水样的体积，mL；

V_1——预处理后得到碱性水样的体积，mL；

V_2——滴定时取预处理后碱性水样的体积，mL；

52.04——氰离子（$2CN^-$）摩尔质量，g/mol。

4. 注意事项

蒸馏时，馏出液导管下端要插在吸收液液面下，使吸收完全。如在试样制备过程中蒸馏或吸收装置发生漏气现象，氰化氢挥发，将使氰化物分析产生误差并污染实验室环境，对人体产生伤害，所以在蒸馏过程中一定要时刻检查蒸馏装置的严密性并使吸收完全。

（二）异烟酸-吡唑啉酮分光光度法（HJ 484—2009）

该方法适用于地表水、生活污水和工业废水中氰化物的测定，检出限为0.004 mg/L，测定下限为0.016 mg/L，测定上限为0.25 mg/L。

1. 方法原理

在中性条件下，样品中的氰化物与氯胺T反应生成氯化氰，再与异烟酸作用，经水解后生成戊烯二醛，最后与吡唑啉酮缩合生成蓝色染料，在波长638 nm处测量吸光度。

2. 测试要点

（1）水样预处理

同硝酸银滴定法（HJ 484—2009）的水样预处理方法，得到的碱性水样待测。

（2）空白试验

用新制备的不含氰化物和活性氯的蒸馏水或去离子水代替水样，按照水样预处理步骤进行操作，得到空白试验试样待测。取适量空白试验试样于具塞比色管中，按照水样测定步骤进行操作。

（3）绘制标准曲线

取8支具塞比色管，分别加入不同体积的氰化钾标准使用溶液，再分别加入氢氧化钠溶液，氰化物含量依次为0.00 μg、0.20 μg、0.50 μg、1.00 μg、2.00 μg、3.00 μg、4.00 μg和5.00 μg。向各比色管中加入磷酸盐缓冲溶液，混匀，迅速加入氯胺T溶液，立即盖塞子，混匀，放置3~5 min。向各比色管中加入异烟酸-吡唑啉酮溶液，混匀。加水稀释至标线，摇匀。在25~35℃的水浴装置中放置40 min，立即比色。在638 nm波长处，以水为参比，测定吸光度，以氰化物的含量为横坐标，以扣除试剂空白的吸光度为纵坐标，绘制标准曲线。

（4）水样测定

吸取10.00 mL预处理得到的碱性水样于具塞比色管中，加入磷酸盐缓冲溶液，混匀，迅速加入氯胺T溶液，立即盖塞子，混匀，放置3~5 min。（当氰化物以HCN存在时，易挥发，因此，加入缓冲溶液后，每一步骤的操作都要迅速，并随时盖紧塞子。）向比色管中加入异烟酸-吡唑啉酮溶液，混匀。加水稀释至标线，摇匀。在25~35℃的水浴装置中放置40 min，立即比色。在638 nm波长处，以水为参比，测定吸光度，扣除试剂空白的吸光度后，从标准曲线上查出相应的氰化物的含量。

3. 结果计算

氰化物的质量浓度 C（mg/L）以氰离子（CN^-）计，按式（3-24）计算：

$$C=\frac{A-A_0-a}{b}\times\frac{V_1}{V_2\times V} \tag{3-24}$$

式中：A——碱性水样的吸光度；

A_0——空白试样的吸光度；

a——标准曲线截距；

b——标准曲线斜率；

V——蒸馏时取水样的体积，mL；

V_1——预处理后得到碱性水样的体积，mL；

V_2——测定时取预处理后碱性水样的体积，mL。

4. 注意事项

- 氯胺 T 发生结块不易溶解，可致显色无法进行，必要时需用碘量法测定有效氯浓度。氯胺 T 固体试剂应注意保管条件，以免迅速分解失效，且应勿使其受潮。
- 异烟酸配成溶液后如呈现明显淡黄色，使空白值增高，可过滤。为降低试剂空白值，实验中以选用无色的 N，N-二甲基甲酰胺为宜。
- 在水样和空白测定时，对于用较高浓度的氢氧化钠溶液作为吸收液的测试样，需要在加缓冲溶液前以酚酞为指示剂，滴加盐酸溶液至红色褪去，确保标准溶液和水样保持相同的氢氧化钠浓度。

（三）异烟酸-巴比妥酸分光光度法（HJ 484—2009）

该方法适用于地表水、生活污水和工业废水中氰化物的测定，检出限为0.001 mg/L，测定下限为 0.004 mg/L，测定上限为 0.45 mg/L。

1. 方法原理

在弱酸性条件下，水样中氰化物与氯胺 T 作用会生成氯化氰，然后与异烟酸反应，经水解而成戊烯二醛（glutacondialdehyde），最后与巴比妥酸作用生成紫蓝色化合物，在波长 600 nm 处测定吸光度。

2. 测试要点

（1）水样预处理

同硝酸银滴定法（HJ 484—2009）的水样预处理方法，得到的碱性水样待测。

（2）空白试验

用新制备的不含氰化物和活性氯的蒸馏水或去离子水代替水样，按照水样预处理步骤进行操作，得到空白试样待测。取适量空白试验试样于具塞比色管中，按水样测定步骤进行操作。

（3）绘制标准曲线

取8支具塞比色管，分别加入不同体积的氰化钾标准使用溶液，再加入氢氧化钠溶液，氰化物含量依次为0.00 μg、0.20 μg、0.50 μg、1.00 μg、2.00 μg、3.00 μg、4.00 μg和5.00 μg。向各比色管中加入磷酸盐缓冲溶液，混匀，迅速加入氯胺T溶液，立即盖塞子，混匀，放置3~5 min。加入异烟酸-巴比妥酸显色剂，加水稀释至标线，混匀。于25℃条件下显色15 min（15℃显色25 min，30℃显色10 min）。在600 nm波长处，以水为参比，测定吸光度，以氰化物的含量为横坐标，以扣除试剂空白的吸光度为纵坐标，绘制标准曲线。

（4）水样测定

吸取10.00 mL预处理得到的碱性水样于具塞比色管中，后续操作同绘制标准曲线。从标准曲线上查出相应的氰化物的含量。

3. 结果计算

水样中氰化物的质量浓度C（mg/L）以氰离子（CN^-）计，按式（3-25）计算：

$$C=\frac{A-A_0-a}{b}\times\frac{V_1}{V_2\times V} \tag{3-25}$$

式中：A——碱性水样的吸光度；

A_0——空白试样的吸光度；

a——标准曲线截距；

b——标准曲线斜率；

V——蒸馏时取水样的体积，mL；

V_1——预处理后得到碱性水样的体积，mL；

V_2——测定时取预处理后碱性水样的体积，mL。

4. 注意事项

氯胺T发生结块不易溶解，可致显色无法进行，必要时，需用碘量法测定有效氯浓度。氯胺T固体试剂应注意保管条件，以免迅速分解失效，且应勿使其受潮。

（四）吡啶-巴比妥酸分光光度法（HJ 484—2009）

该方法适用于地表水、生活污水和工业废水中氰化物的测定，检出限为0.002 mg/L，测定下限为0.008 mg/L，测定上限为0.45 mg/L。

1. 方法原理

在中性条件下，氰离子和氯胺T的活性氯反应生成氯化氰，氯化氰与吡啶反应生成戊烯二醛，戊烯二醛与两个巴比妥酸分子缩和生成红紫色化合物，在波长580 nm处测量吸光度。

2. 测试要点

（1）水样预处理

同硝酸银滴定法（HJ 484—2009）的水样预处理方法，得到的碱性水样待测。

（2）空白试验

用新制备的不含氰化物和活性氯的蒸馏水或去离子水代替水样，按照水样预处理步骤进行操作，得到空白试验试样待测。取适量空白试验试样于具塞比色管中，按水样测定步骤进行操作。

（3）绘制标准曲线

取 8 支具塞比色管，分别加入不同体积的氰化钾标准使用溶液，再加入氢氧化钠溶液，氰化物含量依次为 0.00 μg、0.20 μg、0.50 μg、1.00 μg、2.00 μg、3.00 μg、4.00 μg 和 5.00 μg。向各比色管中加入 1 滴酚酞指示剂，用盐酸溶液调节溶液至红色消失。然后向各比色管中加入 5.00 mL 磷酸盐缓冲溶液，混匀，迅速加入氯胺 T 溶液，立即盖塞子，混匀，放置 3~5 min。再加入吡啶-巴比妥酸溶液，加水稀释至标线，混匀。在 40℃的水浴装置中放置 20 min，取出冷却至室温后立即比色。在 580 nm 波长处，以水为参比，测定吸光度，以氰化物的含量为横坐标，以扣除试剂空白的吸光度为纵坐标，绘制标准曲线。

（4）水样测定

吸取 10 mL 预处理得到的碱性水样于具塞比色管中，加入磷酸盐缓冲溶液，后续操作同绘制标准曲线。测定吸光度，扣除试剂空白的吸光度后，从标准曲线上查出相应的氰化物的含量。

3. 结果计算

氰化物的质量浓度 C（mg/L）以氰离子（CN^-）计，按式（3-26）计算：

$$C=\frac{A-A_0-a}{b}\times\frac{V_1}{V_2\times V} \tag{3-26}$$

式中：A——碱性水样的吸光度；

A_0——空白试样的吸光度；

a——标准曲线截距；

b——标准曲线斜率；

V——蒸馏时取水样的体积，mL；

V_1——预处理后得到碱性水样的体积，mL；

V_2——测定时取预处理后碱性水样的体积，mL。

4. 注意事项

氰化物以 HCN 存在时易挥发，因此加入缓冲溶液后，每一步骤操作都要迅速，并随时盖紧塞子。

（五）流动注射-分光光度法（HJ 823—2017）

该方法适用于地表水、地下水、生活污水和工业废水中氰化物的测定。当检测光程为 10 mm 时，异烟酸-巴比妥酸法测定水中氰化物检出限为 0.001 mg/L，测定范围为 0.004~0.10 mg/L；吡啶-巴比妥酸法测定水中氰化物的检出限为 0.002 mg/L，测定范围为0.008~0.50 mg/L。

1. 方法原理

在封闭的管路中，将一定体积的试样注入连续流动的载液中，试样与试剂在化学反应模块中按特定的顺序和比例混合、反应，在非完全反应的条件下，进入流动检测池进行光度检测。显色反应模块有异烟酸-巴比妥酸法和吡啶-巴比妥酸法。流动注射-分光光度法又分为流动注射-异烟酸-巴比妥酸分光光度法和流动注射-吡啶-巴比妥酸分光光度法。这两种方法均是先将水样置于酸性条件下，样品经140℃高温高压水解及紫外消解，释放出的氰化氢气体被氢氧化钠溶液吸收。在流动注射-异烟酸-巴比妥酸分光光度法中，吸收液中的氰化物与氯胺T反应生成氯化氰，然后与异烟酸反应水解生成戊烯二醛，再与巴比妥酸作用生成蓝紫色化合物，于600 nm波长处测量吸光度。流动注射-吡啶-巴比妥酸法之后的操作在中性条件下进行，吸收液中的氰化物与氯胺T反应生成氯化氰，再与吡啶反应生成戊烯二醛，最后与巴比妥酸生成缩合红紫色化合物，于570 nm波长处测量吸光度。具体工作流程见图3-3。

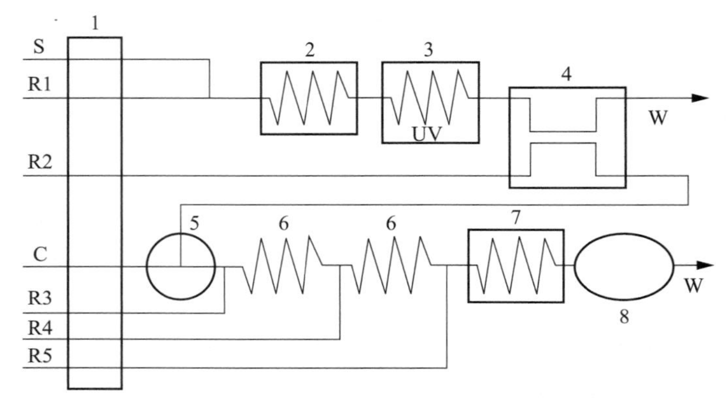

1—蠕动泵；2—加热池（140℃）；3—紫外消解装置；4—扩散池；5—注入阀；6—反应环；7—加热池（60℃）；8—检测池10 mm、600 nm或570 nm；R1—磷酸溶液；R2—氢氧化钠溶液；R3—磷酸盐缓冲液；R4—氯胺-T溶液；R5—吡啶-巴比妥酸溶液或异烟酸-巴比妥酸溶液；C—载液（氢氧化钠溶液）；S—试样；W—废液。

图3-3　流动注射-分光光度法测定氰化物参考工作流程

2. 测试要点

（1）水样预处理

流动注射分析仪带在线蒸馏方法模块时，水样不需要进行预处理；若没有在线蒸馏方法模块，水样预处理按照硝酸银滴定法（HJ 484—2009）的水样预处理方法进行。

（2）空白试验

用新制备的不含氰化物和活性氯的蒸馏水或去离子水代替水样，按照水样分析步骤进行测定，记录信号值（峰面积）。每批样品需至少测定2个实验室空白，至少测定1个全程序空白，空白值不得超过方法检出限；否则，应查明原因，重新分析，直至合格之后才能测定样品。

（3）绘制标准曲线

流动注射-异烟酸-巴比妥酸法：于一组容量瓶中分别量取适量的氰化物标准使用液，用氢氧化钠溶液稀释至标线并混匀，制备 6 个浓度点的标准系列，氰化物质量浓度（以 CN^- 计）分别为 0.00 μg/L、2.00 μg/L、5.00 μg/L、10.0 μg/L、50.0 μg/L、100 μg/L。

流动注射-吡啶-巴比妥酸法：分别量取适量的氰化物标准使用液于一组容量瓶中，用氢氧化钠溶液稀释至标线并混匀，制备 6 个浓度点的标准系列，氰化物质量浓度（以 CN^- 计）分别为 0.00 μg/L、5.00 μg/L、50.00 μg/L、125.00 μg/L、250.00 μg/L、500.00 μg/L。

按照仪器说明书安装分析系统、调试仪器及设定工作参数。按仪器规定的顺序开机后，以纯水代替所有试剂，检查整个分析流路的密闭性及液体流动的顺畅性。待基线稳定后（约 30 min），系统开始泵入试剂，待基线再次稳定后，取适量上述标准系列溶液分别置于样品杯中，从低浓度到高浓度依次取样分析，得到不同浓度氰化物的信号值（峰面积）。以信号值（峰面积）为纵坐标，以对应的氰化物质量浓度（以 CN^- 计，g/L）为横坐标，绘制标准曲线。每批样品分析均需绘制标准曲线，标准曲线的相关系数 $\gamma \geq 0.995$。每分析 10 个样品需用一个标准曲线的中间浓度校准溶液进行校准核查，其测定结果与最近一次标准曲线该点浓度的相对偏差应小于等于±10%，否则应重新绘制标准曲线。

（4）水样测定

按照与绘制标准曲线相同的测定条件，量取适量待测样品进行测定，记录信号值（峰面积）。如果浓度高于标准曲线最高点，要对样品进行稀释。每批样品应至少测定 10%的平行双样，样品数量少于 10 个时，应至少测定一个平行双样，两次平行测定结果的相对偏差应≤±20%。每批样品应至少测定 10%的加标样品，样品数量少于 10 个时，应至少测定一个加标样品，加标回收率应为 70%～120%。

3. 结果计算

水样中的氰化物浓度 C（mg/L）以氰离子（CN^-）计，按式（3-27）计算：

$$C=\frac{y-a}{b}\times f\times 10^{-3} \tag{3-27}$$

式中：y——测定信号值（峰面积）；

a——标准曲线截距；

b——标准曲线斜率；

f——稀释倍数。

当测定结果小于 1 mg/L 时，保留小数点后三位数字；当测定结果大于等于 1 mg/L 时，保留三位有效数字。

4. 注意事项

- 样品应采集在密闭的塑料样品瓶中。样品采集后，应立即加入优级纯氢氧化钠固定，一般每升水样加 0.5 g 固体氢氧化钠。当水样酸度高时，应多加氢氧化钠，使样品的 pH 值为 12~12.5。采集的样品应尽快测定；否则，应将样品贮存于 4℃以下，并在采样后 24 h 内进行测定。有明显颗粒物或沉淀的样品，应用超声仪超声粉碎后进样。

- 分析过程中有氰化物废液产生，应集中回收，交给有资质的废弃物专业处理公司处理。

- 应注意流动注射仪管路系统的保养，经常清洗管路；每次实验前都应检查泵管是否磨损，并及时更换已损坏的泵管。每次样品分析结束后，要让分离膜充分干燥。

- 异烟酸-巴比妥酸试剂配置后 3~5 天将逐渐产生沉淀，沉淀进入管路会形成结晶堵塞管路，实验时应注意该试剂的状态，如沉淀过多，应及时更换。

- 在废液收集瓶中，应加入氢氧化钠，使得 pH≥11（一般每升废液中加入约 7g 氢氧化钠），以防止气态 HCN 逸出。应定期摇动废液瓶，以防在瓶中形成浓度梯度。

- 当样品浓度超过标准曲线最高点时，应做适当稀释。分析两个高浓度样品间要加测空白样品，测定空白值不得超过方法检出限，否则应重新分析。

（六）真空检测管-电子比色法（HJ 659—2013）

该方法适用于地下水、地表水、生活污水和工业废水中氰化物的测定，也可用于上述水体中氟化物、硫化物、二价锰、六价铬、镍、氨氮、苯胺、硝酸盐氮、亚硝酸盐氮、磷酸盐以及化学需氧量等污染物的测定。检出限分别为：0.009 mg/L（氰化物），0.03 mg/L［亚硝酸盐（N）］、0.5 mg/L（氟化物）、0.5 mg/L（二价锰）、0.1 mg/L（硫化物）、0.1 mg/L（六价铬）、0.2 mg/L（氨氮）、0.2 mg/L（镍）、0.05 mg/L（磷酸盐）、0.1 mg/L（苯胺）、0.7 mg/L［硝酸盐（N）］、10 mg/L（COD_{Cr}）。

1. 方法原理

将封存有反应试剂的真空玻璃检测管在水样中折断，样品自动定量吸入管中，样品中的氰化物（CN^-）与有机酮类测试液在碳酸钠存在下加热，经离子缔合反应生成黄至深红色有色络合物，其色度值与氰化物含量成正比。将化学显色反应的色度信号与氰化物浓度对应的函数关系存储于电子比色计中，测定后直接读出水样中氰化物的含量。

2. 测试要点

（1）水样预处理

测试前先测定水样的 pH 值，并按说明书调至测定项目所要求的 pH 值范围内（pH≥4）。

（2）空白试验

用去离子水代替水样，按照水样测定的操作步骤进行空白样测定。每批样品应同步做一个全程序空白，测定结果应低于方法检出限，否则应检查真空检测管。

（3）水样测定

打开电子比色计，选定参数，调至校零界面，先校零，然后调至测试状态备用。

同时，将加热装置调至说明书规定的加热温度备用。

取适量样品加入烧杯，将真空检测管毛细管部分完全插入液面下，使用配备的专用工具将前端毛细管在样品液面下折断，管内负压即刻将样品定量吸入管中。吸入时间为1~5秒，至管中液体充满，只留下一个直径为4~8 mm的气泡空间。取出检测管并上下倒置几次，使管中气泡上下移动而使液体反应均匀。放入预先调好温度的加热装置，按说明书控制反应温度和时间（50℃加热反应时间10 min）。加热反应后，立即将真空检测管插入电子比色计比色池中，直接读取测定结果。（测定前，注意将真空检测管外壁用滤纸或擦镜纸擦拭干净，防止对真空检测管外壁的沾污而干扰测定结果；同时，防止对电子比色计器件的沾污腐蚀。）每个样品应做一对平行样测定，相对偏差应小于20%。每批样品应同步做一个有证标准物质或标准样品的平行双样测定，对准确度进行验证，其相对误差应小于25%。

3. 结果计算

通过电子比色计直接读出结果，以mg/L表示。有效数字保留到定量下限位数，化学需氧量取整数。

4. 注意事项

- 使用后的检测管按实验室废物进行安全处置。
- 检测管在加热反应器中放置的时间须严格与规定的时间一致，否则读数会有误差；如果检测管吸入样品后未经加热即开始出现显色反应，说明样品中氰化物的浓度过高，应稀释适当倍数后再测定。
- 检测管和专用助剂应在规定的条件下贮存，并在保质期内使用。使用玻璃检测管时，要注意保护眼睛和面部，防止助剂溅出或玻璃划伤。

五、硫化物的测定

硫化物是指水中溶解性无机硫化物和酸溶性金属硫化物，主要包括溶解性的H_2S、HS^-、S^{2-}，以及存在于悬浮物中的可溶性硫化物和酸可溶性金属硫化物；不包括不溶性硫化物和有机硫化物。硫化氢毒性较大，一旦进入人体，可以导致细胞组织缺氧甚至危及生命；对金属管道和设备具有腐蚀性，并容易被微生物氧化为硫酸加剧腐蚀。焦化、印染、造纸、制革等工业废水中往往含有硫化物。

测定水中硫化物的标准方法有碘量法（HJ/T 60—2000）、亚甲基蓝分光光度法（GB/T 16489—1996）、流动注射-亚甲基蓝分光光度法（HJ 824—2017）、气相分子吸收光谱法（HJ/T 200—2005）。分光光度法检测限低，适用于含低浓度硫化物水样的分析；碘量法和气相分子吸收光谱法检测限范围大，适用于含稍高浓度硫化物水样的分析。

（一）碘量法（HJ/T 60—2000）

该方法适用于测定水和废水中的硫化物，尤其适用于含硫化物在0.40 mg/L以上的水和废水中的测定。

1. 方法原理

在酸性条件下，硫化物会与过量的碘作用，剩余的碘用硫代硫酸钠滴定。由硫代硫酸钠溶液所消耗的量，可间接求出硫化物的含量。

2. 测试要点

（1）水样预处理

由于硫离子很容易氧化，硫化氢易从水样中逸出，因此在采集时，应防止曝气并加入一定量的乙酸锌溶液和适量氢氧化钠溶液，使其呈碱性并生成硫化锌沉淀。采样时，要按照以下步骤进行：在采样瓶中加入一定量的乙酸锌溶液，再加水样，然后滴加适量的氢氧化钠溶液，使其呈碱性并生成硫化锌沉淀。当水样呈碱性时，应先小心滴加乙酸溶液调至中性，再进行上述操作。当硫化物含量高时，可酌情多加乙酸锌，直至沉淀完全。水样充满后，应立即密塞保存，不留气泡，然后倒转，充分混匀，固定硫化物。样品采集后，应立即分析，否则应在4℃以下避光保存，尽快分析。

一般废水的色度、浊度和悬浮物浓度较高，对测试有干扰，采集后的水样需要经过酸化—吹气—吸收预处理。连接好装置，通载气检查各部位气密性。分取2.5 mL乙酸锌溶液于两个吸收瓶中，用水稀释至50 mL。取200 mL现场已固定并混匀的水样于反应瓶中，放入恒温水浴，装好导气管、加酸漏斗和吸收瓶。开启气源，以400 mL/min的流速连续吹氮气5 min驱除装置内空气，关闭气源。向加酸漏斗中加入磷酸（1+1）20 mL，待磷酸接近全部流入反应瓶后，迅速关闭活塞。开启气源，水浴温度控制在60~70℃时，吹气赶尽最后残留在装置中的硫化氢气体。关闭气源，按碘量法测定吸收瓶中硫化物的含量。

（2）空白试验

以去离子水代替试样，加入与测定时相同体积的试剂，按水样测试步骤进行空白试验。

（3）水样测定

将两个吸收瓶接收的水样混合后加入10 mL碘标准溶液（0.01 mol/L），再加5 mL盐酸溶液，密塞混匀。在暗处放置10 min，用0.01 mol/L硫代硫酸钠标准溶液滴定至溶液呈淡黄色，加入淀粉指示液，继续滴定至蓝色刚好消失。

3. 结果计算

硫化物的含量C（mg/L）按式（3-28）计算：

$$C=\frac{(V_0-V_1)\times C_0\times 16.03\times 1000}{V} \tag{3-28}$$

式中：V_0——空白试验中硫代硫酸钠标准溶液用量，mL；

V_1——水样滴定时硫代硫酸钠标准溶液用量，mL；

V——水样体积，mL；

16.03——硫离子（$1/2S^{2-}$）摩尔质量，g/mol；

C_0——硫代硫酸钠标准溶液浓度，mol/L。

4. 注意事项

当加入碘液和硫酸后，溶液为无色，说明硫化物含量较高，应补加适量碘标准溶液使其呈淡黄棕色。空白试验也应加入相同量的碘标准溶液。

（二）亚甲基蓝分光光度法（GB/T 16489—1996）

该方法适用于地表水、地下水、生活污水和工业废水中硫化物的测定。试料体积为 100 mL，使用光程为 1cm 的比色皿时，该方法的检出限为 0.005 mg/L，测定上限为 0.700 mg/L。对于硫化物含量较高的水样，可适当减少取样量或将样品稀释后再测定。

1. 方法原理

样品经酸化，硫化物转化成硫化氢，用氮气将硫化氢吹出，转移到盛乙酸锌-乙酸钠溶液的吸收显色管中，与 N，N-二甲基对苯二胺和硫酸铁铵反应生成蓝色的络合物亚甲基蓝，在 665 nm 波长处测定。

2. 测试要点

（1）水样预处理

对于含悬浮物、混浊度较高、有色、不透明的废水水样，采用酸化—吹气—吸收法进行预处理。具体操作与碘量法（HJ/T 60—2000）的水样预处理步骤相同，不同之处在于将吸收瓶更换为吸收显色管。

（2）空白试验

以去离子水代替水样，按水样预处理和测定步骤进行空白试验，并加入相同体积的试剂。

（3）绘制标准曲线

取 9 支 100 mL 具塞比色管，各加 20 mL 乙酸锌-乙酸钠溶液，分别取不同体积的硫化钠标准使用液移入各比色管，加水至约 60 mL，沿比色管壁缓慢加入 N，N-二甲基对苯二胺溶液，立即密塞并缓慢倒转一次。加硫酸铁铵溶液，立即密塞并充分摇匀，放置 10 min 后，用水稀释至标线，摇匀。使用 1cm 比色皿，以水作参比，在波长 665 nm处测量吸光度；同时做空白试验。以扣除试剂空白的吸光度为纵坐标，以硫离子含量为横坐标，绘制标准曲线。

（4）水样测定

取下吸收显色管，关闭气源，以少量水冲洗吸收显色管各接口，加水至 60 mL，由侧向玻璃接口处缓慢加入 N，N-二甲基对苯二胺溶液，立即密塞并将溶液缓慢倒转一次，再从侧向玻璃接口处加入硫酸铁铵溶液，立即密塞并充分振荡，放置 10 min。将溶液移入 100 mL 具塞比色管，用水冲洗吸收显色管，冲洗液并入比色管，用水稀释至标线，摇匀。使用 1cm 比色皿，以水为参比，在波长 665 nm 处测量吸光度，测得的吸光度扣除空白试验的吸光度后，从标准曲线上查出硫化物的含量。

3. 结果计算

硫化物的含量 C(mg/L) 按式（3-29）计算：

$$C=\frac{m}{V} \tag{3-29}$$

式中：m——从标准曲线上查得的试样中硫化物的含量，μg；

V——预处理水样的体积，mL。

4. 注意事项

水样预处理时，要检查装置的气密性。

（三）流动注射-亚甲基蓝分光光度法（HJ 824—2017）

该方法适用于地表水、地下水、生活污水和工业废水中硫化物的测定。当检测光程为 10 mm 时，该方法检出限为 0.004 mg/L（以 S^{2-} 计），测定范围为 0.016~2.00 mg/L（以 S^{2-} 计）。

1. 方法原理

流动注射分析仪是在封闭的管路中，将一定体积的试样注入连续流动的载液，试样与试剂在化学反应模块中按特定的顺序和比例混合、反应，在非完全反应的条件下，进入流动检测池进行光度检测。在化学反应模块，样品在酸性介质下经在线加热（65℃±2℃）释放出硫化氢气体，然后被氢氧化钠溶液吸收。吸收液中的硫离子与对氨基二甲基苯胺和三氯化铁反应生成亚甲基蓝，于 660 nm 波长处测量吸光度。具体工作流程如图 3-4 所示。

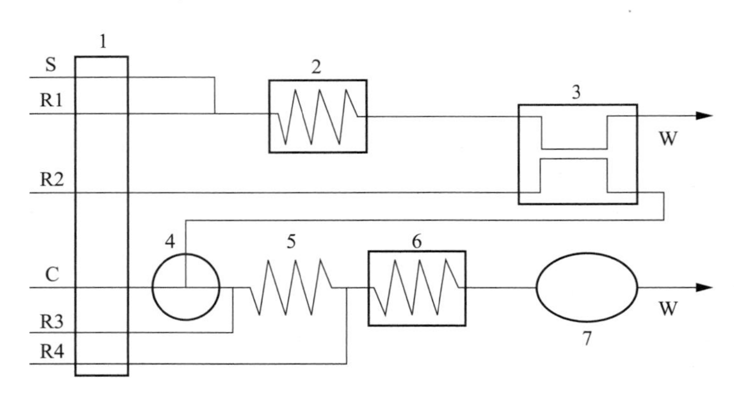

1—蠕动泵；2—加热池（65℃）；3—扩散池；4—注入阀；5—反应环；6—加热池（30℃）；7—检测池 10 mm、660 nm；R1—磷酸溶液；R2—氢氧化钠溶液；R3—对氨基二甲基苯胺溶液；R4—三氯化铁溶液；C—载液（氢氧化钠溶液）；S—试样；W—废液。

图 3-4　流动注射-亚甲基蓝分光光度法测定硫化物参考工作流程

2. 测试要点

（1）水样预处理

采样前，应向样品瓶中加入氢氧化钠溶液和抗坏血酸，每升水样中加入 5 mL 氢氧化钠溶液和 4 g 抗坏血酸，使样品的 pH≥11。样品应尽快分析，常温避光保存不超过 24 h。采用不带在线蒸馏的方法模块进行分析时，样品的保存方法和预处理参照碘量法中的规定进行。

（2）空白试验

用 10 mL 水代替样品，按照与样品分析相同步骤进行测定，记录信号值（峰面积）。每批样品需至少测定 2 个实验室空白、1 个全程序空白，实验室空白值不得超过方法检出限，全程空白值不得超过方法测定下限；否则，应查明原因，重新分析，直至合格之后才能测定样品。

（3）绘制标准曲线

量取一系列浓度的硫化钠标准使用液，分别加入容量瓶，用氢氧化钠溶液稀释至标线并混匀，制备 6 个浓度点的标准系列，硫化物质量浓度分别为 0.00 mg/L、0.10 mg/L、0.20 mg/L、0.50 mg/L、1.00 mg/L、2.00 mg/L。每个标准系列溶液移取约 10 mL 分别置于样品杯中，从低浓度到高浓度依次取样分析，得到不同浓度硫化物的信号值（峰面积）。以信号值（峰面积）为纵坐标，以硫化物质量浓度为横坐标，绘制标准曲线。每批样品分析均须绘制标准曲线，标准曲线的相关系数 $\gamma \geqslant 0.995$。

（4）水样测定

按照仪器说明书安装分析系统、调试仪器及设定工作参数。按仪器规定的顺序开机后，以纯水代替所有试剂，检查整个分析流路的密闭性及液体流动的顺畅性。待基线稳定后（约 20 min），系统开始泵入试剂，待基线再次稳定后，量取约 10 mL 待测样品进行测定，记录信号值（峰面积）。如果浓度高于标准曲线最高点，要对样品进行适当稀释。每分析 10 个样品，需用一个标准曲线的中间浓度标准溶液进行标准核查，其测定结果与最近一次标准曲线该点浓度的相对偏差应≤±10%，否则，应重新绘制标准曲线。每批样品应至少测定 10%的平行双样，样品数量少于 10 个时，应至少测定一个平行双样，两次平行测定结果的相对偏差应≤±20%。每批样品应至少测定 10%的加标样品，样品数量少于 10 个时，应至少测定一个加标样品，加标回收率应为 70%～120%。

3. 结果计算

水样中硫化物的含量 C（以 S^{2-} 计，mg/L）按照式（3-30）进行计算：

$$C=\frac{y-a}{b}\times f \tag{3-30}$$

式中：y——测定信号值（峰面积）；

a——标准曲线截距；

b——标准曲线斜率；

f——水样的稀释倍数。

当测定结果小于 1.00 mg/L 时，保留至小数点后三位；当测定结果大于等于 1.00 mg/L时，保留三位有效数字。

4. 注意事项

- 分析过程中产生的废液应集中回收，交给有资质的废弃物专业处理公司处理。

- 对氨基二甲基苯胺试剂开封后，应尽量贮存在干燥器中。若固体粉末颜色变为深黄色，则停止使用。
- 如果在分析过程中连续出现毛刺峰，应更换脱气管；如果出现双峰或肩形峰，应更换扩散池的膜。
- 有明显颗粒物或沉淀的样品，应用超声仪进行超声粉碎后进样。

（四）气相分子吸收光谱法（HJ/T 200—2005）

该方法适用于地表水、地下水、海水、饮用水、生活污水及工业污水中硫化物的测定。使用 202.6 nm 波长，方法检出限为 0.005 mg/L，测定下限为 0.020 mg/L，测定上限为 100 mg/L；在 228.8 nm 波长处，测定上限为 500 mg/L。

1. *方法原理*

在 5%~10%磷酸介质中，将硫化物瞬间转变成 H_2S，用空气将该气体载入气相分子吸收光谱仪的吸光管中，在 202.6 nm 等波长处测得的吸光度与硫化物的浓度遵守比耳定律。

2. *测试要点*

（1）水样预处理

按照碘量法采集和保存水样，一般情况下，测试前不需要预处理。当水样中存在的 SO_3^{2-}、$S_2O_3^{2-}$ 分别大于硫化物含量的 5 倍和 20 倍时，需加入 H_2O_2，将其氧化成 SO_4^{2-}，消除它们的干扰；若同时含有较多 I^-、SCN^- 或水样中含有产生吸收的有机物时，需采用沉淀分离手段进行预处理。

（2）空白试验

用去离子水代替水样进行预处理和测试操作。

（3）绘制标准曲线

依次吸取不同体积标准溶液于样品反应瓶中，加水至 5 mL，将反应瓶盖与样品反应瓶密闭。用定量加液器加入磷酸，通入载气，依次测定各标准溶液吸光度，以吸光度与相对应的硫化物的量（μg）绘制标准曲线。

（4）水样测定

按照说明书设定仪器条件：空心阴极灯电流（3~5 mA）；载气（空气）流量（0.5 L/min）；工作波长（202.6 nm）；光能量保持在 100%~117%的范围内；测量方式为测峰高或峰面积。在每次测定之前，将反应瓶盖插入装有约 5 mL 水的清洗瓶中，通入载气，净化测量系统，调整仪器零点。

取适量水样于样品反应瓶中，按照标准溶液测试步骤进行操作。对特别复杂的水样，在比色管中加入适量絮凝剂，加水至标线，摇匀，吸取 10 mL 于滤膜中央抽滤，用洗液洗涤沉淀 5~8 次。用镊子将滤膜放入样品反应瓶下部，无沉淀的一面贴住瓶壁，加入 H_2O_2，密闭反应瓶盖。用定量加液器加入磷酸后，竖着旋摇反应瓶 1~2 min，沉淀溶解后，通入载气，测定吸光度。测定水样前，测定空白样，进行空白校正。测定后，水洗反应瓶盖和砂芯。

3. 结果计算

水样中硫化物（以S计）的含量C（mg/L）按式（3-31）计算：

$$C=\frac{m-m_0}{V} \tag{3-31}$$

式中：m——从标准曲线中查得的水样中硫化物含量，μg；

m_0——根据标准曲线方程计算的空白量，μg；

V——取样体积，mL。

六、氨氮的测定

水中的氨氮是指以游离氨和离子态氨形式存在的氮，两者组成比与水的pH值有关。当氨氮含量高时，对鱼类有毒害作用，对人体也有不同程度的危害。焦化和合成氨等工业废水中存在一定量的氨氮。

水中氨氮测试标准方法有纳氏试剂分光光度法（HJ 535—2009）、水杨酸分光光度法（HJ 536—2009）、蒸馏-中和滴定法（HJ 537—2009）、气相分子吸收光谱法（HJ/T 195—2005）、流动注射-水杨酸分光光度法（HJ 666—2013）、连续流动-水杨酸分光光度法（HJ 665—2013）和在线自动监测法（HJ 101—2019）。分光光度法具有灵敏、稳定的优点，但水样有色、混浊，钙、镁、铁等金属离子及硫化物、醛酮类会干扰测定，需要进行预处理。气相分子吸收光谱法简单，检测效果好。蒸馏-中和滴定法适用于氨氮含量高的水样。

（一）纳氏试剂分光光度法（HJ 535—2009）

该方法适用于生活饮用水、地表水和废水中氨氮的测定。当试样体积为50 mL时，最高可测氨氮浓度为2 mg/L，最低检出浓度为0.05 mg/L。

1. 方法原理

以游离态的氨或铵离子等形式存在的氨与纳氏试剂反应生成黄棕色络合物，该络合物的色度与氨的含量成正比，在420 nm波长处用分光光度法测定。

2. 测试要点

（1）水样预处理

当样品中含有悬浮物、余氮、钙镁等金属离子、硫化物和有机物时，对比色测定有干扰，需要进行预处理。加入适量的硫代硫酸钠溶液，可除去余氯干扰；加入硫酸锌溶液和氢氧化钠溶液，混匀，放置使之沉淀，取上清液或滤纸过滤测试，可除去悬浮物干扰；加入酒石酸钾钠溶液，可消除钙、镁等金属离子的干扰；用沉淀和络合物掩蔽后，样品仍混浊和带色，则应采用蒸馏法进行预处理；某些有机物很可能与氨同时被蒸馏出，对测定仍有干扰，可采用低pH加水煮沸而除之。

连接好蒸馏装置，将硼酸溶液移入接收瓶，确保冷凝管出口在硼酸溶液液面之下。分取适量水样，移入烧瓶中，加几滴溴百里酚蓝指示剂，用氢氧化钠溶液或盐酸溶液调整pH值至6.0（指示剂呈黄色）~7.4（指示剂呈蓝色），加入0.25 g轻质氧化镁及数粒玻璃珠，立即连接氮球和冷凝管。加热蒸馏，使馏出液速率约为10 mL/min，待馏出液达到200 mL时，停止蒸馏，加水定容至250 mL。在蒸馏过程中，某些有机物很可能与氨同时馏出，对测定有干扰，其中有些物质（如甲醛）可以在酸性条件（pH<1）下煮沸除去。在蒸馏刚开始时，氨气蒸出速度较快，加热不能过快，否则会造成水样暴沸，馏出液温度升高，氨吸收不完全。馏出液速率应保持在10 mL/min左右。部分工业废水可加入石蜡碎片等作为防沫剂。

（2）空白试验

用50 mL无氨水代替水样，按照水样预处理和测定步骤进行操作。空白的吸光度应不超过0.030（10 mm比色皿）。

（3）绘制标准曲线

在8个50 mL比色管中分别加入不同体积的氨氮标准溶液，再加水至标线，按照水样测定步骤进行显色后，用分光光度测定，将测得的吸光度扣除试剂空白（零浓度）的吸光度，以此为纵坐标，以氨氮含量（μg）为横坐标，绘制标准曲线。

（4）水样测定

取预处理的水样50 mL于比色管中，加入1 mL酒石酸钾钠溶液，摇匀；再加入纳氏试剂，摇匀，放置10 min后进行比色。在波长420 nm处，用20 mm比色皿（待测样品的质量浓度高也可选用10 mm比色皿），以水为参比，测定吸光度。

3. 结果计算

水样中氨氮的质量浓度C（mg/L）用式（3-32）计算：

$$C=\frac{A_s-A_b-a}{b\times V} \qquad (3-32)$$

式中：A_s——水样的吸光度；

A_b——空白的吸光度；

a——标准曲线截距；

b——标准曲线斜率；

V——水样体积，mL。

4. 注意事项

- 为了保证纳氏试剂有良好的显色能力，配制时务必控制$HgCl_2$的加入量，至微量HgI_2红色沉淀不再溶解时为止。配制纳氏试剂所需$HgCl_2$与KI的用量之比约为2.3∶5。在配制时，为了加快反应速度、节省配制时间，可低温加热进行，防止HgI_2红色沉淀的提前出现。

- 酒石酸钾钠试剂中铵盐含量较高，在配制酒石酸钾钠溶液时，仅加热煮沸或加纳氏试剂沉淀不能完全除去氨。此时，应加入少量氢氧化钠溶液，煮沸，蒸发掉溶液体积的20%~30%，冷却后用无氨水稀释至原体积。

（二）水杨酸分光光度法（HJ 536—2009）

该方法适用于地下水、地表水、生活污水和工业废水中氨氮的测定。当取样体积为8.0 mL，使用10 mm比色皿时，检出限为0.01 mg/L，测定下限为0.04 mg/L，测定上限为1.0 mg/L；使用30 mm比色皿时，检出限为0.004 mg/L，测定下限为0.016 mg/L，测定上限为0.25 mg/L（均以N计）。

1. 方法原理

在碱性介质（pH=11.7）和亚硝基铁氰化钠存在的情况下，水中的氨、铵离子会与水杨酸盐和次氯酸离子反应生成蓝色化合物，在波长697 nm处用分光光度法测量吸光度。

2. 测试要点

（1）水样预处理

如果水样的颜色过深、含盐量过多，酒石酸钾盐对水样中金属离子的掩蔽能力不够，或水样中存在高浓度的钙、镁和氯化物，需要预蒸馏。蒸馏方法同纳氏试剂分光光度法。

（2）空白试验

以无氨水代替水样，按与水样分析相同的步骤进行预处理和测定。试剂空白的吸光度应不超过0.030（光程为10 mm的比色皿）。

（3）绘制标准曲线

取6支10 mL比色管，分别加入氨氮标准使用液，用水稀释至8.00 mL，加入显色剂和亚硝基铁氰化钠溶液，混匀。滴入次氯酸钠使用液并混匀，加水稀释至标线，充分混匀。显色60 min后，在697 nm波长处，用10 mm或30 mm比色皿，以水为参比，测量吸光度。以扣除空白的吸光度为纵坐标，以其对应的氨氮含量（μg）为横坐标，绘制标准曲线。

（4）水样测定

取水样或经过预蒸馏的水样8.00 mL（当水样中氨氮质量浓度高于1.0 mg/L时，可适当稀释后取样）于10 mL比色管中。后续操作与绘制标准曲线步骤相同，测量吸光度。

3. 结果计算

水样中氨氮的质量浓度C（mg/L）用式（3-33）计算：

$$C=\frac{A_s-A_b-a}{b\times V}\times D \tag{3-33}$$

式中：A_s——水样的吸光度；

A_b——空白的吸光度；

a——标准曲线截距；

b——标准曲线斜率；

V——水样体积，mL；

D——水样的稀释倍数。

4. 注意事项

• 显色剂的配制：若水杨酸未能全部溶解，可加入数毫升氢氧化钠溶液，直至其完全溶解，并用 1 mol/L 的硫酸调节溶液的 pH 值为 6.0~6.5。

• 水样采集到聚乙烯瓶或玻璃瓶内，要尽快分析。如需保存，应加硫酸使水样酸化至 pH<2，在 2~5℃下可保存 7 d。

（三）流动注射-水杨酸分光光度法（HJ 666—2013）、连续流动-水杨酸分光光度法（HJ 665—2013）

这两种方法均适用于地下水、地表水、生活污水和工业废水中氨氮的测定。它们的反应原理与水杨酸分光光度法相同，但是这两种方法均需使用专门的测试仪器设备，而且设备组成单元相同，均由自动进样器、化学反应单元、检测单元、数据处理单元四部分组成。如果测量工业废水，需要配备在线蒸馏单元，或者在测试前对水样进行蒸馏预处理。

用 10 mm 比色皿，以 N 计时，流动注射-水杨酸分光光度法的检出限为 0.01 mg/L，测定范围为 0.04~5.0 mg/L；连续流动-水杨酸分光光度法的检出限为 0.04 mg/L，测定范围为 0.16~10.0 mg/L。

（四）蒸馏-中和滴定法（HJ 537—2009）

该方法适用于生活污水和工业废水中氨氮的测定。当试样体积为 250 mL 时，该方法的检出限为 0.05 mg/L（均以 N 计）。

1. 方法原理

调节水样的 pH 值为 6.0~7.4，加入轻质氧化镁使水样呈微碱性，蒸馏释出的氨用硼酸溶液吸收。以甲基红-亚甲蓝为指示剂，用盐酸标准溶液滴定馏出液中的氨氮（以 N 计）。

2. 测试要点

（1）水样预处理

如果水样的颜色过深、含盐量过高，酒石酸钾盐对水样中金属离子的掩蔽能力不够，或水样中存在高浓度的钙、镁和氯化物，需要预蒸馏。蒸馏方法同纳氏试剂分光光度法。

（2）空白试验

用 250 mL 无氨水代替水样，按水样预处理的步骤进行预蒸馏，按水样测定方法进行滴定，并记录消耗的盐酸标准滴定溶液的体积 V_b。

（3）水样测定

将全部馏出液转移到锥形瓶中，加入 2 滴混合指示剂，用盐酸标准滴定溶液滴定，至馏出液由绿色变成淡紫色，记录消耗的盐酸标准滴定溶液的体积 V_s。

3. 结果计算

水样中氨氮的浓度 C（mg/L）用式（3-34）计算：

$$C=\frac{V_s-V_b}{V}\times C_0\times 14.01\times 1000 \tag{3-34}$$

式中：V——试样的体积，mL；

V_s——滴定试样所消耗的盐酸标准滴定溶液的体积，mL；

V_b——滴定空白所消耗的盐酸标准滴定溶液的体积，mL；

C_0——滴定用盐酸标准溶液的浓度，mol/L；

14.01——氮的原子量，g/moL。

4. 注意事项

- 预蒸馏处理水样：蒸馏刚开始阶段，氨气蒸出速度较快，加热不能过快，否则会造成水样暴沸、馏出液温度升高、氨吸收不完全，馏出液速率应保持在 10 mL/min 左右。如果水样中存在余氯，应加入几粒结晶硫代硫酸钠去除。
- 标定盐酸标准滴定溶液时，至少平行滴定 3 次，平行滴定的最大允许偏差小于等于 0.05 mL。

（五）气相分子吸收光谱法（HJ/T 195—2005）

该方法适用于地表水、地下水、海水、饮用水、生活污水及工业污水中氨氮的测定，检出限为 0.020 mg/L，测定下限为 0.080 mg/L，测定上限为 100 mg/L。

1. 方法原理

水样在 2%~3%的酸性介质中，加入无水乙醇煮沸，除去亚硝酸盐等干扰，用次溴酸盐氧化剂将氨及铵盐氧化成等量亚硝酸盐，以亚硝酸盐氮的形式，采用气相分子吸收光谱法测定氨氮的含量。

按照说明书设定仪器条件：空心阴极灯电流（3~5 mA）；载气（空气）流量（0.5L/min）；工作波长（213.9 nm）；光能量保持在 100%~117%范围内；测量方式为峰高或峰面积。

2. 测试要点

（1）水样预处理

水样采集时，要充满样品瓶，为了防止吸收空气中的氨而沾污应酸化处理，样品立即测定，若不能立即测定，可以在 2~5℃保存 24 h。水样中如果存在亚硝酸根、亚硫酸根、硫化物等还原性离子，在水样中加入盐酸、无水乙醇，加热煮沸2~3 min，冷却后加入次溴酸盐氧化剂，加水稀释至标线，密塞摇匀，在 18℃以上室温氧化 20 min 待测。若水样中存在 SCN^- 等可被次溴酸盐氧化成亚硝酸盐的有机胺，应进行预蒸馏处理。

（2）空白试验

用无氨水代替水样，具体操作同水样预处理和测定。

（3）绘制标准曲线

用微量移液器移取不同体积标准使用液置于样品反应瓶中，加水至 2 mL，用定量加液器加入盐酸、无水乙醇，将反应瓶盖与样品反应瓶密闭，通入载气，依次测定各标准溶液吸光度，以扣除空白的吸光度为纵坐标，以相对应的氨氮含量（μg）为横坐标，绘制标准曲线。

（4）水样测定

取 2 mL 待测水样于样品反应瓶中，以下操作同标准曲线的绘制。在测定水样前，测定空白试样，进行空白校正。

3. 结果计算

水样中氨氮的含量 C（mg/L）按式（3-35）计算：

$$C=\frac{m-m_0}{V\times\frac{2}{50}} \tag{3-35}$$

式中：m——根据标准曲线方程计算的水样中氨氮量，μg；

m_0——根据标准曲线方程计算的空白量，μg；

V——取样体积，mL。

2——测试用水样体积，mL；

50——水样预处理后的定容体积，mL。

4. 注意事项

在每次测定之前，将反应瓶盖插入装有约 5 mL 水的清洗瓶，通入载气，净化测量系统，调整仪器零点。测定后，水洗反应瓶盖和砂芯。

七、氟化物的测定

氟是人体必需的微量元素之一，缺氟易造成龋齿。饮用水中含氟的适宜浓度为 0.5~1.0 mg/L。如果长期饮用含氟量高于 1.5 mg/L 的水，易患斑齿病。如果水中含氟量高于 4 mg/L，可导致氟骨病。有色冶金、钢铁和铝加工、玻璃、磷肥、电镀、陶瓷、农药等行业排放废水和含氟矿物废水中存在一定量的氧化物。

氟化物标准测试方法有离子色谱法（HJ 84—2016）、氟离子选择电极法（GB 7484—87）、氟试剂分光光度法（HJ 488—2009）、茜素磺酸锆目视比色法（HJ 487—2009）。离子色谱法已在国内外普遍使用，方法简便、测定快速、干扰较小；电极法选择性好、灵敏度高，适用浓度范围大，可测定混浊、有颜色的水样；目视比色法测定误差较大。

污染严重的生活污水和工业废水，以及含氟硼酸盐的水，均要进行预蒸馏。清洁的地表水、地下水可直接取样测定。

（一）离子色谱法（HJ 84—2016）

该方法适用于地表水、地下水、工业废水和生活污水中 8 种可溶性无机阴离子的测定，检出限和测定下限见表 3-8。

表 3-8　离子色谱法检出限和测定下限

单位：mg/L

	F^-	Cl^-	NO_2^-	Br^-	NO_3^-	PO_4^{3}	SO_3^{2-}	SO_4^{2-}
检出限	0.006	0.007	0.016	0.016	0.016	0.051	0.046	0.018
测定下限	0.024	0.028	0.064	0.064	0.064	0.204	0.184	0.072

1. 方法原理

利用离子交换原理，水样中的阴离子经阴离子色谱柱交换分离，抑制型电导检测器检测，与标准进行比较，根据保留时间定性，根据峰高或峰面积定量。

离子色谱法的仪器由洗提液贮灌、输液泵、进样阀、分离柱、抑制柱、电导测量装置和数据处理器、记录仪等组成。

2. 测试要点

（1）水样预处理

对于不含疏水性化合物、重金属或过渡金属离子等干扰物质的清洁水样，经抽气过滤装置过滤后，可直接进样；也可用带有水系微孔滤膜针筒过滤器的一次性注射器进样。对含干扰物质的复杂水质样品，需用相应的预处理柱（去除疏水性化合物，选用聚苯乙烯-二乙烯基苯为基质的 RP 柱或硅胶为基质键合 C18 柱；去除重金属和过渡金属离子，选用 H 型强酸性阳离子交换柱或 Na 型强酸性阳离子交换柱等类型）进行有效去除后再进样。

（2）空白试验

以实验用水代替样品，按照水样预处理步骤制备实验室空白试样。按照水样的测定色谱条件和步骤，将空白试样注入离子色谱仪测定阴离子浓度。实验用水为电阻率≥18 mΩ·cm（25℃）、经过 0.45 μm 微孔滤膜过滤的去离子水。每批次（≤20 个）样品应至少做 2 个实验室空白试验，空白试验结果应低于方法检出限；否则，应查明原因，重新分析，直至合格之后才能测定样品。

（3）绘制标准曲线

分别移取 0.0 mL、1.0 mL、2.0 mL、5.0 mL、10.0 mL、20.0 mL 混合标准使用液置于一组100 mL容量瓶中，用水稀释定容至标线，混匀，配制成 6 个不同浓度的混合标准系列。可根据被测样品的浓度确定合适的标准系列浓度范围。按其浓度由低到高的顺序依次注入离子色谱仪，记录峰面积（或峰高）。以各离子的质量浓度为横坐标，以峰面积（或峰高）为纵坐标，绘制标准曲线。标准曲线的相关系数应≥0.995，否则，应重新绘制标准曲线。

每批次（≤20 个）样品，应分析一个标准曲线中间点浓度的标准溶液，其测定结果与标准曲线该点浓度之间的相对误差应≤10%；否则，应重新绘制标准曲线。

（4）水样测定

按照与绘制标准曲线相同的色谱条件和步骤，将预处理后的水样注入离子色谱仪测定阴离子浓度，以保留时间定性，以仪器响应值定量。若测定结果超出标准曲线范围，应将样品稀释后重新测定；可预先稀释 50~100 倍后试进样，再根据所得结果选择适当的稀释倍数重新进样分析，同时记录样品稀释倍数。

每批次（≤20 个）样品，测定 10%的平行双样。当样品数量少于 10 个时，应至少测定一个平行双样，平行双样测定结果的相对偏差应≤10%；测定 1 个加标回收率样，加标回收率应控制在 80%~120%。

3. 结果计算

水样中阴离子的质量浓度 C（mg/L），按照式（3-36）计算：

$$C=\frac{h-h_0-a}{b}\times f \tag{3-36}$$

式中：h——水样中阴离子的峰面积（或峰高）；

h_0——实验室空白试样中阴离子的峰面积（或峰高）；

a——标准曲线截距；

b——标准曲线斜率；

f——水样的稀释倍数。

当样品含量小于 1 mg/L 时，结果保留至小数点后三位；当样品含量大于等于 1 mg/L时，结果保留三位有效数字。

4. 注意事项

- 实验中产生的废液应集中收集、妥善保管，委托有资质的单位处理。
- 由于 SO_3^{2-} 在环境中极易氧化成 SO_4^{2-}，为防止其氧化，可在配制 SO_3^{2-} 贮备液时，加入 0. 1%的甲醛进行固定。标准系列可采用 7+1 方式制备，即配置成 7 种阴离子混合标准系列和 SO_3^{2-} 单独标准系列。
- 在分析废水样品时，所用的预处理柱应能有效去除样品基质中的疏水性化合物、重金属或过渡金属离子，同时对测定的阴离子不发生吸附。
- 对保留时间相近的两种阴离子，当其浓度相差较大而影响低浓度离子的测定时，可通过稀释、调节流速、改变碳酸钠和碳酸氢钠浓度比例，或选用氢氧根淋洗等方式消除和减少干扰。
- 当选用碳酸钠和碳酸氢钠淋洗液，水负峰干扰 F^- 的测定时，可在样品与标准溶液中分别加入适量相同浓度和等体积的淋洗液，以降低水负峰对 F^- 的干扰。

（二）氟离子选择电极法（GB 7484—87）

该方法适用于测定地表水、地下水和工业废水中的氟化物。水样有颜色、混浊不影响测定。温度会影响电极的电位和样品的离解，需使试份与标准溶液的温度相同，并注意调节仪器的温度补偿装置，使之与溶液的温度一致。每日要测定电极的实际斜率。最低检测浓度为 0. 05 mg/L；测定上限可达 1900 mg/L。

1. 方法原理

氟离子选择电极是一种以氟化镧（LaF_3）单晶片为敏感膜的传感器。当氟电极与含氟的试液接触时，电池的电动势（E）随溶液中氟离子活度的变化而改变（遵守能斯特方程）。当溶液中的总离子浓度为定值且足够时，服从关系式 $E=E_0-\frac{2.303RT}{F}\log C_{F^-}$，$E$ 与 $\log C_{F^-}$ 呈直线关系，$\frac{2.303RT}{F}$ 为直线的斜率，也为电极的斜率。用晶体管毫伏计或电位计测量上述原电池的电动势，并与用氟离子标准溶液测得的电动势进行比较，即可求出氟化物的浓度。

2. 测试要点

（1）水样预处理

如果水样成分不太复杂，可直接测定。如果水样中含有氟硼酸盐或者污染严重，则应先进行蒸馏。在沸点较高的酸溶液中，氟化物可形成易挥发的氢氟酸和氟硅酸，与干扰组分分离。蒸馏方法：准确取适量水样加入蒸馏瓶，并在不断摇动的同时缓慢加入高氯酸，连接好蒸馏装置后加热，蒸馏瓶内溶液温度升高到 130℃ 后开始通入蒸汽，维持温度在 140±5℃，控制蒸馏速度为 5～6 mL/min，待接收瓶馏出液体积约为 150 mL 时，停止蒸馏，并用水稀释至 200 mL，供测定用。

（2）空白试验

用水（去离子水或无氟蒸馏水）代替水样，按水样分析步骤进行空白试验。

（3）绘制标准曲线

准确移取不同体积氟化物标准溶液，分别转移至容量瓶中，加入总离子强度调节缓冲溶液，用水稀释至标线，摇匀；导入聚乙烯杯中，各放入一只塑料搅拌子，浓度由低到高依次插入电极；连续搅拌溶液，待电位稳定后，在继续搅拌时读取电位值。在每个标准溶液测量之前，都要用水冲洗电极，并用滤纸吸干。在半对数坐标纸上绘制 E（mV）$-\log C_{F^-}$（mg/L）标准曲线，浓度标示在对数分格上，最低浓度标示在横坐标的起点线上。

当样品组成复杂或成分不明时，宜采用一次标准加入法，以便减小基体的影响。

（4）水样测定

用无分度吸管，吸取适量水样置于 50 mL 容量瓶中，用乙酸钠或盐酸调节至近中性，加入 10 mL 总离子强度调节缓冲溶液，用水稀释至标线，摇匀，将其注入聚乙烯杯中，放入一只塑料搅拌棒，插入电极，连续搅拌溶液，待电位稳定后，在继续搅拌时读取电位值。根据测得的毫伏数，从标准曲线上查出氟化物的含量。

3. 结果计算

氟含量以 mg/L 表示。

4. 注意事项

• 不得用手指触摸电极的膜表面。如果电极的膜表面被有机物等沾污，必须清洗干净后再使用，清洗可用甲醇、丙酮等有机试剂，也可用洗涤剂。例如，可先将电极浸入温热的稀洗涤剂（1 份洗涤剂加 9 份水）保持 3~5 min。必要时，可再放入另一份稀洗涤剂中，然后用水冲洗，再在盐酸（1+1）中浸 30 s，最后用水冲洗干净，用滤纸吸去水分。

• 插入电极前不要搅拌溶液，以免在电极表面附着气泡，影响测定的准确度；搅拌速度应适中、稳定，不要形成涡流，测定过程中要连续搅拌。

• 一次标准加入法所加入标准溶液的浓度应比水样浓度高 l0~100 倍，加入的体积为试份的 1/100~1/10，以使体系的 TISAB 浓度变化不大。

• 水蒸气蒸馏比直接蒸馏安全。当水样中含有机质时，应用硫酸代替高氯酸，以防发生爆炸。

（三）氟试剂分光光度法（HJ 488—2009）

该方法适用于地表水、地下水和工业废水中氟化物的测定。最低检测浓度为 0. 05 mg/L，测定上限为 1. 80 mg/L。

1. 方法原理

氟试剂即茜素络合剂（ALC），在 pH=4. 1 的醋酸盐缓冲介质中，与氟离子和硝酸镧反应生成蓝色络合物，颜色的深度与氟离子浓度成正比，在 620 nm 波长处比色定量。

2. 测试要点

（1）水样预处理

工业废水样品按氟离子选择电极法（GB 7484—87）的水样蒸馏预处理方法进行处理。

（2）空白试验

以去离子水代替水样，按照水样预处理和测定步骤进行操作。

（3）绘制标准曲线

在 6 个 25 mL 容量瓶中，分别加入不同体积的氟化物标准溶液，加入去离子水至 10 mL，准确加入 10 mL 混合显色剂，用去离子水稀释至标线，摇匀，旋置 30 min，用 30 mm 比色皿于 620 nm 波长处，以纯水为参比测定吸光度，扣除试剂空白（零浓度）吸光度，以氟化物含量对吸光度作图，绘制标准曲线。

（4）水样测定

根据水中氟化物的含量，准确吸取适量水样置于 25 mL 容量瓶中，加入 10 mL 混合显色剂，用去离子水稀释至标线，摇匀。之后按绘制标准曲线步骤进行，由吸光度在标准曲线上查得氟化物的含量。

3. 结果计算

水样中氟化物（以 F^- 计）的含量 C（mg/L）按式（3-37）计算：

$$C=\frac{m}{V} \tag{3-37}$$

式中：m——从标准曲线查得的试样含氟量，μg；

V——水样体积，mL。

4. 注意事项

- 对于酸碱性较强的水样，在测定前，应用氢氧化钠溶液或盐酸溶液调至中性后再进行测定。
- 测定氟化物的水样，应用聚乙烯瓶收集和贮存。

（四）茜素磺酸锆目视比色法（HJ 487—2009）

该方法适用于饮用水、地表水、地下水及工业废水中的氟化物的测定，最低检出浓度为0.05 mg/L，检测上限为2.5 mg/L（高含量样品可经稀释后再进行分析）。

1. 方法原理

在酸性介质中，茜素磺酸钠与锆盐生成红色络合物；当有氟离子存在时，能夺取络化物中的锆离子，生成无色的氟化锆络离子 $(ZrF_6)^{2-}$，释放出黄色的茜素磺酸钠。根据溶液由红退至黄色的程度不同，与标准色列进行比较定量。

2. 测试要点

（1）水样预处理

工业废水样品按氟离子选择电极法（GB 7484—87）的水样蒸馏预处理方法进行处理。

（2）空白试验

用50 mL蒸馏水代替水样，按照水样预处理和测定步骤进行操作。

（3）标准比色系列配制

分别吸取0.00 mL、0.50 mL、1.00 mL、2.00 mL、2.50 mL、4.00 mL、5.00 mL和7.50 mL氟化物标准溶液，放入50 mL比色管中，并用纯水定容。此标准色列氟化物含量分别为0.00 μg、5.00 μg、10.00 μg、20.00 μg、25.00 μg、40.00 μg、50.00 μg和75.00 μg。分别将茜素磺酸锆酸性溶液加入上述标准溶液，混匀，放置1 h或在50℃水中显色20 min，冷却至室温即可目视比色（选择的标准溶液中，至少有2个低于和2个高于试样中氟化物的浓度，通常以50 μg/L或100 μg/L的氟为间隔）。此标准色列避光保存可稳定3个月。

（4）水样测定

取50 mL馏出液置于比色管中（当氟含量高于2.5 mg/L时，可量取少量馏出液，用水稀释到50 mL），如果试样中含有余氯，按每毫克余氯加入1滴亚砷酸钠溶液的标准，混匀，将余氯除去。加2.5 mL茜素磺酸锆酸性溶液于蒸馏后的水样中，混匀，放置1 h或在50℃水中显色20 min，冷却至室温即可与标准色列进行目视比色。

3. 结果计算

水样中氟化物（F^-）的质量浓度（mg/L）按式（3-38）计算：

$$C=\frac{m}{V_2}\times\frac{200}{V_1} \tag{3-38}$$

式中：m——标准系列给出的氟化物含量，μg；

V_1——水样的体积（取原水样蒸馏体积），mL；

V_2——水样的体积（比色时取样体积），mL。

4. 注意事项

- 共存离子影响：样品中硫酸盐、磷酸盐、铁、锰的存在能使测定结果偏高；铝可与氟离子形成稳定的络合物，使测定结果偏低。
- 茜素磺酸钠配制后与锆盐最好分别保存，使用时再按比例混合，以保持试剂的灵敏度。
- 茜素磺酸锆与氟离子作用过程中颜色的形成，受各种因素的影响，因此在分析时，要控制样品、空白和标准系列加入试剂的量，反应温度、放置时间等条件必须一致，试份与标准比色系列之间的温差不超过2℃。

八、总磷的测定

磷是生物生长的必需元素之一，但水体中磷含量过高，会导致富营养化，使水质恶化。在天然水和废水中，磷主要以各种磷酸盐和有机磷形式存在；总磷是各种存在状态磷的总和，包括溶解的、颗粒的、有机的和无机的。在化肥、冶炼、合成洗涤剂等行业的废水和生活污水中均存在一定量不同形态的磷。当需要测定总磷、溶解性正磷酸盐和总溶解性磷形态的磷时，应采用适当的预处理方法将不同形态的磷转变成正磷酸盐再测定。

正磷酸盐的测定方法有多种，包括离子色谱法、分光光度法、气相色谱（FPD）法等。但是，水中总磷测试标准方法只有分光光度法，包括钼酸铵分光光度法（GB 11893—89）、连续流动-钼酸铵分光光度法（HJ 670—2013）、流动注射-钼酸铵分光光度法（HJ 671—2013），以及基于钼酸铵分光光度法（GB 11893—89）制定的总磷水质自动分析仪技术要求（HJ/T 103—2003）。这里主要介绍前三种标准方法。

（一）钼酸铵分光光度法（GB 11893—89）

该方法适用于地表水、生活污水和工业废水中总磷的测定，最低检出浓度为0.01 mg/L，测定上限为0.6 mg/L。在酸性条件下，砷、铬、硫会干扰测定。

1. 方法原理

在中性条件下，用过硫酸钾或硝酸-高氯酸消解水样，将所含磷全部氧化为正磷酸盐。在酸性介质中，正磷酸盐与钼酸铵反应，在锑盐存在的情况下生成磷钼杂多酸后，立即被抗坏血酸还原生成蓝色的络合物。

2. 测试要点

（1）水样预处理

过硫酸钾消解（硫酸保存的水样，需先将试样调至中性）：取适量水样，加过硫酸钾溶液后塞紧盖，用一小块布和线将玻璃塞扎紧（或用其他方法固定），放在大烧杯中，置于高压蒸气消毒器中加热；待压力达到 1.1 kg/cm^2，相应温度为 120℃时，保持 30 min 后停止加热；待压力表读数降至 0 后，取出放冷，然后用水稀释至标线，待测。

硝酸-高氯酸消解：取适量水样于锥形瓶中，加数粒玻璃珠和硝酸，在电热板上加热浓缩至 10 mL，冷却后加硝酸，再加热浓缩至 10 mL，放冷，加高氯酸，加热至高氯酸冒白烟，此时可在锥形瓶上加小漏斗或调节电热板温度，使消解液在锥形瓶内壁保持回流状态，直至剩下 3~4 mL，放冷，加 10 mL 水和 1 滴酚酞指示剂，滴加氢氧化钠溶液至刚呈微红色，再滴加硫酸溶液，使微红刚好退去，充分混匀，移至具塞刻度管中，用水稀释至标线，待测。

（2）空白试验

用蒸馏水或去离子水代替试样，按水样测定步骤进行空白试验，加入与测定时相同体积的试剂。

（3）绘制标准曲线

取 7 支具塞刻度管，分别加入不同体积磷酸盐标准溶液，加水至 25 mL，然后按水样测定步骤进行处理，以水为参比，测定吸光度，绘制标准曲线。

（4）水样测定

向水样消解液中加入 1 mL 抗坏酸溶液，混合 30 秒后，加 2 mL 钼酸盐溶液，充分混匀。室温下放置 15 min 后（如显色室温低于 13℃，可在 20~30℃水浴上显色15 min 后测定吸光度），使用光程为 30 mm 的比色皿，在 700 nm 波长处，以水为参比，测定吸光度，扣除空白试验的吸光度后，从标准曲线上查出磷的含量。

3. 结果计算

水样中总磷的含量 C(mg/L) 按式（3-39）计算：

$$C=\frac{m}{V} \tag{3-39}$$

式中：A——水样的吸光度；

A_0——空白的吸光度；

a——标准曲线截距；

b——标准曲线斜率；

V——测试用水样的体积。

4. 注意事项

- 用硝酸-高氯酸消解，需要在通风橱中进行。高氯酸和有机物的混合物经加热易发生危险，需将试样先用硝酸消解，然后加入硝酸-高氯酸进行消解，绝不可把消解的试样蒸干。如消解后有残渣，应用滤纸过滤于具塞刻度管中，并用水充分清洗锥形瓶及滤纸，一并移到具塞刻度管中。水样中的有机物用过硫酸钾氧化不能完全破坏时，可用此法消解。

• 当试样中含有浊度或色度时，需配制一个空白试样，消解后用水稀释至标线，然后向试料中加入 3 mL 浊度-色度补偿液，但不加抗坏血酸溶液和钼酸盐溶液，然后从试料的吸光度中扣除空白试料的吸光度。

• 当砷大于 2 mg/L 干扰测定时，用硫代硫酸钠去除；当硫化物大于 2 mg/L 干扰测定时，通氮气去除；当铬大于 50 mg/L 干扰测定时，用亚硫酸钠去除。

（二）连续流动-钼酸铵分光光度法（HJ 670—2013）

该方法适用于地表水、地下水、生活污水和工业废水中磷酸盐和总磷的测定。测定总磷（以 P 计）的检出限为 0.01 mg/L，测定范围为 0.04~5.00 mg/L。

1. 方法原理

该方法的测试原理如图 3-5 所示。水样进入流动分析仪后，依次经过消解模块和显色反应模块，始终在密闭的管路中连续流动，被气泡按一定间隔有规律地隔开，并按特定的顺序和比例混合、反应，显色完全后进入流动检测池进行光度检测。

在消解模块，水样与过硫酸钾消解试剂在蠕动泵的推动下进入混合反应圈，经紫外消解装置和 107℃±1℃酸性水解，各种形态的磷全部氧化成正磷酸盐；水样消解后二次进样（ReS）泵入显色反应模块，水样与碱试剂在混合反应圈中和，然后与表面活性剂溶液一起泵入透析器（单元），消除色度和浊度干扰后，与钼酸铵溶液和抗坏血酸溶液一起泵入加热池。在酸性介质中，锑盐存在的情况下，水样中的正磷酸盐与钼酸铵反应生成磷钼杂多酸，该化合物立即被抗坏血酸还原生成蓝色络合物，在流动检测池中，于波长 880 nm 处测量吸光度。

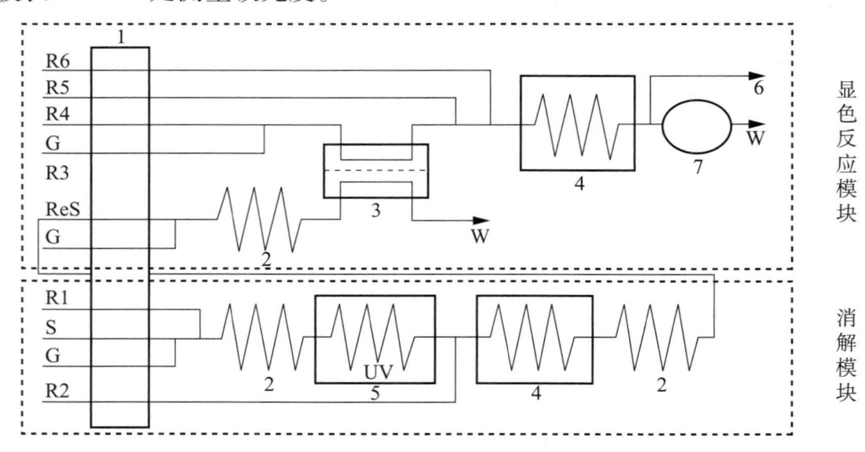

1—蠕动泵；2—混合反应圈；3—透析器（单元）；4—加热池（圈）107℃、40℃；5—紫外消解装置；6—除气泡；7—流动检测池（50 mm、880 nm）；S—试样（0.80 mL/min），R1—过硫酸钾消解试剂（0.32 mL/min）；R2—酸试剂Ⅱ（0.16 mL/min）；G—空气；R3—碱试剂（0.16 mL/min）；R4—表面活性剂溶液（0.80 mL/min）；W—废液；R5—钼酸铵溶液（0.23 mL/min）；R6—抗坏血酸溶液（0.23 mL/min）；ReS—二次进样（1.00 mL/min）。

图 3-5　连续流动-钼酸铵分光光度法测定总磷工作原理示意

2. 测试要点

（1）水样预处理

水样中的高浓度有机物会消耗过硫酸钾氧化剂，使总磷的测定结果偏低，可以通过稀释水样来消除影响；当水样中含较多固体颗粒或悬浮物时，需摇匀后取样、适当稀释，再通过匀质化预处理后进样。

（2）空白试验

用实验用水代替水样，按照水样测定步骤进行空白试验。每批样品需至少测定2个空白样品，空白值不得超过方法检出限；否则，应查明原因，重新分析，直至合格之后再测定样品。

（3）绘制标准曲线

分别移取适量的磷酸二氢钾标准溶液加入容量瓶中，稀释定容，制备6个浓度（0.00 mg/L、0.05 mg/L、0.50 mg/L、1.00 mg/L、2.50 mg/L和5.00 mg/L）的标准系列。量取适量标准系列溶液，置于样品杯中，由进样器按程序依次取样、测定。以测定信号值（峰高）为纵坐标，以对应的总磷质量浓度（以P计）为横坐标，绘制标准曲线。每批样品分析均需绘制标准曲线，标准曲线的相关系数$\gamma \geqslant 0.995$。每分析10个样品，需用一个标准曲线的中间浓度溶液进行校准核查，其测定结果的相对偏差应≤5%，否则应重新绘制标准曲线。

（4）水样测定

连续流动分析仪一般由自动进样器（配置匀质部件）、化学分析单元（即化学反应模块，由多通道蠕动泵、歧管、泵管、混合反应圈、紫外消解装置、透析器、加热圈等组成）、检测单元（检测池光程为50 mm）、数据处理单元组成。按照与绘制标准曲线相同的条件，进行水样的测定。若样品中总磷含量超出标准曲线范围，应取适量样品稀释后上机测定。

3. 结果计算

水样中总磷的质量浓度（以P计，mg/L）按照式（3-40）计算：

$$C=\frac{y-a}{b}\times f \tag{3-40}$$

式中：y——测定信号值（峰高）；

a——标准曲线截距；

b——标准曲线斜率；

f——稀释倍数。

当测定结果小于1.00 mg/L时，结果保留到小数点后第二位；当测定结果大于等于1.00 mg/L时，结果保留三位有效数字。

4. 注意事项

- 所有玻璃器皿均需用稀盐酸或稀硝酸浸泡。为减小基线噪声，试剂应保持澄清，必要时应过滤。试剂和环境的温度会影响分析结果，应使冰箱贮存的试剂温度达到室温后再使用，分析过程中室温波动不超过±5℃。

- 分析完毕后，应及时将流动检测池中的滤光片取下放入干燥器中，防尘防湿。要注意流路的清洁，每天分析完毕后，所有流路需用水清洗 30 min。每周要用清洗溶液清洗管路 30 min，再用水清洗 30 min。
- 应保持透析膜湿润。为防止透析膜破裂，可在分析完毕清洗系统时，于每升清洗水中加入 1 滴 FFD_6。
- 当同批分析的样品浓度波动大时，可在样品与样品之间插入空白，以减小高浓度样品对低浓度样品的影响。

（三）流动注射-钼酸铵分光光度法（HJ 671—2013）

该方法适合地表水、地下水、生活污水和工业废水中总磷的测定。当检测池光程为 10 mm 时，该方法的检出限为 0.005 mg/L（以 P 计），测定范围为 0.020~1.00 mg/L。

1. 方法原理

在酸性条件下，试样中各种形态的磷经 125℃高温高压水解，再与过硫酸钾溶液混合进行紫外消解，全部被氧化成正磷酸盐。在锑盐的催化下，正磷酸盐与钼酸铵反应生成磷钼酸杂多酸。该化合物被抗坏血酸还原生成蓝色络合物，于波长 880 nm 处测量吸光度。

2. 测试要点

流动注射分析仪包括自动进样器、化学分析单元（即化学反应模块、通道，由蠕动泵、注入阀、反应管路、预处理盒等部件组成）、检测单元（流通池检测波长为 880 nm）及数据处理单元。预处理盒包括加热池和紫外消解装置。在封闭的管路中，一定体积的试样注入连续流动的载液中，试样和试剂在化学反应模块中按特定的顺序和比例混合、反应，在非完全反应的条件下，进入流动检测池进行光度检测。结果计算与连续流动-钼酸铵分光光度法相同。

3. 注意事项

- 因流动注射分析仪流路管径较细，不适用于测定含悬浮物颗粒物较多或颗粒粒径大于 250 μm 的样品。
- 试剂和环境温度影响分析结果，冰箱贮存的试剂应放置至室温 20±5℃后再使用，分析过程中室温波动不能超过±2℃。
- 为减小基线噪声，试剂应保持澄清，必要时应过滤。封闭的化学反应系统若有气泡会干扰测定，因此，除标准溶液外的所有溶液须除气，可采用氦气除气 1 min 或超声除气 30 min。
- 每次分析完毕后，用纯水对分析管路进行清洗，并及时将流动检测池中的滤光片取下放入干燥器中，防尘防湿。
- 预处理盒加热器在加热温度接近 80℃时，应保证加热器的管路中有液体流动。

九、单质磷的测定

测定水中单质磷的含量用磷钼蓝分光光度法（HJ 593—2010）。该方法适用于地表水、地下水、工业废水和生活污水中单质磷的测定。当取样体积为 100 mL 时，直接比色法的方法检出限为 0.003 mg/L，测定下限为 0.010 mg/L，测定上限为 0.170 mg/L。

1. *方法原理*

用甲苯做萃取剂，萃取水样中的单质磷。萃取液经溴酸钾-溴化钾溶液将单质磷氧化成正磷酸盐，在酸性条件下，正磷酸盐与钼酸铵反应生成的磷钼杂多酸被还原剂氯化亚锡还原成蓝色络合物，其吸光度与单质磷的含量成正比，用分光光度计测定其吸光度，计算单质磷的含量。当水中单质磷的含量小于 0.05 mg/L 时，用乙酸丁酯富集后再进行显色测定，可以减少干扰，提高灵敏度和检测的可靠性。

2. *测试要点*

（1）水样预处理

萃取：移取 10~100 mL（视样品中磷含量而定）样品于 250 mL 分液漏斗中，加入 25 mL 甲苯，充分振荡 5 min，并经常开启活塞排气。静置分层后，将下层水相移入另一支 250 mL 分液漏斗，加入 15 mL 甲苯重复萃取，2 min 后静置，弃去水相，将有机相并入第一支分液漏斗。向第一支分液漏斗中加入 15 mL 水，振荡 1 min 后静置，弃去水相，有机相重复操作水洗 6 次。

氧化：向盛有有机相的第一支分液漏斗中加入 10~15 mL 溴酸钾-溴化钾溶液，2 mL硫酸溶液（1+1），振荡 5 min，并经常开启活塞排气。静置 2 min 后加入 2 mL 高氯酸，再振荡 5 min 后，移入 250 mL 磨口锥形瓶内，加入数粒玻璃珠，在电热板上缓缓加热以驱赶过量的高氯酸和除溴（注意勿使样品溅出或蒸干），至白烟减少时，取下冷却。加入 10 mL 水及 1 滴酚酞指示剂，用 20%氢氧化钠溶液中和至呈粉红色，滴加（1+1）硫酸溶液至粉红色刚好消失，移入 50 mL 容量瓶中，用去离子水稀释至标线。

（2）空白试验

用实验用水代替水样，按照水样测定步骤进行空白试验。每批样品须至少测定 2 个空白样品，空白值不得超过方法检出限；否则，应查明原因，重新分析直至合格之后再测定样品。

（3）绘制标准曲线

直接比色法：单质磷含量大于 0.05 mg/L 的样品，标准曲线按照下列步骤操作：取 8 支50 mL 具塞比色管，加入不同体积的磷酸二氢钾标准使用液，分别向每支比色管中加水至 50 mL，加入 2 mL 钼酸铵溶液及 1 mL 氯化亚锡甘油溶液，混匀。当室温在 20℃以上时，显色 20 min；当室温低于 20℃时，显色 30 min。在波长 690 nm 处，用 30 mm 比色皿，以水为参比，测定吸光度。以扣除试剂空白的吸光度对应单质磷含量绘制标准曲线。

萃取比色法：单质磷含量小于 0.05 mg/L 的样品，标准曲线按照下列步骤操作：

取6支100 mL分液漏斗，加入不同体积的磷酸二氢钾标准使用液，分别向每支分液漏斗中加水至50 mL，加入3 mL硝酸溶液（1+5）、7 mL钼酸铵溶液Ⅱ和10 mL乙酸丁酯，振荡1 min，弃去水相。向有机相中加入2 mL氯化亚锡溶液，摇匀，再加入1 mL无水乙醇，轻轻转动分液漏斗，使水珠下降，放尽水相，将有机相倾入30 mm比色皿，在波长720 nm处，以乙酸丁酯为参比测定吸光度。以扣除试剂空白的吸光度对应单质磷含量绘制标准曲线。

（4）水样测定

单质磷含量大于0.05 mg/L的样品，采取直接比色法。移取适量体积经萃取、氧化制备好的试样（视样品中单质磷的含量而定）于50 mL具塞比色管中，以下步骤同直接比色法绘制标准曲线的操作步骤。

单质磷含量小于0.05 mg/L的样品，采用有机相萃取比色。移取适量体积经萃取、氧化制备好的试样（视样品中单质磷的含量而定）于100 mL分液漏斗中，以下步骤同萃取比色法绘制标准曲线的操作步骤。

3. 结果计算

水样中单质磷的含量C（mg/L）按照式（3-41）计算：

$$C=\frac{m\times V_2}{V_1\times V_3} \tag{3-41}$$

式中：m——从标准曲线查得的试样中单质磷的含量，μg；

V_1——预处理时水样移取的体积，mL；

V_2——水样定容体积，50 mL；

V_3——显色反应时移取的水样体积，mL。

4. 注意事项

- 操作所用的玻璃器皿，可用盐酸（1+5）浸泡2 h，或用不含磷的洗涤剂清洗。
- 比色皿用后应以稀硝酸或铬酸洗液浸泡片刻，以除去吸附的钼蓝有色物。

十、总铜的测定

铜是人体所必需的微量元素，缺铜会发生贫血、腹泻等病症，但过量摄入铜也会产生危害。铜会腐蚀排水管网和净化工程，从而降低运转效率等。铜的主要污染源是电镀、冶炼、五金加工、矿山开采、石油化工和化学工业等部门排放的废水。

测定水中铜的标准方法主要有二乙基二硫代氨基甲酸钠（DDTC）分光光度法（HJ 485—2009）和2,9-二甲基-1,10-菲啰啉新分光光度法（HJ 486—2009），以及原子吸收分光光度法（GB 7475—87）、电感耦合等离子体原子发射光谱法（HJ 776—2015）、电感耦合等离子体质谱法（HJ 700—2014）。后三种方法具体测试步骤参见镉的测定，这里仅介绍前两种方法。

（一）二乙基二硫代氨基甲酸钠分光光度法（HJ 485—2009）

该方法适用于地表水、地下水、生活污水和工业废水中总铜和可溶性铜的测定。可溶性铜是指未经酸化的水样，通过 0.45 μm 滤膜后测得的铜。总铜是指未经过滤的水样，经消解后测得的铜。当使用 20 mm 比色皿，萃取用试样体积为 50 mL 时，该方法的检出限为 0.010 mg/L，测定下限为 0.040 mg/L。当使用 10 mm 比色皿，萃取用试样体积为 10 mL 时，该方法的测定上限为 6.00 mg/L。

铁、锰、镍、钴等与二乙基二硫代氨基甲酸钠生成有色络合物，干扰铜的测定，可用 EDTA-柠檬酸铵溶液掩蔽消除。

1. 方法原理

在氨性溶液（pH=8~10）中，铜离子与 DDTC 作用，生成摩尔比为 1∶2 的黄棕色胶体络合物，用四氯化碳或 $CHCl_3$ 萃取，于 440 nm 处测吸光度，颜色可稳定 1 h。

2. 测试要点

（1）水样预处理

取 50 mL 水样置于烧杯中，加入 5 mL 浓硝酸，在电热板上加热消解到 10 mL 左右。稍冷却，再加入 5 mL 浓硝酸和 1 mL 高氯酸，继续加热消解蒸至近干。冷却后，加水40 mL，加热煮沸 3 min。冷却后，转入 50 mL 容量瓶中，定容，有沉淀需要过滤。

（2）空白试验

用新制的去离子水代替水样，按与水样相同的预处理和测定操作步骤做空白试验。

（3）绘制标准曲线

在 8 个分液漏斗中分别加入不同体积的铜标准溶液，使铜含量分别为 0.0 μg、1.0 μg、2.5 μg、5.0 μg、10.0 μg、15.0 μg、25.0 μg 和 30.0 μg。加水至总体积为 50 mL，配成标准系列溶液。分别加入 10 mL EDTA-柠檬酸铵溶液Ⅱ和 2 滴甲酚红指示液，用（1+1）氨水调 pH 值至 8~8.5（由红色经黄色变为浅紫色）。加入 5.0 mL 二乙基二硫代氨基甲酸钠溶液，摇匀，静置 5 min。准确加入 10 mL 四氯化碳，振荡不少于 2 min，静置，使分层。用滤纸吸干分液漏斗颈部的水分，塞入一小团脱脂棉，弃去最初流出的有机相 1~2 mL，然后将有机相移入比色皿（铜含量为 10~30 μg，用 10 mm 比色皿；含量小于 10 μg，用 20 mm 比色皿）。在 440 nm 波长处，以四氯化碳为参比，测量吸光度。将测量的吸光度作空白校正后，对相应的铜含量（μg），分别绘制低浓度和高浓度的标准曲线。

（4）水样测定

用移液管吸取适量体积（含铜量不超过 30 μg，最大体积不大于 50 mL）消解后的试样，置于分液漏斗中，加水至 50 mL。后续操作同绘制标准曲线。在 440 nm 波长处，以四氯化碳为参比，测量吸光度。

3. 结果计算

水样中铜的质量浓度 C（mg/L）按式（3-42）计算：

$$C=\frac{(A-A_0)-a}{b\times V} \quad (3-42)$$

式中：A——水样的吸光度；

A_0——空白的吸光度；

a——标准曲线截距；

b——标准曲线斜率；

V——萃取时用的水样体积，mL。

结果以两位小数表示。

4. *注意事项*

采样后若不能立即分析，应将水样酸化至 pH = 1. 5，通常每 100 mL 样品加入 0. 5 mL盐酸溶液。

（二）2,9-二甲基-1,10-菲啰啉分光光度法（HJ 486—2009）

该方法有直接光度法和萃取光度法。其中，直接光度法适用于较清洁的地表水和地下水中可溶性铜和总铜的测定；萃取光度法适用于地表水、地下水、生活污水和工业废水中可溶性铜和总铜的测定。环境保护税主要面向企业，因此本书仅介绍萃取光度法。2，9-二甲基-1，10-菲啰啉也称新亚铜灵。新亚铜灵萃取分光光度法具有灵敏度高、选择性好等优点。当使用 50 mm 比色皿，试料体积为 50 mL 时，铜的检出限为 0. 02 mg/L，测定下限为 0. 08 mg/L。当使用 10 mm 比色皿时，最低检出限为 0. 06 mg/L，测定上限为 3. 2 mg/L。

1. *方法原理*

将水样中的二价铜离子用盐酸羟胺还原为亚铜离子，在中性或微酸性介质中，亚铜离子与新亚铜灵反应，生成摩尔比为 1 ∶ 2 的黄色络合物。用三氯甲烷-甲醇混合溶剂萃取，于波长 457 nm 处测量吸光度。

2. *测试要点*

（1）水样预处理

取两份均匀水样，置于 250 mL 烧杯中。向每份试样中加入 1 mL 浓硫酸和 5 mL 浓硝酸，放入几粒经酸化处理的沸石，置电热板上加热消解（注意勿喷溅）至冒三氧化硫白色浓烟为止。如果溶液仍然带色，冷却后加入 5 mL 硝酸，继续加热消解至冒白色浓烟为止。必要时，重复上述操作，直到溶液无色。冷却，加入约 80 mL 水，加热至沸腾并保持 3 min，冷却，滤入 100 mL 容量瓶内，用水洗涤烧杯和滤纸，用洗涤水补加至标线并混匀。

注：沸石采用空白消解的方法进行净化，净化效果可通过空白试验结果来检查。

（2）空白试验

用新制的去离子水代替水样，按照与水样相同的预处理和测定操作步骤做空白试验。

（3）绘制标准曲线

取 7 个分液漏斗分别加入不同体积铜标准溶液，加水至总体积为 50 mL，使铜的含量依次为 0.0 μg、20.0 μg、40.0 μg、60.0 μg、80.0 μg、120.0 μg、160.0 μg（若试样中铜的质量浓度低于 20.0 μg/50 mL，则需制备低浓度的标准系列，使铜的含量依次为 0.0 μg、2.0 μg、4.0 μg、8.0 μg、12.0 μg、16.0 μg、20.0 μg）。加入 1 mL 浓硫酸，加入 5 mL 盐酸羟胺溶液和10 mL柠檬酸钠溶液，充分摇匀。每次加入 1 mL 氢氧化铵溶液，调节 pH≈4，再滴加氢氧化铵溶液至刚果红试纸正好变红色（或 pH 试纸显示 4~6）。加入 10 mL 2，9-二甲基 1，10-菲啰啉溶液和 10 mL 三氯甲烷。轻轻旋摇片刻，旋紧活塞后剧烈摇动 30s 以上，将黄色络合物萃入三氯甲烷中，静置分层后，用滤纸吸去分液漏斗放液管内的水珠，并塞入少量脱脂棉，将三氯甲烷层放入 25 mL 容量瓶中。再加入 10 mL 三氯甲烷于水相中，重复上述步骤再萃取一次，合并两次萃取液，用甲醇稀释至标线并混匀。将高浓度标准系列的萃取液放入 10 mm 比色皿内，低浓度标准系列的萃取液放入50 mm比色皿内，分别于波长 457 nm 处，以三氯甲烷为参比测量吸光度。用测得的吸光度扣除试剂空白的吸光度后，绘制校准曲线。

（4）水样测定

吸取适量体积消解后的水样于分液漏斗中，加水至总体积为 50 mL。按与校准曲线相同的步骤测量吸光度。

3. 结果计算

水样中铜的质量浓度 C（mg/L）按式（3-43）计算：

$$C=\frac{(A-A_0)-a}{V\times b} \tag{3-43}$$

式中：A——水样的吸光度；

A_0——空白的吸光度；

a——标准曲线截距；

b——标准曲线斜率；

V——萃取时用的水样体积，mL。

结果以两位小数表示。

4. 注意事项

- 萃取溶剂除了用三氯甲烷-甲醇的混合溶液外，还可以用异戊醇、戊醇、乙醇和甲基异丁基甲酮等。在 457 nm 条件下，用三氯甲烷-甲醇混合液萃取为最佳。采用三氯甲烷-甲醇的混合溶液进行萃取，甲醇的作用是使络合物的黄色加深至最大限度。
- 分液漏斗的活塞不得涂抹凡士林防漏，因为凡士林溶于氯仿会使试验结果出现误差。
- 采样后若不能立即分析，应将水样酸化至 pH＝1.5，通常每 100 mL 样品加入 0.5 mL 盐酸溶液。

十一、总锌的测定

锌在生物体中是一种必不可少的有益元素，成人每天约需摄入 80 mg/kg（体重）锌，儿童每日约需摄入 0.3 mg/kg（体重）锌，摄入不足会造成发育不良。但锌对鱼类和其他水生生物影响较大，锌对鱼类的安全浓度约为 0.1 mg/L。此外，锌对水体的自净过程有一定的抑制作用。锌的主要污染源是电镀、冶金、颜料及化工等行业排放的废水。

锌测定的标准方法有双硫腙分光光度法（GB 7472—87）、原子吸收分光光度法（GB 7475—87）、电感耦合等离子体原子发射光谱法（HJ 776—2015）、用电感耦合等离子体质谱法（HJ 700—2014）。后三种方法具体测试步骤参见镉的测定。其中，火焰原子吸收分光光度法测定锌，简便快速，灵敏度较高，干扰少，适用于各种水体；双硫腙分光光度法适用于天然水和某些废水中微量锌的测定，方法检出限为 5 μg/L，检测浓度范围为 5~50 μg/L。这里仅介绍双硫腙分光光度法。

1. *方法原理*

水样经酸消解处理后，测定水样中的总锌量。在 pH 值为 4.0~5.5 的乙酸盐缓冲介质中，锌离子与双硫腙形成红色螯合物，用四氯化碳萃取后进行分光光度测定。当水样中存在少量铅、铜、汞、镉、钴、铋、镍、金、钯、银、亚锡等金属离子时，对锌的测定有干扰，但可用硫代硫酸钠做掩蔽剂和控制 pH 值予以消除。

2. *测试要点*

（1）水样预处理

含悬浮物和有机质较多的地表水或废水，每 100 mL 水样加入 5 mL 浓硝酸，在电热板上加热消解到 10 mL 左右，冷却。再加入 5 mL 浓硝酸和 2 mL 高氯酸，继续加热消解，蒸发至近干。用硝酸溶液（0.2%）温热溶解残渣，冷却后，用快速滤纸过滤，滤纸用硝酸溶液（0.2%）洗涤数次，滤液用硝酸溶液（0.2%）稀释定容，供测定用。每分析一批样品，要平行操作两个空白试验。

如果水样中锌的含量不在测定范围内，可对试样做适当稀释减少取试样量。如果锌的含量太低，也可取较大量试样置于石英皿中进行浓缩；如果取加酸保存的试样，则要取 1 份试样放在石英皿中蒸发至干，以除去过量酸（注意：不要用氢氧化物中和，因为此类试剂中的含锌量往往过高），然后加无锌水，加热煮沸 5 min，用稀盐酸或经纯制的氨水调节试样的 pH 值至 2~3。最后，以无锌水定容。

（2）空白试验

用适量无锌水代替水样，按照水样预处理和测定的操作步骤进行试验。

（3）绘制标准曲线

向一系列 125 mL 分液漏斗中分别加入不同体积的锌标准溶液，再加入无锌水补充到 10 mL，向各分液漏斗中加入 5 mL 乙酸钠溶液和 1 mL 硫代硫酸钠溶液，混匀后用 10 mL双硫腙-四氯化碳溶液摇动萃取 4 min，静置分层后，将四氯化碳层通过少许洁净脱脂棉过滤入 20 mm 比色皿中。立即以四氯化碳为参比，在最大吸光波长处（与水样测试用波长一致）测量溶液的吸光度，用测得的吸光度扣除试剂空白（零浓度）的吸光度后，绘制吸光度对锌含量的曲线，这条标准线应为通过原点的直线。定期检查标准曲线，特别是分析一批水样或每使用一批新试剂时要检查一次。

（4）水样测定

取 10 mL 经过预处理的水样置于 60 mL 分液漏斗中，后续操作同绘制标准曲线。立即以四氯化碳为参比，在最大吸光波长处测量溶液的吸光度（第一次测试时，应检验最大吸光波长，以后的测定中均使用此波长，一般情况为 535 nm），由测得的吸光度扣除空白试验吸光度之后，从标准曲线上查出水样中锌的含量。

3. 结果计算

水样中总锌的含量 C（mg/L）按式（3-44）计算：

$$C=\frac{(A-A_0)-a}{V\times b} \tag{3-44}$$

式中：A——水样的吸光度；

A_0——空白的吸光度；

a——标准曲线截距；

b——标准曲线斜率；

V——萃取时用的水样体积，mL。

结果以二位有效数字表示。

十二、总锰的测定

锰是人类所必需的微量元素之一，对人体健康具有重要作用，参与多种酶的组成，影响酶的活性。人体中如果缺乏锰，可能会产生运动失调症，还可能导致骨质疏松、糖尿病、动脉粥样硬化、癫痫、创伤愈合不良等问题。当摄入锰过量时，会对神经系统锥体外束造成损害，导致震颤麻痹综合征，也可能出现肝功能受损、胆道不通畅等症状。作为重要的工业原料，锰被广泛应用于钢铁、有色冶金、化工、电子、电池、农业、医学等领域，这类工业企业排放的废水中往往含有一定量的锰。

水样中锰测定的标准方法有火焰原子吸收分光光度法（GB 11911—89）、高碘酸钾分光光度法（GB 11906—89）、甲醛肟分光光度法（HJ/T 344—2007）、电感耦合等离子体原子发射光谱法（HJ 776—2015）、电感耦合等离子体质谱法（HJ 700—2014），后两种方法的具体测试步骤参见镉的测定。甲醛肟分光光度法适用于比较清洁水体中总锰的测定，不适用于污染严重的工业废水中总锰的测定。这里主要介绍火焰原子吸收分光光度法（GB 11911—89）和高碘酸钾分光光度法（GB 11906—89）。

（一）火焰原子吸收分光光度法（GB 11911—89）

该方法操作简便、快速而准确，适用于地表水、地下水及工业废水中铁、锰的测定。锰的检测限为 0.01 mg/L，标准曲线的浓度范围为 0.05~3 mg/L。

1. 方法原理

将消解处理过的水样直接吸入火焰中，锰的化合物易于原子化，在波长 279.5 nm 处测量锰基态原子对其空心阴极灯特征辐射的吸收。在一定条件下，吸光度与待测样品中锰的含量成正比。

2. 测试要点

（1）水样预处理

采样后，应立即加硝酸酸化，使 pH 值为 1~2。取适量水样置于烧杯中，进行消解处理。每 100 mL 水样加 5 mL 浓硝酸，置于电热板上，在近沸状态下将样品蒸至近干，冷却后再加入浓硝酸重复上述步骤一次。必要时，再加入浓硝酸或高氯酸，直至消解完全，应蒸至近干，加盐酸（1+99）溶解残渣；若有沉淀，用定量滤纸滤入 50 mL 容量瓶中，加氯化钙溶液 1 mL，以盐酸溶液（1+99）稀释至标线，待测。

（2）空白试验

用去离子水代替水样做空白试验。采用相同的步骤，且与采样和测定中所用的试剂用量相同。在测定样品的同时，测定空白试样。

（3）绘制标准曲线

取不同体积锰的标准使用溶液放于 50 mL 容量瓶中，用盐酸稀释至标线，摇匀。至少应配制 5 个标准溶液，且待测元素的浓度应在这一标准系列范围内。根据仪器说明书选择最佳参数，用盐酸溶液调 0 后，在选定的条件下测量其吸光度，以扣除空白的吸光度为纵坐标，以对应标准溶液中锰的含量为横坐标，绘制标准曲线。在测量过程中，要定期检查标准曲线。

（4）水样测定

在测量标准系列溶液的同时，测量样品溶液（消解后的水样）及空白溶液的吸光度。用样品溶液吸光度减去空白吸光度，从校准曲线上查出样品溶液中锰的含量。

3. 结果计算

水样中总锰的含量 C（mg/L）按式（3-45）计算：

$$C=\frac{A-A_0-a}{V\times b} \tag{3-45}$$

式中：A——水样的吸光度；

A_0——空白的吸光度；

a——标准曲线截距；

b——标准曲线斜率；

V——消解时取的水样体积，mL。

结果以二位有效数字表示。

4. 注意事项

● 仪器工作条件：不同型号仪器的最佳测试条件不同，可参照仪器说明书自行选择。

● 实验室仪器所用玻璃及塑料器皿，在使用之前，一般需在硝酸溶液（1+1）中浸泡 24 h 以上，然后用水清洗干净。

（二）高碘酸钾分光光度法（GB 11906—89）

该方法适用于饮用水、地表水、地下水和工业废水中可滤态锰和总锰的测定。使用光程长为 50 mm 的比色皿，水样体积为 25 mL 时，该方法的最低检出浓度为 0.02 mg/L，测定上限为 3 mg/L。含锰量高的水样，可适当减少水样体积或使用 10 mm 光程的比色皿，测定上限可达 9 mg/L。

1. 方法原理

在中性的焦磷酸钾介质中，室温条件下高碘酸钾可在瞬间将低价锰氧化到紫红色的七价锰，用分光光度法在 525 nm 波长处进行测定。

2. 测试要点

（1）水样预处理

取酸化混匀后未经过滤的水样 25 mL 置于 100 mL 锥形瓶中，加入 5 mL 浓硝酸和 2 mL硫酸（1+1），加热直至硫酸烟冒至将尽，取下，冷却；滴加 3～4 滴硝酸溶液（1+1）和少量水，加热使盐类溶解，冷却；滴加氨水，调节酸度至 pH＝1～2 后，移入 50 mL 容量瓶中，再行测定。

（2）空白试验

用去离子水代替水样做空白试验。采用与水样测定相同的步骤，且与采样和测定中所用的试剂用量相同。在测定样品的同时，测定空白试样。

（3）绘制标准曲线

向一系列 50 mL 容量瓶中分别加入不同体积的锰标准使用液，用去离子水稀释至 25 mL，加入 10 mL 焦磷酸钾–乙酸钠缓冲溶液和 3 mL 高碘酸钾溶液，用水稀释至标线，摇匀，放置 10 min 后，以水为参比，用 50 mm 比色皿在 525 nm 波长处测量吸光度。以扣除空白的吸光度为纵坐标，以锰含量为横坐标，绘制标准曲线。

（4）水样测定

在消解处理后的水样中，加入 10 mL 焦磷酸钾–乙酸钠缓冲液和 3 mL 高碘酸钾溶液，用水稀释至标线，摇匀，放置 10 min 后，以水为参比，用 50 mm 波长比色皿在 525 nm 波长处测量吸光度。

3. 结果计算

水样中总锰的含量 C（mg/L）按式（3–46）计算：

$$C=\frac{A-A_0-a}{V\times b} \qquad (3-46)$$

式中：A——水样的吸光度；

A_0——空白的吸光度；

a——标准曲线截距；

b——标准曲线斜率；

V——消解时取的水样体积，mL。

结果以二位有效数字表示。

4. 注意事项

酸度是发色完全与否的关键条件，酸性保存的样品，分析前应调至 pH = 1 ~ 2，不得低于 1。样品消化处理时，不能蒸干，一旦蒸干，铁锰等盐类很难复溶，将导致结果偏低；样品消化后，也应调节 pH = 1 ~ 2，以利发色。

十三、总硒的测定

硒是动物体必需的营养元素和植物有益的营养元素，也是人体必需的微量元素。中国营养学会将硒列入人体必需的 15 种营养素。国内外大量临床试验证明，人体缺硒可引起某些重要器官的功能失调，导致许多严重疾病。摄入过量硒可导致中毒，出现脱发、脱甲等。硒在工业领域主要用作光敏材料、电解锰行业催化剂等。这类企业排放的废水中往往含有一定量的硒。水体中的总硒包括有机硒和无机硒，水样需经消解后再测定。

水体中总硒的测试标准方法有 3，3′-二氨基联苯胺分光光度法（HJ 811—2016）、原子荧光法（HJ 694—2014）、石墨炉原子吸收分光光度法（GB/T 15505—1995）、电感耦合等离子体原子发射光谱法（HJ 776—2015）、电感耦合等离子体质谱法（HJ 700—2014）。后两种方法的具体测试步骤参见镉的测定，这里介绍前三种方法。

（一）3,3′-二氨基联苯胺分光光度法（HJ 811—2016）

该方法适用于地表水、地下水、生活污水和工业废水中总硒的测定。当取样体积为 200 mL，使用 30 mm 比色皿时，方法检出限为 2.0 μg/L，测定下限为 8.0 μg/L。水中常见离子一般不会干扰总硒的测定。铁离子浓度大于 50 mg/L 时，会产生干扰，可用乙二胺四乙酸二钠（EDTA-2Na）混合试剂掩蔽或消除干扰。采样后，若不能及时测定，应按比例（1000 mL 样品加入 10 mL 硝酸）加入硝酸，于 4℃ 以下冷藏保存，14 d内完成分析测定。

1. 方法原理

经混合酸消解后，样品中的总硒被盐酸羟胺全部还原至四价，在酸性条件下，会与显色剂 3，3′-二氨基联苯胺产生络合反应，生成黄色化合物，经甲苯萃取后，在 420 nm波长处测量吸光度。在一定浓度范围内，总硒的含量与吸光度符合朗伯-比尔定律。

2. 测试要点

（1）水样预处理

移取适量混匀后的水样至锥形瓶中，于电热板上加热浓缩（设置温度为130~150℃），取下稍冷；加入硝酸-高氯酸溶液，继续于电热板上消解（设置温度为180~210℃），至瓶内充满浓白烟后，继续加热至白烟逐渐消失，取下稍冷；加入盐酸溶液继续于电热板上加热（设置温度为180~210℃），至白烟冒尽，取下冷却；加入盐酸羟胺溶液，待测（在溶液加热浓缩过程中，严禁蒸干）。

（2）空白试验

实验室空白试样的制备：用同批次试验用水代替样品，按照与试样预处理相同的步骤制备实验室空白试样。

全程序空白试样的制备：将同批次准备好的样品瓶带至采样现场，用同批次实验用水装入样品瓶，按照与水样的保存和预处理相同的步骤制备全程序空白试样。

（3）绘制标准曲线

分别移取不同体积硒标准使用溶液于一组锥形瓶中，加水至要求体积，配制成含有不同量硒的标准系列。按照与水样预处理相同的步骤进行消解处理。将消解后的标准系列分别转移至一组分液漏斗中，用乙二胺四乙酸二钠混合试液使用液分数次清洗锥形瓶，洗液全部转移至分液漏斗中，此时溶液呈桃红色。用氢氧化钠溶液或盐酸溶液调节pH值为1~3，使溶液呈浅橙黄色，加入3，3′-二氨基联苯胺四盐酸盐溶液，摇匀，避光静置30 min显色。将显色后的溶液用氢氧化钠溶液或盐酸溶液调节pH值至7~10，使溶液微微发红，加入甲苯，充分振动摇匀，静置分层，弃去水相，有机相待测。用30 mm比色皿，于420 nm波长处，以甲苯为参比，测定吸光度。以总硒含量（μg）为横坐标，以扣除实验室空白试样的吸光度为纵坐标，绘制标准曲线。

（4）水样测定

将预处理后的水样，按照绘制校准曲线显色和萃取相同的步骤进行显色和萃取，萃取后的有机相放入30 mm比色皿中，于420 nm波长处，以甲苯为参比，测定吸光度；同时，测定空白试样吸光度。

3. 结果计算

水样中总硒的含量C（mg/L）按式（3-47）计算。

$$C=\frac{A-A_0-a}{V\times b} \quad (3-47)$$

式中：A——水样的吸光度；

A_0——空白的吸光度；

a——标准曲线截距；

b——标准曲线斜率；

V——消解时取的水样体积，mL。

当测定结果小于 10 μg/L 时，结果保留至小数点后一位；当测定结果大于等于 10 μg/L时，结果保留三位有效数字。

4. 注意事项

硝酸和高氯酸具有强腐蚀性和强氧化性，盐酸具有强挥发性和腐蚀性，操作时应佩戴防护器具，避免接触皮肤和衣服。所有样品的消解过程应在通风橱内操作。甲苯和 3，3′-二氨基联苯胺属有毒试剂，试验中产生的废液和废物应置于密闭容器中集中收集和保管，做好标记，贴上标签，委托有资质的单位处理。

（二）原子荧光法（HJ 694—2014）

该方法适用于地表水、地下水、生活污水和工业废水中总硒的测定。该方法的检出限为0.4 μg/L，测定下限为 1.6 μg/L。

1. 方法原理

经消解处理的水样，在酸性条件下，以硼氢化钾做还原剂，使硒生成硒化氢，以氮气为载气，将生成的硒化氢导入电加热石英管炉中进行原子化，硒原子受光辐射后被激发产生电子跃迁。当激发态的电子返回基态时，会发出荧光，此时产生的荧光谱线与硒无极放电灯发射谱线产生共振，于波长 196.0 nm 处测定所产生的荧光强度，测定的荧光强度与试样中硒的含量成正比。

2. 测试要点

（1）水样预处理

取适量水样置于锥形瓶中，加入混合消解液（硝酸-高氯酸），在电热板上加热消解至瓶口冒白烟，取下冷却后，加入 6 mol/L 盐酸 5 mL，加热至黄褐色烟冒尽，冷却后移入容量瓶中，加水稀释定容，待测。

（2）空白试验

用去离子水代替水样，按照水样预处理和测定步骤进行试验。

（3）绘制标准曲线

分别移取不同体积硒标准使用溶液于 50 mL 容量瓶中，分别加入 10 mL 盐酸溶液，用水稀释定容，混均。参考标准规定的测量条件或采用自行确定的最佳测量条件，以盐酸溶液为载流，以硼氢化钾溶液为还原剂，浓度由低到高依次测定标准系列的原子荧光强度，以此强度为纵坐标，以对应的硒质量浓度为横坐标，绘制标准曲线。

（4）水样测定

量取一定量消解后的水样于容量瓶中，加入盐酸溶液，用水稀释定容，混匀，按照与绘制标准曲线相同的条件进行测定。超过标准曲线高浓度点的样品，对其消解液进行稀释后再行测定。

3. 结果计算

水样中总硒的质量浓度 C（μg/L）按式(3-48）计算：

$$C=\frac{C_1\times f\times V_1}{V} \tag{3-48}$$

式中：C_1——从校准曲线上查得的水样中总硒的质量浓度，μg/L；

f——水样的稀释倍数（样品若有稀释）；

V_1——测定时取消解水样后定容的体积，50 mL；

V——测定时取消解水样的体积，mL。

测定结果小于 10 μg/L 时，保留小数点后一位；当测定结果大于等于 10 μg/L 时，保留三位有效数字。

4. 注意事项

• 实验中产生的废液和废物不可随意倾倒，应置于密闭容器中保存，委托有资质的单位进行处理。

• 硼氢化钾是强还原剂，极易与空气中的氧气和二氧化碳反应，在中性和酸性溶液中易分解产生氢气，所以配制硼氢化钾还原剂时，要将硼氢化钾固体溶解在氢氧化钠溶液中，并临用现配。

• 实验室所用的玻璃器皿均需用硝酸溶液浸泡 24 h，或用热硝酸荡洗。清洗时，依次用自来水、去离子水洗净。

（三）石墨炉原子吸收分光光度法（GB/T 15505—1995）

该方法适用于水与废水中溶解性硒和总硒的测定。测定溶解性硒时，不需要消解水样，测定总硒时，水样必须消解。该方法的检出限为 0.003 mg/L，测定范围为 0.015~0.200 mg/L。

1. 方法原理

将试样或消解处理过的试样直接注入石墨炉，炉中形成的基态原子会吸收特征电磁辐射。将测定的试样吸光度与标准溶液的吸光度进行比较，可确定试样中被测元素的浓度。

2. 测试要点

（1）水样预处理

取适量水样置于烧杯中，加入浓硝酸后，在电热板上加热蒸发至 1 mL 左右。若试液混浊不清，颜色较深，再补加浓硝酸继续消解至试液清澈透明，呈浅色或无色，并蒸发至近干。取下稍冷，加入硝酸溶液温热，溶解可溶性盐类，若出现沉淀，用中速滤纸滤入容量瓶中，用去离子水定容，待测。

（2）空白试验

在测定水样的同时，测定空白。取适量去离子水代替水样置于烧杯中，按照水样的预处理和测定步骤进行操作。

（3）绘制标准曲线

移取不同体积硒标准使用液于具塞比色管中，加入少量浓硝酸和硝酸镍溶液，用去离子水稀释至标线，待测。（标准系列浓度范围应该涵盖待测水样中总硒的浓度）

根据仪器说明书或参考 GB/T 15505—1995 标准中的规定，选择波长、石墨炉升温程序等测试条件，空烧至石墨炉稳定。向石墨管内注入所制备的空白和标准溶液，记录吸光度。以扣除空白的标准溶液吸光度为纵坐标，以相对应的标准溶液硒的浓度为横坐标，绘制标准曲线。

（4）水样测定

预处理后的水样按照绘制标准曲线的步骤测定。将扣除空白的试样吸光度代入标准曲线，查出试样中硒的浓度。

3. 结果计算

水样中总硒的浓度 C（mg/L）按式（3-49）计算：

$$C=\frac{C_1\times V_1}{V} \tag{3-49}$$

式中：C_1——从标准曲线上查得的总硒浓度，mg/L；

V——消解时取水样的体积，mL；

V_1——测定时的定容体积，mL。

4. 注意事项

- 在测量时，应确保硒空心阴极灯有 1 h 以上的预热时间。
- 每次测定前，需重复测定空白和标准溶液，及时校正仪器和石墨管灵敏度的变化。

十四、生化需氧量的测定

生化需氧量是指在有溶解氧的条件下，好氧微生物在分解水中有机物的生物化学氧化过程中所消耗的溶解氧量；同时，也包括如硫化物、亚铁等还原性无机物质氧化所消耗的氧量，但这部分通常占很小比例。

有机物在微生物作用下好氧分解大体上分为两个阶段：一是含碳物质氧化阶段，主要是含碳有机物氧化为 CO_2 和水；二是硝化阶段，主要是含氮有机化合物在硝化菌的作用下分解为亚硝酸盐和硝酸盐，在 5~7 日后才显著进行。故目前常用的 20℃ 五天培养法（BOD_5 法）测定 BOD 值一般不包括硝化阶段。测定 BOD_5 的标准方法有稀释接种法（HJ 505—2009）、微生物传感器快速测定法（HJ/T 86—2002）等。BOD 是反映水体被有机物污染程度的综合指标，也是废水的可生化降解性和生化处理效果研究，以及生化处理废水工艺设计和动力学研究中的重要参数。

（一）稀释接种法（HJ 505—2009）

该方法也被称为标准稀释法或五天培养法。水样经稀释后，在（20±1）℃条件下培养 5 天，求出培养前后水样中溶解氧含量，二者的差值为 BOD_5。如果水样五日生化需氧量未超过 7 mg/L，则不必进行稀释，可直接测定。

对不含或少含微生物的工业废水，如酸性废水、碱性废水、高温废水或经过氯化处理的废水，在测定 BOD_5 时应进行接种，以引入能降解废水中有机物的微生物。当废水中存在难降解有机物或有剧毒物质时，应将驯化后的微生物引入水样。

该方法适用于地表水、工业废水和生活污水中 BOD_5 的测定。该方法的检出限为 0.5 mg/L，测定下限为 2 mg/L。非稀释法和非稀释接种法的测定上限为 6 mg/L；稀释与稀释接种法的测定上限为 6000 mg/L。当测定值大于 6000 mg/L 时，会因稀释带来更大误差。

1. 方法原理

生化需氧量是指在规定的条件下，微生物分解水中的某些可氧化的物质，特别是分解有机物的生物化学过程消耗的溶解氧。通常情况下，生化需氧量是指水样充满完全密闭的溶解氧瓶，在（20±1）℃的暗处培养 5 d±4 h 或（2+5） d±4 h［先在 0~4℃的暗处培养 2 d，接着在（20±1）℃的暗处培养 5 d，即培养 7 d］，分别测定培养前后水样中溶解氧的质量浓度，由培养前后溶解氧的质量浓度之差，计算每升样品消耗的溶解氧量，以 BOD_5 形式表示。

若样品中的有机物含量较多，BOD_5 的质量浓度大于 6 mg/L，样品需适当稀释后再测定；对不含或含微生物较少的工业废水，如酸性废水、碱性废水、高温废水、冷冻保存的废水或经过氯化处理等的废水，在测定 BOD_5 时应进行接种，以引进能分解废水中有机物的微生物。当废水中存在难以被一般生活污水中的微生物以正常的速度降解的有机物或含有剧毒物质时，应将驯化后的微生物引入水样进行接种。

2. 水样的预处理

采集的样品应充满并密封于棕色玻璃瓶中，样品量不小于 1000 mL，在 0~4℃的暗处运输和保存，并于 24 h 内尽快分析。如果 24 h 内不能分析，可冷冻保存（冷冻保存时，应避免样品瓶破裂），冷冻样品分析前需解冻、均质化和接种。

pH 值调节：若样品或稀释后样品 pH 值不在 6~8 范围内，应用盐酸溶液或氢氧化钠溶液调节其 pH 值至 6~8。

余氯和结合氯的去除：若样品中含有少量余氯，一般在采样后放置 1~2 h，游离氯即可消失。对在短时间内不能消失的余氯，可加入适量亚硫酸钠溶液去除样品中存在的余氯和结合氯。含有大量颗粒物、需要较大稀释倍数的样品或经冷冻保存的样品，测定前均需将样品搅拌均匀。若样品中有大量藻类存在，BOD_5 的测定结果会偏高。当分析结果精度要求较高时，测定前应用滤孔为 1.6 μm 的滤膜过滤，检测报告中应注明滤膜滤孔的大小。

当含盐量低、非稀释样品的电导率小于 125 μS/cm 时，需加入适量相同体积的四种盐（磷酸盐缓冲液、硫酸镁、氯化钙、氯化铁）溶液，使样品的电导率大于 125 μS/cm。每升样品中至少需加入各种盐的体积 V（mL）按式（3-50）计算：

$$V=(\Delta K-12.8)/113.6 \tag{3-50}$$

式中：ΔK——样品需要提高的电导率值，μS/cm。

当水样中含有铜、铅、镉、铬、砷、氰等有毒物质时，会对微生物活性产生抑制作用，可使用经驯化微生物接种的稀释水，或提高稀释倍数，以减小有毒物质的影响。

3. 稀释水和接种稀释水的配制

稀释水一般用蒸馏水配制，先通入经活性炭吸附及水洗处理的空气，曝气2~8 h，使水中DO（溶解氧）接近饱和，再在20℃下放置数小时。临用前，需加入少量氯化钙、氯化铁、硫酸镁等营养盐溶液及磷酸盐缓冲溶液，混匀备用。稀释水的pH值应为7.2，BOD_5<0.2 mg/L。

接种稀释水是在稀释水中接种微生物，即在每升稀释水中加入生活污水上层清液1~10 mL、表层土壤浸出液20~30 mL或河水、湖水10~100 mL。配后立即使用。

4. 非稀释法

非稀释法分为两种：非稀释法和非稀释接种法。如果样品中的有机物含量较少，BOD_5的质量浓度不大于6 mg/L，且样品中有足够的微生物，用非稀释法测定。如果样品中的有机物含量较少，BOD_5的质量浓度不大于6 mg/L，但样品中无足够的微生物，如酸性废水、碱性废水、高温废水、冷冻保存的废水或经过氯化处理的废水，用非稀释接种法测定。

（1）试样的准备

测定前，待测试样的温度应达到（20±2)℃，若样品中溶解氧浓度低，需要用曝气装置曝气15 min，充分振摇赶走样品中残留的空气泡；若样品中氧过饱和，将容器2/3体积充满样品，用力振荡赶出过饱和氧，然后根据试样中微生物的含量情况确定测定方法。如果采用非稀释法，可直接取样测定；如果采用非稀释接种法，每升试样中应加入适量的接种液，待测。若试样中含有硝化细菌，有可能发生硝化反应，需在每升试样中加入2 mL丙烯基硫脲硝化抑制剂。

（2）空白试验

对于非稀释接种法，每升稀释水中加入与试样中相同量的接种液作为空白试样，需要时，每升试样中加入2 mL丙烯基硫脲硝化抑制剂。

（3）试样的测定

碘量法：将试样充满两个溶解氧瓶，使试样少量溢出，防止试样中的溶解氧质量浓度改变，使瓶中存在的气泡靠瓶壁排出。将其中一瓶盖上瓶盖，加上水封，在瓶盖外罩上一个密封罩，防止培养期间水封水蒸发干，在恒温培养箱中培养5 d±4 h或(2+5)d±4 h后测定试样中溶解氧的质量浓度。另一瓶，在15 min后测定试样在培养前溶解氧的质量浓度。

电化学探头法：将试样充满一个溶解氧瓶，使试样少量溢出，防止试样中的溶解氧质量浓度改变，使瓶中存在的气泡靠瓶壁排出。测定培养前试样中溶解氧的质量浓度。盖上瓶盖，防止样品中残留气泡，加上水封，在瓶盖外罩上一个密封罩，防止培养期间水封水蒸发干。将试样瓶放入恒温培养箱中培养5 d±4 h或（2+5)d±4 h。测定培养后试样中溶解氧的质量浓度。

5. 稀释与接种法

稀释与接种法分为两种：稀释法和稀释接种法。

若试样中的有机物含量较多，BOD_5 的质量浓度大于 6 mg/L，且样品中有足够的微生物，采用稀释法测定；若试样中的有机物含量较多，BOD_5 的质量浓度大于 6 mg/L，但试样中无足够的微生物，采用稀释接种法测定。

（1）试样的准备

待测试样的温度应达到（20±2）℃，若试样中溶解氧浓度低，需要用曝气装置曝气 15 min，充分振摇赶走样品中残留的气泡；若样品中氧过饱和，将容器 2/3 体积充满样品，用力振荡赶出过饱和氧，然后根据试样中微生物含量情况确定测定方法。如果采用稀释法测定，稀释倍数按表 3-9 和表 3-10 确定，然后用稀释水稀释。如果采用稀释接种法测定，用接种稀释水稀释样品。若样品中含有硝化细菌，有可能发生硝化反应，需在每升试样培养液中加入 2 mL 丙烯基硫脲硝化抑制剂。

稀释倍数的确定：样品稀释的程度——应使消耗的溶解氧质量浓度不小于 2 mg/L，培养后样品中剩余溶解氧质量浓度不小于 2 mg/L，且试样中剩余溶解氧的质量浓度为开始浓度的 1/3～2/3 为最佳。可根据样品的总有机碳（TOC）、高锰酸盐指数（I_{mn}）或化学需氧量（COD_{Cr}）的测定值，按照表 3-9 列出的 R 值估计 BOD_5 的期望值（R 与样品的类型有关），再根据表 3-10 确定稀释倍数。当不能准确选择稀释倍数时，一个样品做 2～3 个不同的稀释倍数。

表 3-9　典型的比值（R）

水样的类型	总有机碳 R（BOD_5/TOC）	高锰酸盐指数 R（BOD_5/I_{mn}）	化学需氧量 R（BOD_5/COD_{Cr}）
未处理的废水	1.2～2.8	1.2～1.5	0.35～0.65
生化处理的废水	0.3～1.0	0.5～1.2	0.20～0.35

从表 3-9 中选择适当的 R 值，按式（3-51）计算 BOD_5 的期望值：

$$C=R\times Y \tag{3-51}$$

式中：C——五日生化需氧量的期望值，mg/L；

Y——总有机碳（TOC）、高锰酸盐指数（I_{mn}）或化学需氧量（COD_{Cr}）的测定值，mg/L。

对于估算出的 BOD_5 的期望值，按表 3-10 确定样品的稀释倍数。

表 3-10　BOD_5 测定的稀释倍数

BOD_5 的期望值（mg/L）	稀释倍数	水样类型
6～12	2	河水、生物净化的城市污水
10～30	5	河水、生物净化的城市污水
20～60	10	生物净化的城市污水

续表

BOD_5 的期望值（mg/L）	稀释倍数	水样类型
40～120	20	澄清的城市污水或轻度污染的工业废水
100～300	50	轻度污染的工业废水或原城市污水
200～600	100	轻度污染的工业废水或原城市污水
400～1200	200	重度污染的工业废水或原城市污水
1000～3000	500	重度污染的工业废水
2000～6000	1000	重度污染的工业废水

按照确定的稀释倍数，将一定体积的试样或处理后的试样用虹吸管加入已加部分稀释水或接种稀释水的稀释容器中，加稀释水或接种稀释水至标线，轻轻混合避免残留气泡，待测定。若稀释倍数超过100倍，可进行两步或多步稀释。若试样中有微生物毒性物质，应配制几个不同稀释倍数的试样，选择与稀释倍数无关的结果，并取其平均值。试样测定结果与稀释倍数的关系如下：当分析结果精度要求较高或存在微生物毒性物质时，一个试样要做两个以上不同的稀释倍数，每个试样每个稀释倍数做平行双样，同时进行培养。测定培养过程中每瓶试样氧的消耗量，并画出氧消耗量对每一稀释倍数试样中原样品的体积曲线。若此曲线呈线性，则此试样中不含有任何抑制微生物的物质，即样品的测定结果与稀释倍数无关；若曲线仅在低浓度范围内呈线性，取线性范围内稀释比的试样测定结果计算平均 BOD_5 值。

（2）空白试验

稀释法测定：空白试样为稀释水，需要时每升稀释水中加入 2 mL 丙烯基硫脲硝化抑制剂。稀释接种法测定：空白试样为接种稀释水，必要时每升接种稀释水中加入 2 mL丙烯基硫脲硝化抑制剂。

（3）试样的测定

试样和空白试样的测定方法同非稀释法。

6. 结果计算

（1）非稀释法

按照式（3-52）计算 BOD_5(mg/L)：

$$BOD_5(mg/L)=C_1-C_2 \qquad (3\text{-}52)$$

式中：C_1——水样培养前的溶解氧浓度，mg/L；

C_2——水样培养后的溶解氧浓度，mg/L；

（2）非稀释接种法

按照式（3-53）计算 BOD_5(mg/L)：

$$BOD_5=(C_1-C_2)-(C_3-C_4) \qquad (3\text{-}53)$$

式中：C_1——接种水样在培养前的溶解氧浓度，mg/L；

C_2——接种水样在培养后的溶解氧浓度，mg/L；

C_3——空白样在培养前的溶解氧浓度，mg/L；

C_4——空白样在培养后的溶解氧浓度，mg/L。

（3）稀释接种法

对稀释后培养的水样，按照式（3-54）计算 BOD_5（mg/L）：

$$BOD_5=\frac{(C_1-C_2)-(B_1-B_2)\cdot f_1}{f_2} \tag{3-54}$$

式中：C_1——接种水样在培养前的溶解氧浓度，mg/L；

C_2——接种水样在培养后的溶解氧浓度，mg/L；

B_1——空白样在培养前的溶解氧浓度，mg/L；

B_2——空白样在培养后的溶解氧浓度，mg/L；

f_1——稀释水（或接种稀释水）在培养液中所占比例；

f_2——水样在培养液中所占比例。

BOD_5 测定结果以氧的浓度（mg/L）报出。对稀释与接种法，如果有几个稀释倍数的结果满足要求，结果取这些稀释倍数结果的平均值。当结果小于 100 mg/L 时，保留一位小数；当结果为 100～1000 mg/L 时，取整数位；当结果大于 1000 mg/L 时，以科学记数法报出。结果报告中应注明：样品是否经过过滤、冷冻或均质化处理。

7. 注意事项

- 每一批样品要做两个分析空白试样，稀释法空白试样的测定结果不能超过 0.5 mg/L，非稀释接种法和稀释接种法空白试样的测定结果不能超过 1.5 mg/L，否则应检查可能的污染来源。
- 每一批样品要做一个标准样品，样品的配制方法如下：取 20 mL 葡萄糖-谷氨酸标准溶液于稀释容器中，用接种稀释水稀释至 1000 mL，测定 BOD_5，结果应在 180～230 mg/L 范围内，否则应检查接种液、稀释水的质量。

（二）微生物传感器快速测定法（HJ/T 86—2002）

微生物电极是一种将微生物技术与电化学检测技术相结合的传感器，主要由溶解氧电极和紧贴其透气膜表面的固定化微生物膜组成。微生物传感器快速测定法适用于地表水、生活污水和不含对微生物有明显毒害作用的工业废水中 BOD 的测定。

该方法的原理是：当含有饱和溶解氧的水样进入流通池与微生物传感器接触时，水样中溶解氧可生化降解的有机物受到微生物菌膜中菌种的作用，使扩散到氧电极表面的氧的质量减少。当水样中可生化降解的有机物向菌膜扩散速度（质量）达到恒定时，扩散到氧电极表面的氧的质量也达到恒定，从而产生了一个恒定电流。恒定电流与水样可生化降解的有机物浓度的差值与氧的减少量存在定量关系，据此可换算出水样中的生物化学需氧量。

（三）其他方法

测定 BOD 的方法还有库仑法、测压法、活性污泥曝气降解法等。这些方法都没有国家标准方法，这里简要介绍检压库仑式 BOD 测定仪和测压法的原理。

1. 检压库仑式 BOD 测定仪

在恒温条件下，用电磁搅拌器搅拌装在培养瓶中的水样。当水样中的溶解氧因微生物降解有机物被消耗时，培养瓶内空间的氧溶解进入水样，生成的 CO_2 从水中逸出并被置于瓶内上部的吸附剂吸收，使瓶内的氧分压、总气压下降。用电极式压力计检出下降量，并转换成电信号，经放大送入继电器电路接通恒流电源及同步电机，电解瓶内（装有中性硫酸铜和电解电极）便自动电解产生氧气供给培养瓶，待瓶内气压回升至原压力时，继电器断开，电解电极和同步电机停止工作。此过程反复进行，使培养瓶内空间始终保持恒压状态。根据法拉第定律，由恒电流电解所消耗的电量可计算耗氧量。仪器能自动显示测定结果，记录生化需氧量曲线。

2. 测压法

在密闭培养瓶中，水样中的溶解氧由于微生物降解有机物而被消耗，产生与耗氧量相当的 CO_2。在其被吸收后，密闭系统的压力降低，用压力计测出此压降，即可求出水样的 BOD 值。在实际测定中，先以标准葡萄糖-谷氨酸溶液的 BOD 值和相应的压差做关系曲线，然后以此曲线校准仪器刻度，便可直接读出水样的 BOD 值。

十五、化学需氧量的测定

化学需氧量是指在一定条件下，氧化 1 升水样中还原性物质所消耗的氧化剂的量，以氧的质量浓度（mg/L）表示。化学需氧量反映了水样受还原性污染（有机物、亚硝酸盐、硫化物、亚铁盐等）的程度。由于水体被有机物污染是很普遍的现象，该指标也成为衡量有机物相对含量的综合指标之一。

化学需氧量标准测试方法包括重铬酸钾法（HJ 828—2017）、快速消解分光光度法（HJ/T 399—2007）、氯气校正法（HJ/T 70—2001）和碘化钾碱性高锰酸钾法（HJ/T 132—2003），均为实验室测试方法；还有一种在线测试标准规定——化学需氧量（COD_{Cr}）水质在线自动监测仪（HJ/T 377—2019）。这里主要介绍四种标准测试方法。

（一）重铬酸钾法（HJ 828—2017）

该方法适用于地表水、生活污水和工业废水中化学需氧量的测定；不适用于含氯化物浓度大于 1000 mg/L（稀释后）的水中化学需氧量的测定。当取样体积为 10 mL 时，该方法的检出限为 4 mg/L，测定下限为 16 mg/L。未经稀释的水样测定上限为 700 mg/L，超过此限时，需稀释后再测定。

1. 方法原理

在强酸性溶液中，用一定量的 $K_2Cr_2O_7$ 氧化水中的还原性物质（主要是有机物），过量的重铬酸钾以试亚铁灵做指示剂，用硫酸亚铁铵溶液回滴，根据所消耗的重铬酸钾量计算出水样中的化学需氧量（COD_{Cr}），以氧的质量浓度（mg/L）表示。

2. 测试要点

(1) 水样测定

取 10 mL 水样于锥形瓶中，依次加入硫酸汞溶液、重铬酸钾标准溶液（当 COD_{Cr}浓度≤50 mg/L 时，用 0.025 mol/L 的重铬酸钾溶液；当 COD_{Cr} 浓度>50 mg/L 时，用 0.25 mol/L的重铬酸钾溶液）和几颗防爆沸玻璃珠，摇匀。硫酸汞溶液按质量比 m［$HgSO_4$］：m［Cl^-］≥20：1的比例加入，最大加入量为 2 mL。将锥形瓶连接到回流装置冷凝管下端，从冷凝管上端缓慢加入 15 mL 硫酸银-硫酸溶液，以防止低沸点有机物的逸出，不断旋动锥形瓶使之混合均匀。自溶液开始沸腾起，保持微沸回流 2 h。若为水冷装置，应在加入硫酸银-硫酸溶液之前通入冷凝水。回流并冷却后，自冷凝管上端加入 45 mL 水冲洗冷凝管，取下锥形瓶。溶液冷却至室温后，加入 3 滴试亚铁灵指示剂溶液，用硫酸亚铁铵标准溶液滴定，溶液的颜色由黄色经蓝绿色变为红褐色即为终点。记录硫酸亚铁铵标准溶液的消耗体积 V_1。

(2) 空白试验

按水样测定的步骤，以实验用水代替水样进行空白试验，记录空白滴定时消耗硫酸亚铁铵标准溶液的体积 V_0。每批样品应至少做两个空白试验。

3. 结果计算

水样中化学需氧量的浓度 C（mg/L）按式（3-55）计算：

$$C=\frac{C_1\times(V_0-V_1)\times 8000}{V_2}\times f \tag{3-55}$$

式中：C_1——硫酸亚铁铵标准溶液的浓度，mol/L；

V_0——空白试验所消耗的硫酸亚铁铵标准溶液的体积，mL；

V_1——水样测定所消耗的硫酸亚铁铵标准溶液的体积，mL；

V_2——加热回流时所取水样的体积，mL；

f——水样的稀释倍数；

8000——$\frac{1}{4}O_2$ 的摩尔质量以 mg/L 为单位的换算值。

当 COD_{Cr} 测定结果小于 100 mg/L 时，结束保留至整数位；当测定结果大于等于100 mg/L时，结果保留三位有效数字。

4. 注意事项

- 消解时，应使溶液缓慢沸腾，不宜爆沸。如出现爆沸，说明溶液中出现局部过热，会导致测定结果有误。爆沸的原因可能是加热过于激烈，或是防爆沸玻璃珠的效果不好。

- 试亚铁灵指示剂的加入量虽然不影响临界点，但应该尽量一致。溶液的颜色先变为蓝绿色再变到红褐色即达到终点，几分钟后可能还会重现蓝绿色。

（二）快速消解分光光度法（HJ/T 399—2007）

该方法适用于地表水、地下水、生活污水和工业废水中化学需氧量的测定。对未经稀释的水样，其COD测定下限为15 mg/L，测定上限为1000 mg/L，其氯离子质量浓度不应大于1000 mg/L。对于化学需氧量大于1000 mg/L或氯离子含量大于1000 mg/L的水样，可适当稀释后再进行测定。

1. 方法原理

该方法是基于重铬酸钾法发展起来的。加入已知量的重铬酸钾溶液，在强硫酸介质中，以硫酸银作为催化剂，经高温消解后，用分光光度法测定COD值。当试样中COD值为100~1000 mg/L，在（600±20）nm波长处测定重铬酸钾被还原产生的三价铬的吸光度，试样中COD值与三价铬吸光度的增加值成正比，将三价铬的吸光度换算成试样的COD值。当试样中COD值为15~250 mg/L时，在（440±20）nm波长处测定重铬酸钾未被还原的六价铬和被还原产生的三价铬两种铬离子的总吸光度。试样的COD值与六价铬吸光度的减少值成正比，与三价铬吸光度的增加值成正比，与总吸光度减少值成正比，将总吸光度值换算成试样的COD值。

2. 测定要点

（1）绘制标准曲线

打开加热器，预热到设定的（165±2）℃。选定预装混合试剂，摇匀试剂后再拧开消解管管盖，量取相应体积的COD标准系列溶液（试样）并沿着管内壁慢慢加入管中，然后拧紧消解管管盖，手执管盖颠倒摇匀消解管中溶液，用无毛纸擦净管外壁。将消解管放入加热器的加热孔，加热器温度略有降低，待温度升到设定的（165±2）℃时，计时加热15 min。从加热器中取出消解管，待消解管冷却至60℃左右时，手执管盖颠倒摇动消解管几次，使管内溶液均匀，用无毛纸擦净管外壁，静置，冷却至室温。

高量程方法：在（600±20）nm波长处，以水为参比，用光度计测定吸光度值，以减去空白试验测定的吸光度的差值为纵坐标，以对应的高量程COD值为横坐标，绘制高量程的标准曲线。

低量程方法：在（440±20）nm波长处，以水为参比，用光度计测定吸光度，以空白试验测定的吸光度减去标准测定的吸光度的差值为纵坐标，以对应的低量程COD值为横坐标，绘制低量程的标准曲线。

（2）空白试验

用蒸馏水代替水样，按照标准曲线的测试步骤测定其吸光度，空白试验应与试样同时测定。

（3）水样的测定

按照量程选定对应的预装混合试剂，将稀释好的试样搅拌均匀，取相应体积的试样。按照标准曲线消解测试的步骤进行测定。若试样中含有氯离子，选用含汞预装混合试剂进行氯离子的掩蔽。在加热消解前，应颠倒摇动消解管，使氯离子同Ag_2SO_4形成的AgCl白色乳状块消失。若消解液混浊或有沉淀，影响比色测定，应用离心机离心变清后，再用光度计测定。消解液颜色异常或离心后不能变澄清的样品，不适用该测定方法。若消解管底部有沉淀影响比色测定，应小心将消解管中上清液转入比色池（皿）中测定。测定的 COD 值从相应的标准曲线查得，或由光度计自动计算得出。

3. 结果计算

选用不同的量程，计算方法有所不同。高量程方法水样 COD 值（mg/L）按照式（3-56）计算，低量程方法水样 COD 值（mg/L）按照式（3-57）计算：

$$\mathrm{COD}=n\times[k\times(A_s-A_b)+a] \tag{3-56}$$

$$\mathrm{COD}=n\times[k\times(A_b-A_s)+a] \tag{3-57}$$

式中：n——水样稀释倍数；

k——标准曲线灵敏度；

A_s——水样测定的吸光度；

A_b——空白试验测定的吸光度；

a——标准曲线截距。

结果一般保留三位有效数字。

4. 注意事项

- 超过量程的水样需要稀释。应将水样搅拌均匀后再取样稀释，一般取被稀释水样不少于 10 mL，稀释倍数小于 10 倍。水样应逐次稀释为试样。
- 测试前，要初步判定水样的 COD 值。选择对应量程的预装混合试剂，加入相应体积的试样，摇匀，在（165±2）℃加热 5 min，检查管内溶液是否呈现绿色，如变绿，应重新稀释后再进行测定。

（三）氯气校正法（HJ/T 70—2001）

该方法适用于氯离子含量大于 1000 mg/L、小于 20000 mg/L 的高氯废水中 COD 的测定，如油田、沿海炼油厂、油库、氯碱厂等企业排放的废水，检出限为 30 mg/L。

水样中加入已知量的 $K_2Cr_2O_7$ 标准溶液、$HgSO_4$ 溶液、$AgSO_4-H_2SO_4$ 溶液，于回流吸收装置的插管式锥形瓶中加热至沸腾并回流 2 h，同时从锥形瓶插管通入 N_2 气，将水样中未络合而被氧化的那部分氯离子生成的氯气从回流冷凝管上口导出，用 NaOH 溶液吸收；消解好的水样按 $K_2Cr_2O_7$ 法测其 COD 值，为表观 COD 值。在吸收液中加入碘化钾，调节 pH 值至 2~3，以淀粉为指示剂，用 $Na_2S_2O_3$ 标准溶液滴定，将其消耗量换算成消耗氧的质量浓度，即为氯离子影响校正值。表观 COD 值与氯离子校正值之差，即为被测水样的实际 COD 值。

（四）碘化钾碱性高锰酸钾法（HJ/T 132—2003）

一些行业和企业（如石油企业）排放的工业废水中氯离子浓度高达几万至十几万 mg/L，高浓度氯离子会对 COD 的测定造成严重的正干扰。重铬酸钾法和快速消解分光光度法不适用于含氯化物浓度大于 1000 mg/L（稀释后）的废水，氯气校正法只适用于氯离子含量小于 20000 mg/L 的高氯废水中 COD 的测定。上述标准方法均无法准确监测这类高氯废水中的 COD，从而影响了环境执法和监督。为此，在开展这类废水 COD 测定方法研究基础上，国家环境保护总局制定了碘化钾碱性高锰酸钾法。该方法适用于测定油气田氯离子含量高达几万至十几万 mg/L 高氯废水中的 COD，其最低检出限为0.2 mg/L，测定上限为 62.5 mg/L。

碘化钾碱性高锰酸钾法是在碱性条件下，加一定量高锰酸钾溶液于水样中，并在沸水浴上加热反应一定时间，以氧化水中的还原性物质。加入过量的碘化钾还原剩余的高锰酸钾，以淀粉做指示剂，用硫代硫酸钠滴定释放出的碘，换算成氧的浓度，用 $COD_{OH.KI}$表示。

十六、总有机碳的测定

总有机碳（TOC）是以碳的含量表示水体中有机物质总量的综合指标。TOC 比 BOD_5、COD 更能反映有机物的总量。现在广泛应用的实验室测定方法是燃烧氧化-非色散红外吸收法（HJ 501—2009）。为了在线实时监测水体中的 TOC，我国也制定了标准，规定了地表水、工业污水和市政污水中总有机碳（TOC）水质自动分析仪技术要求（HJ/T 104—2003）和性能试验方法。

（一）燃烧氧化-非色散红外吸收法（HJ 501—2009）

该方法适用于地表水、地下水、生活污水和工业废水中总有机碳（TOC）的测定，检出限为 0.1 mg/L，测定下限为 0.5 mg/L。该方法测定 TOC 分为差减法和直接法。当水中苯、甲苯、环己烷和三氯甲烷等挥发性有机物含量较高时，宜用差减法测定；当水中挥发性有机物含量较少而无机碳含量相对较高时，宜用直接法测定。

将一定量水样注入高温炉内的石英管，在 900~950℃下，以铂和三氧化钴或 Cr_2O_3 为催化剂，使有机物燃烧裂解转化为 CO_2，然后用红外线气体分析仪测定 CO_2 含量，从而确定水样中碳的含量。

直接法：试样经酸化曝气，其中的无机碳转化为二氧化碳被去除，再将试样注入高温燃烧管中，可直接测定总有机碳。由于酸化曝气会损失可吹扫有机碳（POC），故测得的总有机碳值为不可吹扫有机碳（NPOC）。

差减法：将试样连同净化气体分别导入高温燃烧管和低温反应管，经高温燃烧管的试样被高温催化氧化，其中的有机碳和无机碳均转化为二氧化碳；而低温炉的石英管中装有磷酸浸制的玻璃棉，经低温反应管的试样被酸化后，其中的无机碳在150℃分解成二氧化碳。两种反应管中生成的二氧化碳分别被导入非分散红外检测器。在特定波长下，一定质量浓度范围内二氧化碳的红外线吸收强度与其质量浓度成正比，由此可对试样总碳（TC）和无机碳（IC）进行定量测定。总碳与无机碳的差值，即为总有机碳。

（二）总有机碳（TOC）水质自动分析仪技术要求（HJ/T 104—2003）

TOC 自动分析仪器适用于地表水、工业污水和市政污水中总有机碳（TOC）的测定。TOC 最小浓度范围为 0~50 mg/L。自动分析仪一般基于两种工作原理：干式氧化和湿式氧化。其中，干式氧化是指填充铂系、氧化铝系、钴系等催化剂的燃烧管保持在 680~1000℃，将由载气导入的试样中的 TOC 燃烧氧化。干式氧化反应器常采用的方式有两种：一种是将载气连续通入燃烧管；另一种是将燃烧管关闭一定时间，在停止通入载气的状态下，将试样中的 TOC 燃烧氧化。湿式氧化是指向试样中加入过硫酸钾等氧化剂，采用紫外线照射等方式施加外部能量，将试样中的 TOC 氧化。

市售的 TOC 自动分析仪器由进样单元、无机碳除去单元、反应器单元、检测单元，以及显示记录、数据处理、信号传输等单元组成。在测试前，要进行预热和校准。预热是指接通电源后，按操作说明书规定的预热时间进行自动分析仪的预热运行，以使各部分功能及显示记录单元稳定。校准是指按仪器说明书的校正方法，用校正液进行仪器零点校正和量程校正。日常要做好自动分析仪的维护，每月至少对仪器的重现性、漂移和响应时间等进行一次现场校验，可自动校准或手工校准。

十七、石油类（动植物油类）的测定

油类是指在 pH≤2 的条件下，能够被四氯乙烯萃取且在波数为 2930 cm^{-1}、2960 cm^{-1}和3030 cm^{-1}处有特征吸收的物质，主要包括石油类和动植物油类。石油类是指在 pH≤2 的条件下，能够被四氯乙烯萃取且不被硅酸镁吸附的物质。动植物油类是指在 pH≤2 的条件下，能够被四氯乙烯萃取且被硅酸镁吸附的物质。水中的石油类物质来自工业废水和生活污水的污染。工业废水中石油类（各种烃类的混合物）污染物主要来自原油开采、加工及各种炼制油的使用等部门。石油类化合物漂浮于水体表面，影响空气与水面的氧交换；分散于水中的油被微生物氧化分解，消耗水中的溶解氧，使水质恶化。石油类化合物中还含有毒性大的芳烃类物质。

国家标准测定方法有红外分光光度法（HJ 637—2018）和紫外分光光度法（HJ 970—2018）。

（一）红外分光光度法（HJ 637—2018）

该方法适用于各类水中石油类和动植物油类物质的测定。当样品体积为 500 mL，使用光程为 4cm 的比色皿时，检出限为 0.1 mg/L。

用 CCl_4 萃取水样中的油类物质，测定总萃取物，然后用硅酸镁吸附除去萃取液中的动植物类等极性物质，测定吸附后滤出液中的石油类物质。总萃取物和石油类物质的含量均由波数分别为 2930 cm^{-1}（CH_2 基团中 C-H 键的伸缩振动）、2960 cm^{-1}（CH_3 基团中 C-H 键的伸缩振动）和 3030 cm^{-1}（芳香环中 C-H 键的伸缩振动）谱带处的吸光度 A_{2930}、A_{2960}和 A_{3030}进行计算。动植物油含量为总萃取物含量与石油类含量之差。

（二）紫外分光光度法（HJ 970—2018）

该方法适用于地表水、地下水和海水中石油类物质的测定。当取样体积为 500 mL，萃取液体积为25 mL，使用2 cm石英比色皿时，方法检出限为0.01 mg/L，测定下限为0.04 mg/L。

在pH≤2的条件下，样品中的油类物质被正己烷萃取，萃取液经无水硫酸钠脱水，再经硅酸镁吸附除去动植物油类等极性物质后，于225 nm波长处测定吸光度。石油类物质含量与吸光度值符合朗伯-比尔定律。石油及其产品在紫外光区有特征吸收，如一般原油的两个吸收峰波长为225 nm和254 nm，轻质油及炼油厂的油品吸收波长为225 nm，故可采用紫外分光光度法测定。

十八、挥发酚的测定

酚类为原生质毒物，属高毒类物质，在人体富集时，会使人出现头痛、贫血等症状。当水中酚浓度达5 mg/L时，水生生物会中毒。酚类污染物主要来自炼油、焦化、煤气发生站、木材防腐及某些化工（如酚醛树脂）等工业废水。根据酚类能否与水蒸气一起蒸出，分为挥发酚（沸点在230℃以下）与不挥发酚（沸点在230℃以上）。

挥发酚类的标准测定方法有溴化容量法（HJ 502—2009）、4-氨基安替比林分光光度法（HJ 503—2009）、流动注射-4-氨基安替比林分光光度法（HJ 825—2017）。其中，4-氨基安替比林分光光度法应用最广；对高浓度含酚废水，可采用溴化滴定法。无论哪种方法，当水样中存在氧化剂、还原剂、油类及某些金属离子时，均应设法消除并进行预蒸馏。预蒸馏有两个作用：一是分离出挥发酚；二是消除颜色、混浊和金属离子等的干扰。

（一）溴化容量法（HJ 502—2009）

该方法适用于含高浓度挥发酚工业废水中挥发酚的测定，方法检出限为0.1 mg/L，测定下限为0.4 mg/L，测定上限为45.0 mg/L。对于质量浓度高于测定上限的样品，可适当稀释后再进行测定。

可采用蒸馏法，蒸馏出挥发酚类化合物，并与干扰物质和固定剂分离。由于酚类化合物的挥发速度随馏出液体积的变化而变化，因此馏出液体积必须与试样体积相等。在含过量溴（由溴酸钾和溴化钾所产生）的溶液中，被蒸馏出的酚类化合物与溴生成三溴酚，并进一步生成溴代三溴酚。在剩余的溴与碘化钾作用释放出游离碘的同时，溴代三溴酚与碘化钾反应生成三溴酚和游离碘；用硫代硫酸钠溶液滴定释出的游离碘，并根据其消耗量，计算出挥发酚的含量。

反应式如下：

$$KBrO_3+5KBr+6HCl \longrightarrow 3Br_2+6KCl+3H_2O$$

$$C_6H_5OH+3Br_2 \longrightarrow C_6H_2Br_3OH+3HBr$$

$$C_6H_2Br_3OH+Br_2 \longrightarrow Br_2C_6H_2Br_3OBr+HBr$$

$$Br_2+2KI \longrightarrow 2KBr+I_2$$

$$C_6H_2Br_3OBr+2KI+2HCl \longrightarrow C_6H_2Br_3OH+2KCl+HBr+I_2$$

结果计算按照式（3-58）：

$$挥发酚（以苯酚计，mg/L）=\frac{(V_1-V_2)\cdot c\times 15.68\times 1000}{V} \quad (3-58)$$

式中：V_1——空白试验滴定时 $Na_2S_2O_3$ 标液用量，mL；

V_2——水样滴定时 $Na_2S_2O_3$ 标液用量，mL；

c——$Na_2S_2O_3$ 标准溶液浓度，mol/L；

V——水样体积，mL；

15.68——苯酚（1/6 C_6H_5OH）摩尔质量，g/mol。

（二）4-氨基安替比林分光光度法（HJ 503—2009）

该方法适用于测定地表水、地下水、饮用水、工业废水和生活污水中挥发酚的含量。地表水、地下水和饮用水中挥发酚的含量宜用萃取法测定，检出限为0.0003 mg/L，测定下限为0.001 mg/L，测定上限为0.04 mg/L。工业废水和生活污水中挥发酚的含量宜用直接法测定，检出限为0.01 mg/L，测定下限为0.04 mg/L，测定上限为2.50 mg/L。对于质量浓度高于标准测定上限的样品，可适当稀释后再进行测定。

直接法是用蒸馏法蒸馏出挥发酚类化合物，并与干扰物质和固定剂分离。酚类化合物的挥发速度随馏出液体积的变化而变化，因此馏出液体积必须与试样体积相等。被蒸馏出的酚类化合物，于pH（10.0±0.2）介质中，在铁氰化钾存在的情况下，与4-氨基安替比林反应生成橙红色的安替比林染料，显色后，在30 min内，于510 nm波长测定吸光度。间接法是在显色后用三氯甲烷萃取，在460 nm波长下测定吸光度。该方法所测酚类不是总酚，而是与4-AAP显色的酚，以苯酚为标准，结果以苯酚计算含量。

（三）流动注射-4-氨基安替比林分光光度法（HJ 825—2017）

该方法适用于地表水、地下水、生活污水和工业废水中挥发酚含量的测定。当检测光程为10 mm时，该方法检出限为0.002 mg/L，测定范围为0.008~0.200 mg/L。

在封闭的管路中，将一定体积的试样注入连续流动的载液中，试样与试剂在化学反应模块中按特定的顺序和比例混合、反应，在非完全反应的条件下，进入流动检测池进行光度检测。化学反应是在酸性条件下发生的，样品通过（160±2）℃在线蒸馏释放出酚。被蒸馏出的酚类化合物，于弱碱性介质中，在铁氰化钾存在的情况下，与4-氨基安替比林反应生成橙黄色的安替比林染料，于500 nm波长处测定吸光度。

十九、甲醛的测定

甲醛可以作为酚醛树脂、脲醛树脂、维纶、乌洛托品、季戊四醇、染料、农药和消毒剂等的原料，在相关行业被广泛使用。甲醛对皮肤、黏膜有刺激作用，吸入高浓度甲醛可导致呼吸道激惹症状，表现为打喷嚏、咳嗽，并伴鼻和喉咙的烧灼感，可诱发支气管哮喘、肺炎、肺水肿。经消化道一次性大量摄入甲醛可引起消化道及全身中毒性症状，表现为口腔、咽喉和消化道的腐蚀性烧伤，腹痛，抽搐，死亡等。皮肤接触甲醛，可引起过敏性皮炎、色斑、皮肤坏死等病变。长期低浓度接触甲醛，对心血管系统、内分泌系统、消化系统、生殖系统和肾也有毒性作用，还可能引发鼻癌、血癌、淋巴癌、基因突变、染色体损伤等。因此，2017 年，在世界卫生组织国际癌症研究机构公布的致癌物清单中，甲醛在一类致癌物列表中。2019 年，甲醛被列入第一批有毒有害水污染物名录。

水中甲醛测试的标准方法是乙酰丙酮分光光度法（HJ 601—2011）。该方法适用于地表水、地下水和工业废水中甲醛的测定，不适用于印染废水中甲醛的测定。当试样体积为 25 mL、比色皿光程为 10 mm 时，该方法的检出限为 0.05 mg/L，测定范围为 0.20~3.20 mg/L。当水样中乙醛含量大于 3 mg/L，丙醛、丁醛、丙烯醛等含量均大于 5 mg/L 时，会干扰测定。

醛在过量铵盐存在的情况下，会与乙酰丙酮生成黄色的化合物，该有色物质在 414 nm波长处能发挥最大吸收作用。有色物质在 3 h 内吸光度基本不变。

二十、苯胺类化合物的测定

苯胺类化合物属于芳香胺类，是指苯胺分子中的氢原子被其他官能团取代后形成的一类化合物。按照各种取代基的不同排列组合，苯胺及其衍生物有上百种，工业上常用的苯胺类化合物也达数十种。它们具有特殊的气味，毒性很大，不仅能使氧合血红蛋白变为高铁血红蛋白从而降低血液的载氧能力，还能使组织细胞因缺氧而窒息，造成中枢神经系统、心血管系统和其他脏器损害，其中有些能通过皮肤迅速被人体吸收，对人体具有致癌作用。苯胺类化合物一般难溶于水，而易溶于有机溶剂。苯胺类化合物是一类重要的化工原料，在杀虫剂、染料、农药、塑料和医药等工业中被广泛使用，相关企业排放的废水中往往含有苯胺类化合物。

苯胺类化合物标准测试方法有气相色谱-质谱法（HJ 822—2017）、液相色谱-三重四极杆质谱法（HJ 1048—2019）、N-（1-奈基）乙二胺偶氮分光光度法（GB 11889—89）。

（一）气相色谱-质谱法（HJ 822—2017）

该方法适用于地表水、地下水、海水、生活污水和工业废水中苯胺、2-氯苯胺、3-氯苯胺、4-氯苯胺、4-溴苯胺、2-硝基苯胺、2，4，6-三氯苯胺、3，4-二氯苯胺、3-硝基苯胺、2，4，5-三氯苯胺、4-氯-2-硝基苯胺、4-硝基苯胺、2-氯-4-硝基苯胺、2，6-二氯-4-硝基苯胺、2-溴-6-氯-4-硝基苯胺、2-氯-4，6-二硝基苯胺、2，6-二溴-4-硝基苯胺、2，4-二硝基苯胺和 2-溴-4，6-二硝基苯胺 19 种苯胺类化合物的测定。经验证，其他苯胺类化合物也可用该方法测量。

当取样量为1000 mL、浓缩体积为1.0 mL时，该方法检出限为0.05~0.09 μg/L，测定下限为0.20~0.36 μg/L。

水样中苯胺类化合物在pH≥11的条件下，以二氯甲烷萃取，萃取液经脱水、浓缩、净化后，用气相色谱-质谱仪测定。依据目标化合物的保留时间和标准质谱图或特征离子定性，用内标法定量。

（二）液相色谱-三重四极杆质谱法（HJ 1048—2019）

该方法适用于地表水、地下水、生活污水和工业废水中邻苯二胺、苯胺、联苯胺、对甲苯胺、邻甲氧基苯胺、邻甲苯胺、4-硝基苯胺、2，4-二甲基苯胺、3-硝基苯胺、4-氯苯胺、2-硝基苯胺、3-氯苯胺、2-萘胺、2，6-二甲基苯胺、2-甲基-6-乙基苯胺、3，3′-二氯联苯胺和2，6-二乙基苯胺17种苯胺类化合物的测定。

样品经过滤后直接进样或经阳离子交换固相萃取柱富集和净化后进样，用液相色谱-三重四极杆质谱法分离检测苯胺类化合物。根据保留时间和特征离子定性，用内标法定量。当采用直接进样法，进样体积为10 μL时，17种苯胺类化合物的方法检出限为0.1~3.0 μg/L，测定下限为0.4~12.0 μg/L；当采用固相萃取法，取样体积为100 mL（富集50倍），进样体积为10μL时，方法检出限为0.007~0.100 μg/L，测定下限为0.028~0.400 μg/L。

（三）N-（1-奈基）乙二胺偶氮分光光度法（GB 11889—89）

该方法适用于地表水、染料、制药等废水中芳香族伯胺类化合物的测定。测试水样体积为25 mL，使用光程为10 mm的比色皿，该方法的最低检出限为0.03 mg/L，测定上限为1.6 mg/L。在酸性条件下测定，苯酚含量高于200 mg/L时，对该方法有正干扰，为消除干扰，可对水样进行预蒸馏。

该方法原理：苯胺类化合物在酸性条件下（pH=1.5~2.0）会与亚硝酸盐重氮化，再与N-（l-奈基）乙二胺盐酸盐偶合，生成紫红色染料，进行分光光度法测定。工业废水中的苯胺类化合物相当复杂。苯胺的最大吸收波长为556 nm，而其他苯胺类化合物，如对硝基苯胺吸收波长为545 nm，邻氯对硝基苯胺吸收波长为530 nm，2，4-二硝基苯胺吸收波长为520 nm。综合考虑废水中苯胺类化合物的特点后，确定测量波长为545 nm。

二十一、硝基苯类化合物的测定

常见的硝基苯类化合物有硝基苯、二硝基苯、二硝基甲苯、三硝基甲苯、二硝基氯苯等，它们均难溶于水。硝基苯类化合物主要来源于染料、炸药和制革等工业废水。人体可通过呼吸道吸入或皮肤吸收而中毒。硝基苯类化合物可引起神经系统症状、贫血和肝脏疾患。

废水中硝基苯类化合物的标准测试方法有气相色谱法（HJ 592—2010）液液萃取/

固相萃取-气相色谱法（HJ 648—2013）和气相色谱-质谱法（HJ 716—2014）。

（一）气相色谱法（HJ 592—2010）

该方法适用于工业废水和生活污水中硝基苯、对-硝基甲苯、间-硝基甲苯、邻-硝基甲苯、2，4-二硝基甲苯、2，6-二硝基甲苯、2，4，6-三硝基甲苯、1，3，5-三硝基苯和2，4，6-三硝基苯甲酸9种硝基苯类化合物的测定。当样品体积为500 mL时，该方法的检出限为0.002~0.003 mg/L，测定下限为0.008~0.012 mg/L，测定上限为2.0~2.8 mg/L。

该方法是用二氯甲烷萃取水中的硝基苯类化合物，萃取液经脱水和浓缩后，用气相色谱氢火焰离子化检测器进行测定。2，4，6-三硝基苯甲酸水溶性强，在加热时脱羧基转化为1，3，5-三硝基苯。因此，可对二氯甲烷萃取后的水相进行加热，再用二氯甲烷萃取，单独测定2，4，6-三硝基苯甲酸。对于高浓度污水和废水样品，应少取水样或不经浓缩直接进样；对色谱分析测定有影响的样品，水样萃取后应进行净化。

（二）液液萃取/固相萃取-气相色谱法（HJ 648—2013）

该方法适用于地表水、地下水、工业废水、生活污水和海水中硝基苯、对-硝基甲苯、间-硝基甲苯、邻-硝基甲苯、对-硝基氯苯、间-硝基氯苯、邻-硝基氯苯、对-二硝基苯、间-二硝基苯、邻-二硝基苯、2，4-二硝基甲苯、2，6-二硝基甲苯、3，4-二硝基甲苯、2，4-二硝基氯苯和2，4，6-三硝基甲苯15种硝基苯类化合物的测定。液液萃取法取样量为200 mL，方法检出限为0.017-0.220 μg/L；固相萃取法取样量为1 L，方法检出限为0.0032~0.0480 μg/L。

液液萃取是用一定量的甲苯萃取水中硝基苯类化合物，萃取液经脱水、净化后进行色谱分析。固相萃取是使用固相萃取柱或萃取盘吸附富集水中的硝基苯类化合物，用正己烷/丙酮洗脱，洗脱液经脱水、定容后进行色谱分析。萃取液注入气相色谱仪中，用石英毛细管柱将目标化合物分离，用电子捕获检测器测定，以保留时间定性，用外标法定量。

当水样中含较高浓度的悬浮物时，应先将水样过滤，滤膜用5 mL正己烷/丙酮萃取，萃取液经无水硫酸钠柱脱水后，与固相萃取洗脱液合并分析。

（三）气相色谱-质谱法（HJ 716—2014）

该方法适用于地表水、地下水、工业废水、生活污水和海水中15种硝基苯类化合物的测定。当取样量为1 L时，目标化合物的方法检出限为0.04~0.05 μg/L，测定下限为0.16~0.20 μg/L。

采用液液萃取或固相萃取方法萃取样品中的硝基苯类化合物，萃取液经脱水、浓缩、净化和定容后，用气相色谱仪分离，用质谱仪检测。根据保留时间和质谱图定性，用内标法定量。高浓度样品与低浓度样品交替分析会造成干扰，在分析一个高浓度样品后，应分析一个空白样品或试剂空白，以防止交叉污染。如果前一个样品中含有的目标化合物在下一个样品中也出现，分析人员必须证明不是由于残留造成的。悬浮物含量较高的水样，不适用固相萃取法。

二十二、阴离子表面活性剂的测定

阴离子表面活性剂（LAS）是表面活性剂中发展历史最悠久、产量最大、品种最多的一类产品，具有分散、渗透、润湿、增容、乳化、起泡、润滑、杀菌等功能，素有“工业味精”之称。在日常生活中，LAS 可以通过皮肤接触等方式进入人体，使血液中钙离子浓度下降，血液酸化，人容易疲倦；引起血红蛋白的变化，造成贫血症；降低肝脏的排毒功能，使人免疫力下降；与其他化学物质结合后，毒性会增加数倍，加速癌细胞的恶化。

水中阴离子表面活性剂的测定标准方法有亚甲基蓝分光光度法（GB 7494—87）和流动注射-亚甲基蓝分光光度法（HJ 826—2017）。

（一）亚甲基蓝分光光度法（GB 7494—87）

阳离子染料亚甲蓝与阴离子表面活性剂作用生成的蓝色盐类，统称为亚甲蓝活性物质（MBAS），该生成物可被氯仿萃取，其色度与浓度成正比，用分光光度计在波长 652 nm 处测量氯仿层的吸光度，使用标准曲线法进行定量。

该方法适用于测定饮用水、地表水、生活污水及工业废水中的低浓度亚甲蓝活性物质（MBAS），即阴离子表面活性物质。在实验条件下，主要被测物是 LAS、烷基磺酸钠和脂肪酣硫酸钠，但可能存在一些干扰。当采用 10 mm 光程的比色皿，试份体积为 100 mL 时，该方法的最低检出浓度为 0.05 mg/L（LAS），检测上限为 2.0 mg/L（LAS）。

（二）流动注射-亚甲基蓝分光光度法（HJ 826—2017）

该方法适用于地表水、地下水、生活污水和工业废水中阴离子表面活性剂的测定。当检测光程为 10 mm 时，该方法的检出限为 0.04 mg/L（以 LAS 计），测定范围为 0.13~2.00 mg/L（以 LAS 计）。

该方法是在封闭的管路中，将一定体积的试样注入连续流动的载液中，试样与试剂在化学反应模块中按特定的顺序和比例混合、反应，在非完全反应的条件下，进入流动检测池进行光度检测。在化学反应模块中，样品中的阴离子表面活性剂与阳离子染料亚甲蓝形成亚甲基蓝活性物质（MBAS），用三氯甲烷萃取后，于 650 nm 波长处测量有机相吸光度。

阴离子表面活性剂易吸附在悬浮固体或沉积物上，进样前样品应充分混匀，有明显颗粒物的样品应用超声波仪超声粉碎后进样。

二十三、彩色显影剂的测定

彩色显影剂是一类使感光材料经曝光后产生的潜影显现成可见影像，并与乳剂层的成色剂作用生成有机染料的药剂。常用的彩色显影剂包括对氨基二乙苯胺盐酸盐（TSS）、2-氨基-5-二乙基氨基甲苯盐酸盐（CD-2）、4-氨基-N-乙基-N-（β-甲磺酰胺乙基）间甲苯胺硫酸盐（CD-3）、4-氨基-N-乙基-N（β-羟乙基）间甲苯胺硫酸盐（CD-4）等，主要存在于洗印工业废水中。彩色显影剂经皮肤、消化道进入人体，会使人产生头疼、眩晕、蓝嘴唇或蓝指甲、蓝皮肤、气促虚弱等病状，还可能对血液中的高铁血红蛋白发生作用，导致脑损害和肾障碍，高浓度接触可能导致死亡。

我国规定的标准测定方法为169成色剂分光光度法（HJ 595—2010）。该方法适用于洗印废水中彩色显影剂总量的测定。当使用20 mm比色皿，取样体积为20 mL时，该方法的检出限为1.03×10^{-6} mol/L，相当于对氨基二乙苯胺盐酸盐（TSS）0.27 mg/L；其测定下限为4.12×10^{-6} mol/L，相当于对氨基二乙苯胺盐酸盐（TSS）1.08 mg/L；测定上限为8.55×10^{-5} mol/L，相当于对氨基二乙苯胺盐酸盐（TSS）25.0 mg/L。

该方法原理：洗印废水中的彩色显影剂可被氧化剂氧化，其氧化物在碱性溶液中遇到水溶性成色剂，会立即偶合形成染料。不同结构的显影剂（TSS、CD-2、CD-3、CD-4）与169成色剂偶合成染料时，其最大吸收的光谱波长均在550 nm处，其吸光度与彩色显影剂含量符合朗伯-比耳定律。生成的品红染料在8 min之内吸光度是稳定的，宜在染料生成后5 min之内测定。

二十四、有机磷农药（乐果、甲基对硫磷、马拉硫磷、对硫磷等）的测定

有机磷农药是指含磷元素的有机化合物农药，多为油状液体，有大蒜味，挥发性强，微溶于水，遇碱会被破坏。我国生产的有机磷农药绝大多数为杀虫剂，如常用的对硫磷、甲基对硫磷、马拉硫磷、乐果、敌百虫及敌敌畏等，主要用于防治植物病、虫、草害。有机磷农药在农业生产中被广泛使用，导致农作物中有不同程度的残留。有机磷农药对人体的危害以急性毒性为主，多发生于大剂量或反复接触之后，会出现一系列神经中毒症状，如出汗、震颤、精神错乱、语言失常，严重者会出现呼吸麻痹，甚至死亡。

我国规定的有机磷农药标准测试方法是气相色谱法（GB 13192—91）。该方法适用于地表水、地下水及工业废水中甲基对硫磷、对硫磷、马拉硫磷、乐果、敌敌畏、敌百虫等的测定。

该方法用三氯甲烷萃取水中上述农药，用带有火焰光度检测器的气相色谱仪测定。在测定敌百虫时，由于极性大、水溶性强，用三氯甲烷萃取时提取率为0，故采用将敌百虫转化为敌敌畏后再行测定的间接测定法。该方法对甲基对硫磷、对硫磷、马拉硫磷、乐果、敌敌畏、敌百虫的检出限为$10^{-9}\sim10^{-10}$g，测定下限通常为$5\times10^{-4}\sim10^{-5}$ mg/L。当所用仪器不同时，方法的检出范围会有所不同。

二十五、五氯酚及五氯酚钠的测定

五氯酚（钠）因为高效廉价、具有广谱杀虫除草能力，被用作除草剂、杀虫剂、

杀菌剂、防腐剂、杀藻剂、防霉剂和消毒剂等，曾长期在世界范围内被使用。五氯酚（钠）毒性较大，对眼和呼吸道有刺激，而且难以代谢分解，人体长期接触或误饮被其污染的水，会出现乏力、头昏、恶心、呕吐、腹泻等中毒症状，严重者会出现肌肉强直性痉挛、血压下降、昏迷，甚至死亡。现在一些国家已经停止或限制使用五氯酚（钠）。

我国规定的五氯酚（钠）标准测试方法有气相色谱法（HJ 591—2010）和藏红 T 分光光度法（GB 9803—88）。

（一）气相色谱法（HJ 591—2010）

该方法适用于地表水、地下水、海水、生活污水和工业废水中五氯酚和五氯酚盐的测定。在酸性条件下，将样品中的五氯酚盐转化为五氯酚，用正己烷萃取，再用碳酸钾溶液反萃取，使有机相中五氯酚转化为五氯酚盐进入碱性水溶液。在碱性水溶液中加入乙酸酐与五氯酚盐进行衍生化反应，生成五氯苯乙酸酯。经正己烷萃取后，用具有电子捕获检测器的气相色谱仪进行测定。色谱柱可用毛细管柱，也可用填充柱，当样品体积为 100 mL 时，毛细管柱气相色谱法检出限为 0.01 μg/L，测定下限为 0.04 μg/L，测定上限为 5.00 μg/L；填充柱气相色谱法检出限为 0.02 μg/L，测定下限为 0.08 μg/L。

对于高浓度污水和废水样品，应根据样品的浓度，加水稀释后萃取。

（二）藏红 T 分光光度法（GB 9803—88）

该方法适用于工业废水以及被五氯酚污染的水体中五氯酚的测定。用蒸馏法将五氯酚与高沸点酚类和其他色素等干扰物分离。被蒸馏出的五氯酚在硼酸盐缓冲液（pH=3）存在的情况下，可与藏红 T 生成紫红色络合物，用乙酸异戊酯萃取，置于波长 535 nm 下，测定吸光度。用标准曲线法进行定量分析。该方法测定范围为 0.01~0.50 mg/L；挥发酚类化合物（以苯酚计）低于 150 mg/L 时，对测定无干扰，最低检出浓度为 0.01 mg/L。

二十六、可吸附有机卤化物的测定

可吸附有机卤化物（absorbable organic halide，AOX）是指在常规条件下，可被活性炭吸附的有机卤化物，包括可吸附有机氯化物（AOCl）、可吸附有机溴化物（AOBr）和可吸附有机碘化物（AOI），不包括有机氟化物（AOF）。有机卤化物被广泛应用于阻燃剂、杀虫剂、防毒剂、干洗剂、漂白剂、羊毛脱脂剂等。水中的卤化物具有致癌和致突变性，对环境危害较大。美国环保署提出的 129 种优先污染物中，有机卤化物约占 60%，以 AOX 表征的可吸附有机卤化物已经成为一项国际性水质指标。

我国规定的水中可吸附有机卤化物（AOX）测试标准方法有微库仑法（GB/T 15959—1995）和离子色谱法（HJ/T 83—2001）。由于有机卤化物物理化学性质差异较大，现有的方法还不成熟，容易受到氯离子等无机卤化物的干扰，样品前处理很重要。选用的活性炭要具有适当的吸附能力和较低的无机氯化物含量，建议采用色谱纯的活性炭。活性炭容易吸附化合物（包括空气中其他有机卤化物），它暴露于空气中5天后就会失去活性。为了降低炭的空白值，取1.5~2.0 g合格的活性炭置于封闭的玻璃瓶中备用（当天用量）。密封瓶中的活性炭一经打开，必须当天使用，剩余的不能再用。

（一）微库仑法（GB/T 15959—1995）

该方法适用于饮用水、地下水、地表水、污水中有机卤化物（AOX）的测定。水样经硝酸酸化（必要时需对水样进行吹脱，挥发性有机卤化物经燃烧热解直接测定），用活性炭吸附水样中的有机化合物，再用硝酸钠溶液洗涤分离无机卤化物，将吸附有机物的炭在氧气流中燃烧热解，最后用微库仑法测定卤化氢的质量浓度，测定范围为10~400 μg/L，如超过上限，可减少取样量。

当水样中溶解的有机炭含量大于10 mg/L，无机氯化物含量大于1 g/L时，必须稀释后测定；当水样中存在悬浮物时，其所含有的有机卤化物也包括在测定值中。为克服从水相中分离活性炭时过滤的困难，需加入硅藻土。当水样中含有活性氯时，采样后需立即加入亚硫酸钠；当水样中存在难溶解的无机氯化物、生物细胞（如微生物、藻类）等时，样品需要先酸化放置8 h后再分析。

（二）离子色谱法（HJ/T 83—2001）

离子色谱法的水样预处理方法与微库仑法基本相同，但检测方法不同。该方法是用活性炭吸附水中的有机卤化物，然后将吸附上有机物的活性炭放入高温炉中燃烧、分解，转化为卤化氢（氟、氯、溴的氢化物），经碱性水溶液吸收，检测有机卤化物转化生成的无机卤化物离子。该方法不但可以测定水中可吸附有机卤化物（AOX）的总量（以氯计），还可以同时测定水中的可吸附有机氯化物（AOCl）、有机氟化物（AOF）和有机溴化物（AOBr）。当取样体积为50~200 mL时，水中可吸附有机氯化物（AOC1）的测定范围为15~600 μg/L，可吸附有机氟化物（AOF）的测定范围为5~300 μg/L，可吸附有机溴化物（AOBr）的测定范围为9~1200 μg/L。

水中的无机卤化物离子，在样品富集过程中也能部分残留在活性炭上干扰测定。用20 mL酸性硝酸钠洗涤液淋洗活性吸附柱，可完全去除其干扰。当水样中存在难溶的氯化物、微生物和藻类等生物组织时，会使测定结果偏高，需用硝酸调节水样的pH值至1.5~2.0，放置8 h后再分析。当水样中存在活性氯时，AOCl的测定结果偏高，采样后，应立即加入亚硫酸钠溶液。

二十七、苯系物的测定

苯系物通常包括苯、甲苯、乙苯、邻二甲苯、对二甲苯、间二甲苯、异丙苯和苯乙烯8种化合物。已查明苯是致癌物质，其他7种化合物对人体和生物均有不同程度的毒害作用。苯系物主要来自石油、化工、焦化、油漆、农药、医药等行业排放的废水。

我国规定的水样中苯系物标准测定方法有吹扫捕集/气相色谱法（HJ 686—2014）、顶空/气相色谱法（HJ 1067—2019）和吹扫捕集/气相色谱-质谱法（HJ 639—2012）。

（一）吹扫捕集/气相色谱法（HJ 686—2014）

该方法适用于地表水、地下水、生活污水和工业废水中苯系物的测定，还可以测定水中其他挥发性有机物，包括应税污染物四氯乙烯、三氯乙烯和四氯化碳。样品中的挥发性有机物经高纯氮气吹扫后吸附于捕集管中，将捕集管加热并以高纯氮气反吹，被热脱附出来的组分经气相色谱分离后，用电子捕获检测器（ECD）或氢火焰离子化检测器（FID）进行检测，根据保留时间定性，用外标法定量。当取样量为 5 mL 时，21 种挥发性有机物的检出限为 0.1~0.5 μg/L，测定下限为 0.4~2.0 μg/L。

甲醇峰的拖尾会严重干扰苯的测定，因此样品分析过程中应尽量少引入甲醇；由于苯系物的高挥发性，样品采集时要溢满采样瓶，不留空隙，采样后严禁开瓶，并应尽快分析；遇到发泡类样品（这类样品不但本身难以准确分析，且其产生的泡沫会沾污或堵塞管路、阀件、吸附管等，会对后面的样品分析产生不利影响），可采取选择性地向其中添加消泡剂或在吹扫设备上添加消泡装置等处置方式。

（二）顶空/气相色谱法（HJ 1067—2019）

该方法适用于地表水、地下水、生活污水和工业废水中苯、甲苯、乙苯、对二甲苯、间二甲苯、邻二甲苯、异丙苯和苯乙烯 8 种苯系物的测定。将样品置于密闭的顶空瓶中，在一定的温度和压力下，顶空瓶内样品中挥发性组分向液上空间挥发，产生蒸气压，在气液两相达到热力学动态平衡后，在一定的浓度范围内，苯系物在气相中的浓度与水相中的浓度成正比。定量抽取气相部分用气相色谱分离，用氢火焰离子化检测器检测。根据保留时间定性，用工作曲线外标法定量。当取样体积为 10 mL 时，测定水中苯系物的方法检出限为 2~3 μg/L，测定下限为 8~12 μg/L。若样品浓度超过工作曲线的最高浓度点，需从未开封的样品瓶中重新取样，稀释后重新进行试样的制备。

在采样、样品保存和预处理过程中，应避免接触塑料和其他有机物。在测定含盐量较高的样品时，氯化钠的加入量可适当减少，避免样品析出盐而引起顶空样品瓶中气液两相体积变化，样品与标准系列溶液加入的盐量应一致。

（三）吹扫捕集/气相色谱-质谱法（HJ 639—2012）

该方法适用于海水、地下水、地表水、生活污水和工业废水中 57 种挥发性有机物的测定（除了苯系物外，还包括四氯乙烯、三氯乙烯、四氯化碳、氯苯、二氯苯等应税污染物）。若通过验证，也适用于其他挥发性有机物的测定。样品中的挥发性有机物经高纯氦气（或氮气）吹扫后吸附于捕集管中，将捕集管加热并以高纯氦气反吹，被热脱附出来的组分经气相色谱分离后，用质谱仪进行检测。通过与待测目标化合物保留时间和标准质谱图或特征离子相比较进行定性，用内标法定量。当样品量为 5 mL 时，用全扫描方式测定，目标化合物的方法检出限为0.6~5.0 μg/L，测定下限为2.4~20.0 μg/L；用选择离子方式测定，目标化合物的方法检出限为0.2~2.3 μg/L，测定下限为0.8~9.2 μg/L。

每批样品应进行一次试剂空白和试剂空白加标分析，以及一次平行样分析和基体加标分析；当样品数量多于20个时，每20个样品应分析一个试剂空白、一个平行样和基体加标。空白加标回收率应为80%~120%，平行样相对偏差应小于30%，基体加标回收率应为60%~130%。若加标回收率不合格，应再分析一个基体加标重复样品；若基体加标重复样品回收率不合格，但替代物回收率测定结果满足控制指标，说明样品存在基体效应。

二十八、四氯化碳、三氯乙烯、四氯乙烯的测定

四氯化碳、三氯乙烯、四氯乙烯是常见的含氯挥发性短链烷烃类有机物，此类有机物常作为溶剂或原料，在有机合成、农药生产等领域被广泛使用。2017 年，三氯乙烯被世界卫生组织列为一类致癌物，四氯乙烯（全氯乙烯）被列为2A 类致癌物，二者于2019 年被我国列入有毒有害水污染物名录（第一批）。四氯化碳对人类致癌性研究还不充分，但是对动物的致癌性已经被证实。另外，四氯化碳对中枢神经系统有抑制作用，可以损伤肝和肾，吸入高浓度四氯化碳会引起心律失常，导致纤维颤动。

我国规定的水样中四氯化碳、三氯乙烯、四氯乙烯的标准测定方法有吹扫捕集/气相色谱法（HJ 686—2014）、吹扫捕集/气相色谱-质谱法（HJ 639—2012），与苯系物的测定方法相同。

二十九、氯苯化合物（氯苯、邻二氯苯、对二氯苯）的测定

氯苯和二氯苯可以作为染料、医药、农药、有机合成的中间体，用于制造苯酚、硝基氯苯、苯胺、杀虫剂 DDT、油漆、快干墨水及干洗剂等。因此，染料、制药、农药、油漆和有机合成等工业废水中含有微量的氯苯类化合物。此类化合物对人体有毒害，对皮肤、眼睛、呼吸系统有严重刺激作用。

我国制定的水样中氯苯类化合物的标准测试方法有气相色谱法（HJ 621—2011）、吹扫捕集/气相色谱-质谱法（HJ 639—2012），以及有效分离苯系物和氯苯类化合物单独检测氯苯的气相色谱法（HJ/T 74—2001）。吹扫捕集/气相色谱-质谱法与苯系物测试方法相同，这里不作赘述。

（一）气相色谱法（HJ 621—2011）

该方法适用于地表水、地下水、饮用水、海水、工业废水及生活污水中氯苯类化合物的测定，具体包括氯苯、1，4-二氯苯、1，3-二氯苯、1，2-二氯苯、1，3，5-三

氯苯、1，2，4-三氯苯、1，2，3-三氯苯、1，2，4，5-四氯苯、1，2，3，5-四氯苯、1，2，3，4-四氯苯、五氯苯和六氯苯12种氯苯类化合物。用二硫化碳萃取水样中的氯苯类化合物，萃取液经浓硫酸净化、浓缩、定容后，用带有电子捕获检测器（ECD）的气相色谱仪进行分析，以保留时间定性，用外标法定量。当水样为1 L，定容至1 mL时，方法检出限为0.003~12 μg/L，测定下限为0.012~48 μg/L。

（二）气相色谱法（HJ/T 74—2001）

该方法适用于地表水、地下水及废水中氯苯的测定。用二硫化碳萃取水中氯苯，萃取液直接或者经浓缩后用氢火焰离子化检测器测定。当水样为100 mL时，检出限为0.01 mg/L。与气相色谱法（HJ 621—2011）相比，该方法缺少了硫酸净化步骤，检测器换为氢火焰离子化检测器，专用于水样中氯苯的测定，对其他氯苯类化合物的测定没有明确。

三十、硝基氯苯化合物（对硝基氯苯、2，4-二硝基氯苯）的测定

硝基氯苯化合物主要用于染料中间体及制药，具有致癌作用，人体吸入后可引起肝损害，发生中毒性肝炎。除了被吸入、食入外，硝基氯苯化合物还可以通过接触经皮肤吸收，对黏膜和皮肤有刺激作用，进入血液会引起高铁血红蛋白血症；饮酒会加速中枢神经和血液中毒形成过敏症。它对水生生物有毒，排入水体会对水生环境产生长期不良影响。

我国规定的水体中硝基氯苯化合物的标准测定方法是液液萃取/固相萃取-气相色谱法（HJ 648—2013），适用于地表水、地下水、工业废水、生活污水和海水中硝基苯类化合物的测定。该方法除了可以测定对硝基氯苯、2，4-二硝基氯苯两种应税污染物外，还可以测定其他13种硝基苯类化合物（硝基苯、对-硝基甲苯、间-硝基甲苯、邻-硝基甲苯、间-硝基氯苯、邻-硝基氯苯、对-二硝基苯、间-二硝基苯、邻-二硝基苯、2，4-二硝基甲苯、2，6-二硝基甲苯、3，4-二硝基甲苯、2，4，6-三硝基甲苯）。

水样经过液液萃取（用一定量的甲苯萃取水中的硝基苯类化合物，萃取液经脱水、净化后进行色谱分析）或者固相萃取（使用固相萃取柱或萃取盘吸附富集水中的硝基苯类化合物，用正己烷/丙酮洗脱，洗脱液经脱水、定容后进行色谱分析）后，将萃取液注入气相色谱仪中，用石英毛细管柱将目标化合物分离，用电子捕获检测器测定，以保留时间定性，用外标法定量。取样量为200 mL时，方法检出限为0.017~0.220 μg/L；固相萃取法取样量为1 L时，方法检出限为0.0032~0.0480 μg/L。水样中可能共存的有机氯农药（六六六、DDT）、卤代烃、氯苯等有机化合物在电子捕获检测器上虽有响应，但保留时间不同，对该方法无明显干扰。对于背景干扰复杂的样品，也可使用气相色谱-质谱法进行定性测定。

三十一、苯酚类化合物（苯酚、间甲基苯酚、二氯苯酚、三氯苯酚）的测定

酚类化合物广泛存在于自然界，其中苯酚类化合物毒性最大，通常含酚废水中苯酚和甲酚的含量最高。苯酚类化合物可经皮肤黏膜、呼吸道及消化道进入体内，低浓度可引起蓄积性慢性中毒，出现头晕、头痛、精神不安、食欲不振、呕吐、腹泻等症状，高浓度可引起急性中毒以致昏迷死亡。苯酚类化合物是生产某些树脂、杀菌剂、防腐剂及药物（如阿司匹林）的重要原料，应用广泛。煤气、焦化、炼油、冶金、机械制造、玻璃、石油化工、木材纤维、化学有机合成、塑料、医药、农药、油漆等工业排出的废水中均含有酚。含酚废水是当今世界上危害大、污染范围广的工业废水之一，已成为水体污染的重要来源。

我国规定水体中苯酚类化合物的标准测定方法有液液萃取/气相色谱法（HJ 676—2013）和气相色谱-质谱法（HJ 744—2015）。

（一）液液萃取/气相色谱法（HJ 676—2013）

该方法适用于地表水、地下水、生活污水和工业废水中苯酚、3-甲酚、2，4-二甲酚、2-氯酚、4-氯酚、4-氯-3-甲酚、2，4-二氯酚、2，4，6-三氯酚、五氯酚、2-硝基酚、4-硝基酚、2，4-二硝基酚和2-甲基-4，6-二硝基酚13种酚类化合物的测定。在酸性条件（pH<2）下，用二氯甲烷/乙酸乙酯混合溶剂萃取水样中的酚类化合物，浓缩后的萃取液用气相色谱毛细管色谱柱分离，用氢火焰检测器检测，以色谱保留时间定性，以外标法定量。当取样体积为500 mL时，13种酚类化合物的方法检出限为0.5~3.4 μg/L，测定下限为2.0~13.6 μg/L。

水样中可能有其他有机物干扰测定，可通过碱性水溶液反萃取净化，也可通过改变色谱条件，双柱定性或质谱进一步确认。测定高浓度样品后，可能会存在记忆效应，可分析空白样品，直至空白样品中目标化合物的浓度低于测定下限时，再分析下一个样品。

（二）气相色谱-质谱法（HJ 744—2015）

该方法适用于地表水、地下水、生活污水和工业废水中苯酚、2-氯苯酚、4-氯苯酚、五氯酚、2，4-二氯苯酚、2，6-二氯苯酚、2，4，6-三氯苯酚、2，4，5-三氯苯酚、2，3，4，6-四氯苯酚、4-硝基酚、2-甲酚、3-甲酚、4-甲酚和2，4-二甲酚14种酚类化合物的测定。其他酚类化合物经过验证，也可采用该方法测定。在酸性条件（pH≤1）下，用液液萃取或固相萃取法提取水样中的酚类化合物，经五氟卞基溴衍生化后用气相色谱-质谱法（GC-MS）分离检测，以色谱保留时间和质谱特征离子定性，用外标法或内标法定量。当取样体积为250 mL、采用选择离子扫描模式时，14种酚类化合物的方法检出限为0.1~0.2 μg/L，测定下限为0.4~0.8 μg/L。

五氟苄基溴属催泪物质，操作时分析人员应注意避免直接接触。含高浓度酚类化

合物的水样，可稀释后或适当减小水样取样体积再分析。测定高浓度样品可能会存在记忆效应，可先分析空白样品，直至空白样品中目标化合物的浓度低于检出限，再分析下一个样品。

三十二、邻苯二甲酸酯类化合物（邻苯二甲酸二丁酯、邻苯二甲酸二辛酯）的测定

邻苯二甲酸酯（PAEs）又称酞酸酯，是对邻苯二甲酸形成的酯的统称。邻苯二甲酸与4~15个碳的醇形成的酯作为塑料增塑剂被广泛使用。其中，邻苯二甲酸二丁酯（DBP）和邻苯二甲酸二辛酯（DOP）是最重要的品种，用于玩具、食品包装材料、医用血袋和胶管、乙烯地板和壁纸、清洁剂、润滑油、个人护理用品（如指甲油、头发喷雾剂、香皂和洗发液）等生产行业。近年来，这类化合物引起的环境健康危害受到广泛关注。2017年，世界卫生组织将其列入2B类致癌物清单。邻苯二甲酸酯类化合物通过皮肤或食物进入人体或动物体后，会发挥类似雌性激素的作用，干扰内分泌，增加女性患乳腺癌的概率。

我国规定水中邻苯二甲酸酯类化合物的标准测定方法为液相色谱法（HJ/T 72—2001），主要用于水和废水中邻苯二甲酸二甲酯、邻苯二甲酸二丁酯、邻苯二甲酸二辛酯三种邻苯二甲酸酯类化合物的测定。水样中的邻苯二甲酸酯类化合物用正己烷萃取，萃取液经过无水硫酸钠干燥后水浴浓缩，定容后用带有紫外检测器的液相色谱分离测定，依据保留时间定性，采用标准工作溶液单点外标峰高或峰面积计算法定量。最低检出限为邻苯二甲酸二丁酯0.1 μg/L、邻苯二甲酸二辛酯0.2 μg/L。

三十三、丙烯腈的测定

丙烯腈是合成纤维、合成橡胶和合成树脂的重要单体，也是杀虫剂虫满腈的中间体。丙烯腈水解可制得丙烯酰胺和丙烯酸及其酯类，它们是重要的有机化工原料。丙烯腈还可电解加氢偶联制得己二腈，己二腈加氢又可制得己二胺，己二胺是尼龙66的原料。丙烯腈可制造抗水剂和胶粘剂等，也用于其他有机合成和医药工业。2017年，世界卫生组织将丙烯腈列入2B类致癌物清单。丙烯腈进入体内可以析出氰根，抑制呼吸酶，对呼吸中枢有直接麻醉作用，能引发类似氢氰酸急性中毒症状。

我国规定水中丙烯腈的标准测定方法有吹扫捕集/气相色谱法（HJ 806—2016）和直接进样的气相色谱法（HJ/T 73—2001）。直接进样的气相色谱法只适用于含量相对偏高的废水中丙烯腈的测定。

（一）吹扫捕集/气相色谱法（HJ 806—2016）

该方法适用于地表水、地下水、海水、工业废水和生活污水中丙烯腈和丙烯醛的测定。水样中的丙烯腈（醛）经高纯氮气（或其他惰性气体）吹扫后吸附于捕集管

中，迅速加热捕集管并以高纯氮气（或其他惰性气体）反吹，被热脱附出来的组分经石英毛细管柱分离后，用氢火焰离子化检测器检测。以保留时间定性，以色谱峰面积（峰高）定量。当取样体积为 5 mL 时，该方法的检出限为 0.003 mg/L，测定下限为 0.012 mg/L。

（二）气相色谱法（HJ/T 73—2001）

该方法适用于废水中丙烯腈的测定。可用微量注射器直接进样，经填充色谱柱分离后，用氢火焰离子化检测器检测。以保留时间定性，采用标准工作溶液单点外标峰高或峰面积计算法定量。方法的检出限为 0.6 mg/L。

习题

1. 怎样制订废水监测方案？
2. 废水采样容器材质有哪些要求？
3. 废水样品采集时应注意些什么？
4. 某企业生产废水经过管道收集后进行处理，如何监测废水排放量？
5. 采集的废水样品如何保存？
6. 使用双硫腙分光光度法测定总汞时，如何消除铜离子的干扰？
7. 为什么冷原子吸收光谱法测定总汞需要对水样进行预处理？请举例说明几种预处理方法。
8. 双硫腙分光光度法可用于废水中哪些重金属离子的测试？测试条件有什么区别？
9. 电感耦合等离子发射光谱法适用于测定废水中的哪些组分，测试原理是什么？
10. 火焰原子吸收法和石墨炉原子吸收法有什么异同？
11. 废水中苯并（a）芘的测试方法有哪些？它们的测试原理有何不同？
12. pH 自动分析仪有哪些结构？
13. 废水颜色一般较深，一般采用何种方法测量其色度？简述该方法的测试过程。
14. 总氰化物测试方法有几种？不同方法之间有何区别？
15. 离子色谱法可以测试水中哪些组分？对水样有何要求？
16. 流动注射方法与分光光度法结合，可用于废水中哪些污染物的监测？请举例简述流动注射分析流程。
17. 为什么使用离子选择电极法测试水中氟化物时要加入总离子强度调节剂？
18. 采用分光光度法测试单质磷和总磷有何区别？
19. 什么是生化需氧量？有哪些测试方法？
20. 采用快速消解分光光度法测试化学需氧量分为高量程法和低量程法，两种方法有什么区别？

21. 微生物电极法是如何测定生化需氧量的？

22. 气相色谱法可以测试废水中哪些应税污染物？举一例说明测试原理。

23. 简述气相色谱-质谱法测试苯系物的原理。

24. 苯酚类化合物存在于哪些工业废水中？我国规定的标准测试方法有哪些？

25. 某地有一家汽车专用件生产企业，主要业务为汽车专用件电镀加工。请为该企业制订一个废水应税污染物自行监测方案，明确采样点位和应税污染物测试方法。

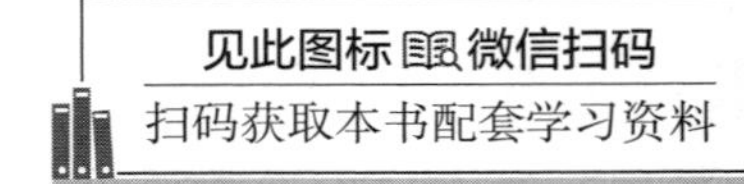

第四章 水污染源自动监测

第一节　水污染源在线监测系统

水污染源在线监测系统由监测站房和在线监测仪器组成。为了得到准确可比的监测数据，HJ 353—2019 标准中规定了仪器设备的主要技术指标和安装技术要求、监测站房建设的技术要求、仪器设备的调试和试运行技术要求。

一、在线监测仪器

在线监测仪器是指在污染源现场安装的用于监控、监测污染物排放的化学需氧量（COD_{Cr}）水质在线自动监测仪、总有机碳（TOC）水质自动分析仪、紫外（UV）吸收水质自动在线监测仪、氨氮水质自动分析仪、总磷（TP）水质自动分析仪、pH 水质自动分析仪、温度计、超声波明渠污水流量计、电磁流量计、水质自动采样器和数据采集传输仪等仪器、仪表。

总体来说，这些在线监测仪器应具有时间设定、校对、显示功能，自动零点、量程校正功能，测试数据显示、存储和输出功能，在意外断电且再度上电后，能自动排出系统内残存的试样、试剂等，并自动清洗，自动复位到重新开始测定的状态；具有故障报警、显示和诊断功能，自动保护功能，能够将故障报警信号输出到远程控制网；具有限值报警和报警信号输出功能；具有接收远程控制网的外部触发命令、启动分析等操作的功能。

在线监测仪器应具有中华人民共和国计量器具型式批准证书或生产许可证，并通过生态环境部环境监测仪器质量监督检验中心的适用性检测。

（一）流量计

流量计是指用于测定污水排放流量的仪器，以超声波明渠污水流量计或管道式电磁流量计为主。用于测量明渠出流及不充满管道的各类污水流量的设备，采用超声波发射波和反射波的时间差测量标准化计量堰（槽）内的水位，通过变送器用 ISO 流量标准计算法换算成流量。电磁流量计是利用法拉第电磁感应定律制成的一种测量导电液体体积流量的仪表。

（二）温度计

铂电阻或热电偶测量法。测量范围为0~100℃，精度为0.1℃。

（三）水质自动采样器

水质自动采样器是一种污水取样装置，包括智能控制器、采样泵、采样瓶和分样转臂，可以设定程序，按照时间、流量或外部触发命令采集单独或混合样品。采样器需要满足以下条件：吸水高度大于5 m；外壳防护达到IP67；采样量重复性不大于±5 mL或平均容积的±5%；具有采样管空气反吹及采样前预置换功能；具有控制器自诊断功能，能自动测试随机存储器、只读存储器、泵、显示面板和分配器；具有可按时间、流量、外接信号设置触发采样的功能；具有泵管更换指示报警功能；具有样品低温保存功能。

（四）数据采集传输仪

数据采集传输仪是指能够采集各种类型监控仪器仪表的数据，完成数据存储及与上位机数据通信传输功能的工控机、嵌入式计算机、嵌入式可编程自动控制器（PAC）或可编程控制器等。

（五）化学需氧量（COD_{Cr}）水质在线自动监测仪

1. 方法原理

依据重铬酸钾氧化法，在酸性条件下，将水样中有机物和无机还原性物质氧化，检测方法有光度法、化学滴定法、库仑滴定法等。

如果使用其他方法原理的化学需氧量水质在线自动监测仪，其各项性能指标应满足HJ 353—2019的相关要求。

2. 测定范围

20~2000 mg/L，可扩充。

3. 性能要求

实际水样比对试验，相对误差值应满足表4-1的要求。

表4-1　化学需氧量（COD_{Cr}）水质在线自动监测仪实际水样比对试验

COD_{Cr}值	相对误差
COD_{Cr}<30 mg/L	±10%（用接近实际水样质量浓度的低质量浓度质控样替代实际水样进行试验）
30 mg/L≤COD_{Cr}<60 mg/L	±30%
60 mg/L≤COD_{Cr}<100 mg/L	±20%
COD_{Cr}≥100 mg/L	±15%

排放高氯废水（氯离子质量浓度大于1000 mg/L）的水污染源，不宜使用化学需氧

量水质在线自动监测仪。

（六）总有机碳（TOC）水质自动分析仪

1. 方法原理

干式氧化原理：填充铂系、钴系等催化剂的燃烧管保持在680~1000℃，将由载气导入的试样中的TOC燃烧氧化。干式氧化反应器常采用的方式有两种：一种是将载气连续通入燃烧管；另一种是将燃烧管关闭一定时间，在停止通入载气的状态下，将试样中的TOC燃烧氧化。

湿式氧化原理：向试样中加入过硫酸钾等氧化剂，采用紫外线照射等方式施加外部能量将试样中的TOC氧化。

两种氧化方式均产生二氧化碳，用非分散红外吸收法测量其含量来表示TOC。

2. 测定范围

2~1000 mg/L，可扩充。

3. 性能要求

以总有机碳水质自动分析仪与HJ 828—2007方法（高氯废水采用HJ/T 70—2011方法）做实际水样比对试验，两种方法得到的COD_{Cr}质量浓度值间的相对误差值应满足表4-1的要求。其他各项性能指标应满足HJ/T 104—2003的要求。

（七）紫外（UV）吸收水质自动在线监测仪

1. 方法原理

单波长UV仪：以单波长254 nm作为检测光直接透过水样进行检测的仪器。

多波长UV仪：在紫外光谱区内以多个紫外波长作为检测光源的仪器。

扫描型UV仪：对水样进行可见和紫外区域扫描的仪器。

2. 测定范围

标准溶液浓度与换算成1 m光程的吸光度呈线性的范围。最小测定范围为0~20 m^{-1}，最大测定范围可达0~250 m^{-1}或更高。

3. 性能要求

该监测仪性能要求同总有机碳（TOC）水质自动分析仪。

（八）氨氮水质自动分析仪

1. 方法原理（气敏电极法、光度法）

气敏电极法：采用氨气敏复合电极，在碱性条件下，水中氨气通过电极膜后对电极内液体pH值的变化进行测量，以标准电流信号输出。

光度法：在水样中加入能与氨离子产生显色反应的化学试剂，利用分光光度计分析得出氨氮质量浓度。使用其他方法原理的氨氮水质自动分析仪，其各项性能指标也应满足HJ 353—2019的相关要求。

2. 测定范围

测量最小范围：电极法为0.05~100 mg/L；光度法为0.05~50 mg/L。

3. 性能要求

光度法零点漂移不大于±5%，电极法和光度法的实际水样比对试验相对误差值不大于±15%。

（九）总磷水质自动分析仪

1. 方法原理

将水样用过硫酸钾氧化分解后，用钼锑抗分光光度法测定。氧化分解方式主要有三种：水样在 120℃，加热分解 30 min；水样在 120℃以下，紫外分解；水样在 100℃以下，氧化电分解。使用其他方法原理的总磷水质自动分析仪，其各项性能指标应满足 HJ 353—2019 的相关要求。

2. 测定范围

测定最小范围：0~50 mg/L。

3. 性能要求

实际水样比对试验相对误差值不大于±15%。

（十）pH 水质自动分析仪

1. 测定原理

同玻璃电极法。

2. 测量范围

测量最小范围：pH=2~12（0~40℃）。

3. 性能要求

实际水样比对试验绝对误差值不大于±0.5pH。

二、监测站房与仪器设备安装

（一）企业排放口设置

排放口应满足生态环境部门规定的排放口规范化设置要求，以及安装污水水量自动计量装置、采样取水系统的要求。排放口的采样点能设置水质自动采样器。

（二）监测站房

- 新建监测站房面积应不小于 7 m^2，尽量靠近采样点，与采样点的距离不宜大于 50 m，做到专室专用。
- 监测站房要密闭，安装空调，保证室内清洁，环境温度、相对湿度和大气压等应符合 ZBY 120—1983 的要求。
- 监测站房内有安全合格的配电设备，能提供足够的电力负荷，不小于 5 kW，配置稳压电源。有完善规范的接地装置和避雷措施，以及防盗和防止人为破坏的设施。
- 监测站房内应有合格的给排水设施，应使用自来水清洗仪器及有关装置。

（三）采样取水系统

● 保证采集的水样有代表性，能够将水样不变质地输送至监测站房供水质自动分析仪取样分析或采样器采样保存。

● 系统尽量设在废水排放堰（槽）取水口头部的流路中央，采水的前端设在水流下游的方向，减少采水部前端的堵塞。测量合流排水时，应在合流后充分混合的场所采水。

● 采样取水系统宜设置成可随水面涨落上下移动的形式，应同时设置人工采样口，以便进行比对试验。应有防冻和防腐设施。采样取水管材料应对所监测项目没有干扰，能保证水质自动分析仪所需的流量。采样管路应采用优质耐腐蚀的硬质 PVC 或 PPR 管材，严禁使用软管做采样管。

● 采样泵应根据采样流量、采样取水系统的水头损失及水位差合理选择。取水采样泵应对水质参数没有影响，并且使用寿命长、易维护。采样取水系统宜设过滤设施，防止杂物和粗颗粒悬浮物损坏采样泵。

● 氨氮水质自动分析仪采样取水系统的管路设计应具有自动清洗功能，宜采用加臭氧、二氧化氯或加氯等冲洗方式。应尽量缩短采样取水系统与氨氮水质自动分析仪之间输送管路的长度。

（四）现场水质自动分析仪安装要求

● 现场水质自动分析仪应落地或壁挂式安装，有必要的防震措施，保证设备安装牢固稳定。在仪器周围应留有足够空间，方便仪器维护。此处未提及的要求参照仪器相应说明书内容，现场水质自动分析仪的安装还应满足 GB 50093—2013 的相关要求。

● 安装高温加热装置的现场水质自动分析仪，应避开可燃物和严禁烟火的场所。

● 现场水质自动分析仪与数据采集传输仪的电缆连接应可靠稳定，并尽量缩短信号传输距离，减少信号损失。各种电缆和管路应加保护管铺于地下或空中架设，空中架设的电缆应附着在牢固的桥架上，并在电缆和管路以及电缆和管路的两端做上明显标识。电缆线路的施工还应满足 GB 50168—2018 的相关要求。

● 现场水质自动分析仪工作所必需的高压气体钢瓶，应稳固固定在监测站房的墙上，防止钢瓶跌倒。必要时（如南方的雷电多发区），仪器和电源应设置防雷设施。

第二节　在线监测系统调试与运行

为保障水污染源在线监测设备稳定运行，需要做好调试、试运行、日常维护、校验、仪器检修、质量保证与质量控制、仪器档案管理等方面工作。

一、调试

● 在现场完成水污染源在线监测仪器的安装、初试后，对在线监测仪器进行调试，调试连续运行时间不少于 72 h。

- 每天进行零点校准和量程校准检查，当累积漂移超过规定指标时，应对在线监测仪器进行调整。
- 因排放源故障或在线监测系统故障造成调试中断，在排放源或在线监测系统恢复正常后，重新进行调试，调试连续运行时间不少于 72 h。
- 编制水污染源在线监测仪器调试期间的零点漂移和量程漂移测试报告。

二、试运行

- 试运行期间，水污染源在线监测仪器应连续正常运行 60 d。设定任一时间（时间间隔为 24 h），由水污染源在线监测系统自动调节零点和校准量程值。
- 因排放源故障或在线监测系统故障等造成运行中断的，在排放源或在线监测系统恢复正常后，应重新开始试运行。完成自动在线监测仪与转换系数的校准。
- 水污染源在线监测仪器的平均无故障连续运行时间〔平均无故障连续运行时间是指水污染源在线监测仪器在校验期间的总运行时间（h）与发生故障次数（次）的比值，单位为 h/次〕应满足：水质在线自动监测仪化学需氧量不小于 360 h/次；总有机碳水质自动分析仪、紫外吸收水质自动在线监测仪、pH 水质自动分析仪、氨氮水质自动分析仪和总磷水质自动分析仪化学需氧量不小于 720 h/次。
- 数据采集传输仪已经和水污染源在线监测仪器正确连接，并开始向上位机发送数据。应编制水污染源在线监测仪器的零点漂移（采用零点校正液为试样连续测试，水污染源在线监测仪器的指示值在一定时间内变化的幅度）、量程漂移（采用量程校正液为试样连续测试，相对于水污染源在线监测仪器的测定量程，仪器指示值在一定时间内变化的幅度）和重复性的测试报告，以及 COD 转换系数的校准报告。

三、运行与维护

1. 远程维护

- 每日上午、下午远程检查仪器运行状态，检查数据传输系统是否正常，如发现数据有持续异常情况，应立即前往站点进行检查。
- 每 48 h 自动进行在线监测仪的零点和量程校正。

2. 现场维护

- 每周对监测系统进行 1~2 次现场维护，内容包括：检查各台自动分析仪及辅助设备的运行状态和主要技术参数，判断运行是否正常；检查自来水供应、泵取水情况，内部管路是否通畅、仪器自动清洗装置是否运行正常，各自动分析仪的进样水管和排水管是否清洁（必要时进行清洗）；定期清洗水泵和过滤网；检查站房内电路系统、通信系统是否正常；对于用电极法测量的仪器，检查标准溶液和电极填充液，进行电极探头的清洗；部分站点使用气体钢瓶，应检查载气气路系统是否密封，气压是否满足使用要求；检查各仪器标准溶液和试剂是否在有效使用期内，要按相关要求定期进行更换；观察数据采集传输仪运行情况，并检查连接处有无损坏；对数据进行抽样检查，对比自动分析仪、数据采集传输仪及上位机接收到的数据是否一致。

- 每月现场维护内容包括：TOC 分析仪——检验 COD 转换系数是否适用，必要时进行修正；对载气气路的密封性、加热炉温度等进行一次检查，检查试剂余量（必要时进行添加或更换），检查卤素洗涤器、冷凝器水封容器、增湿器，必要时加蒸馏水。pH 水质自动分析仪——用酸液清洗一次电极，检查电极是否钝化，必要时进行更换；对采样系统进行一次维护。化学需氧量在线自动监测仪——检查内部试管是否污染，必要时进行清洗。流量计——检查超声波流量计高度是否发生变化。紫外吸收水质自动在线监测仪——检验 COD 转换曲线是否适用，必要时进行修正。氨氮水质自动分析仪——检查气敏电极表面是否清洁，对仪器管路进行保养、清洁。总磷水质自动分析仪——检查采样部分、计量单元、反应器单元、加热器单元、检测器单元的工作情况，对反应系统进行清洗。水温——进行现场水温比对试验。对水泵和取水管路、配水和进水系统、仪器分析系统进行维护。对数据存储/控制系统工作状态进行一次检查，对自动分析仪进行一次日常校验。检查监测仪器接地情况，检查监测用房防雷措施。
- 至少每 3 个月进行一次维护的内容：对总有机碳水质自动分析仪试样计量阀等进行一次清洗。检查化学需氧量水质在线自动监测仪水样导管、排水导管、活塞和密封圈，必要时进行更换。检查氨氮水质自动分析仪气敏电极膜，必要时进行更换。
- 操作人员在对系统进行日常维护时，应做好巡检记录。巡检记录应包含该系统运行状况、系统辅助设备运行状况、系统校准工作等必检项目和记录，以及仪器使用说明书中规定的其他检查项目和校准、维护保养、维修记录。

四、校验

- 每月至少进行一次实际水样比对试验和质控样试验，进行一次现场校验，可自动校准或手工校准。实际水样比对试验、质控样试验方法和要求详见 HJ 356—2019。实际水样比对试验结果应满足仪器性能指标要求，质控样测定的相对误差不大于标准值的±10%；当实际水样比对试验或校验的结果不满足仪器性能指标要求时，应立即重新进行第 2 次比对试验或校验，连续 3 次结果不符合要求的，应采用备用仪器或手工方法监测。备用仪器在正常使用和运行之前应对仪器进行校验和比对试验。
- 每季度进行一次重复性、零点漂移和量程漂移试验，试验方法见 HJ 356—2019。总有机碳水质自动分析仪、紫外吸收水质自动在线监测仪每月应进行 COD 转换系数的验证。当废水组分或工况发生较大变化时，应及时进行转换系数的确认。

五、仪器检修

- 在线监测设备需要停用、拆除或者更换的，应当事先报经环境保护有关部门批准。运行单位发现故障或接到故障通知，应在 24 h 内赶到现场进行处理。对于一些容易诊断的故障，如电磁阀控制失灵、膜裂损、气路堵塞、数据仪死机等，可携带工具或者备件到现场进行针对性维修，此类故障维修时间不应超过 8 h；对于易诊断和维修的仪器故障，若 72 h 内无法排除，应安装备用仪器。

- 仪器经过维修后，在正常使用之前应确保维修内容全部完成，性能通过检测程序，要按国家有关技术规定对仪器进行校准检查。若对监测仪器进行了更换，在正常使用和运行之前，应对仪器进行一次校验和比对实验，校验和比对试验方法详见HJ 356—2019。
- 第三方运行的机构，应备有足够的备品、备件及备用仪器，对其使用情况进行定期清点，并根据实际需要进行增购，以不断调整和补充各种备品、备件及备用仪器的存储数量。
- 在线监测设备因故障不能正常采集、传输数据时，应及时向环境保护有关部门报告，必要时采用人工方法进行监测。人工监测的周期应不低于每两周一次，监测技术要求参照 HJ/T 91 执行。

六、监测值的数量要求

- 在连续排放情况下，化学需氧量水质在线自动监测仪、总磷水质自动分析仪、总有机碳水质自动分析仪、紫外吸收水质自动在线监测仪和氨氮水质自动分析仪等至少每小时获得一个监测值，每天保证有 24 个测试数据；pH 值、温度和流量至少每 10 min获得一个监测值。
- 间歇排放期间，根据厂家的实际排水时间确定应获得的监测值。对化学需氧量水质在线自动监测仪、总磷水质自动分析仪、总有机碳水质自动分析仪、紫外吸收水质自动在线监测仪和氨氮水质自动分析仪而言，监测数据个数应不小于污水累计排放小时数。对 pH 值、温度和流量而言，监测数据个数应不小于污水累计排放小时数的 6 倍。
- 设备运转率应达到 90%，以保证监测数据的数量要求。设备运转率公式如下：

$$设备运转率=(实际运行天数/企业排放天数)\times100\% \tag{4-1}$$

习题

1. 什么是水污染源在线监测系统？
2. 水污染源在线监测系统能够测试哪些应税污染物？
3. 在线监测站房有什么要求？
4. 在线监测系统是如何采取水样的？
5. 怎样对在线监测系统进行校验？
6. 何为平均无故障连续运行时间？试运行时，它应满足什么要求？
7. 在线监测系统怎样进行现场维护？

见此图标微信扫码
扫码获取本书配套学习资料

常用污水监测项目的采样和保存技术

当常用污水监测项目的采样和水样保存要求不明确，如监测项目采用的分析方法中未明确采样容器材质、保存剂及其用量、保存期限和采集的水样体积等内容时，可按附表 1 执行。

附表 1　常用污水监测项目的采样和保存技术

序号	项目	采样容器①	采集或保存方法	保存期限②	建议采样量③（mL）	备注
1	pH 值	P 或 G		12 h	250	
2	色度	P 或 G		12 h	1000	
3	悬浮物	P 或 G	冷藏④，避光	14 d	500	
4	五日生化需氧量	溶解氧瓶	冷藏④，避光	12 h	250	
		P	−20℃冷冻	30 d	1000	
5	化学需氧量	G	H_2SO_4，pH≤2	2 d	500	
		P	−20℃冷冻	30 d	100	
6	氨氮	P 或 G	H_2SO_4，pH≤2	24 h	250	
		P 或 G	H_2SO_4，pH≤2，冷藏④	7 d	250	
7	总氮	P 或 G	H_2SO_4，pH≤2	7 d	250	
		P	−20℃冷冻	30 d	500	
8	总磷	P 或 G	HCl，H_2SO_4，pH≤2	24 h	250	
		P	−20℃冷冻	30 d	250	
9	石油类和动植物油类	G	HCl，pH≤2	7 d	500	
10	挥发酚	G	H_3PO_4，pH 值约为 2，用 0.01~0.02 g 抗坏血酸除去残余氯	24 h	1000	
11	总有机碳	G	H_2SO_4，pH≤2	7 d	250	
		P	−20℃冷冻	30 d	100	
12	阴离子表面活性剂	P 或 G		24 h	250	
		G	1%（V/V）的甲醛，冷藏④	4 d		

续表

序号	项目	采样容器①	采集或保存方法	保存期限②	建议采样量③（mL）	备注
13	可吸附有机卤化物	G	水样充满采样瓶，HNO_3，pH=1~2，冷藏④，避光	5 d	1000	
14	氟化物	P	冷藏④，避光	14 d	250	
15	余氯	P 或 G	避光	5 min	500	最好在采集后 5 分钟内现场分析
16	单质磷	P 或 G	pH=6~7	48 h		
17	硫化物	P 或 G	水样充满容器。1L 水样加 NaOH 至 pH 值约为 9，加入 5% 抗坏血酸 5 mL，饱和 EDTA 3 mL，滴加饱和 Zn（AC）2 至胶体产生，常温蔽光	24 h	250	
18	氰化物	P 或 G	NaOH，pH≥9，冷藏④	7 d	250	如果硫化物存在，保存 12 h
19	汞	P 或 G	HCl，1%；如水样为中性，1L 水样中加 10 mL 浓 HCl	14 d	250	
20	铬	P 或 G	HNO_3，1L 水样中加 10 mL 浓 HNO_3	30 d	100	
21	六价铬	P 或 G	NaOH，pH=8~9	14 d	250	
22	银	P 或 G	HNO_3，1L 水样中加 10 mL 浓 HNO_3	14 d	250	
23	铍	P 或 G	HNO_3，1L 水样中加 10 mL 浓 HNO_3	14 d	250	
24	镍	P 或 G	HNO_3，1L 水样中加 10 mL 浓 HNO_3	14 d	250	
25	砷	P 或 G	HNO_3，1L 水样中加 10 mL 浓 HNO_3。DDTC 法，HCl 2 mL；如用原子荧光法测定，1L 水样中加 10 mL 浓 HCl	14 d	250	
26	镉	P 或 G	HNO_3，1L 水样中加 10 mL 浓 HNO_3。如用溶出伏安法测定，可改为 1L 水样中加 19 mL 浓 $HClO_4$	14 d	250	
27	铅	P 或 G	HNO_3，1%，如水样为中性，1L 水样中加 10 mL 浓 HNO_3；如用溶出伏安法测定，可改为 1L 水样中加 19 mL 浓 $HClO_4$	14 d	250	

续表

序号	项目	采样容器①	采集或保存方法	保存期限②	建议采样量③（mL）	备注
28	硒	P 或 G	HCl，1L 水样中加 2 mL 浓 HCl；如用原子荧光法测定，1L 水样中加 10 mL 浓 HCl	14 d	250	
29	农药类	G	加入抗坏血酸 0.01～0.02 g 除去残余氯，冷藏④，避光	24 h	1000	
30	杀虫剂（包含有机氯、有机磷、有机氮）	G（带聚四氟乙烯瓶盖）或 P(适用草甘膦)	冷藏④	24 h（萃取），5 d（测定）	1000～3000	
31	除草剂类	G	加入抗坏血酸 0.01～0.02 g 除去残余氯，冷藏④，避光	24 h	1000	
32	挥发性有机物	G	用（1+10）HCl 调至 pH 值约为 2，加入 0.01～0.02 g 抗坏血酸除去残余氯，冷藏④，避光	12 h	1000	
33	挥发性卤代烃	G(棕色，带聚四氟乙烯瓶盖)	如果水样中含有余氯，向采样瓶中加入 0.3～0.5 g 抗坏血酸或 $Na_2S_2O_3 \cdot 5H_2O$。采样时，样品沿瓶壁注入，防止气泡产生，水样充满后不留液上空间，冷藏④	7 d	40	所有样品均采集平行样
34	甲醛	G	加入 0.2～0.5 g/L $Na_2S_2O_3 \cdot 5H_2O$ 除去残余氯，冷藏④，避光	24 h	250	
35	酚类	G	H_3PO_4，pH 值约为 2，用 0.01～0.02 g 抗坏血酸除去残余氯，冷藏④，避光	24 h	1000	
36	邻苯二甲酸酯类	G	加入抗坏血酸 0.01～0.02 g 除去残余氯，冷藏④，避光	24 h	1000	
37	苯系物	G	水样充满容器，并加盖瓶塞，冷藏④	14 d		
38	氯苯	G	水样充满容器，并加盖瓶塞，不得有气泡，冷藏④	7 d	1000	
39	多氯联苯	G（带聚四氟乙烯瓶盖）	冷藏④	7 d	1000	如水样中有余氯，每 1L 样品中加入 80 mg $Na_2S_2O_3 \cdot 5H_2O$
40	多环芳烃	G（带聚四氟乙烯瓶盖）	冷藏④	7 d	500	如水样中有余氯，每 1L 样品中加入 80 mg $Na_2S_2O_3 \cdot 5H_2O$

续表

序号	项目	采样容器①	采集或保存方法	保存期限②	建议采样量③（mL）	备注
41	二噁英类	对二噁英类无吸附作用不锈钢或玻璃材质可密封器具	4~10℃的暗冷处，密封遮光			尽快进行分析测定
42	吡啶	G	水样充满容器，赶出气泡，塞紧瓶塞（瓶塞不能使用橡皮塞或木塞），冷藏④	48 h		
43	梯恩梯、黑索今、地恩梯	G（棕色）	冷藏④，避光	7 d（萃取），30 d（测定）		
44	彩色显影剂总量	G（棕色）	水样充满容器，避免光、热和剧烈振动；按1L样品中加入0.1 g Na_2SO_3 的比例加入保护剂，冷藏④	48 h		
45	显影剂及其氧化物总量	G（棕色）或P	避免光、热和剧烈振动；按1 L样品中加入0.1 g Na_2SO_3 的比例加入保护剂，冷藏④	48 h		
46	总大肠菌群和粪大肠菌群、细菌总数、大肠菌总数、粪大肠菌、粪链球菌、沙门氏菌、志贺氏菌等	G（灭菌）或无菌袋	与其他项目一同采样时，先单独采集微生物样品，不预洗采样瓶，冷藏④，避光，样品采集至采样瓶体积的80%左右，冷藏④	6 h	250	如水样中有余氯，每1L样品中加入80 mg $Na_2S_2O_3 \cdot 5H_2O$
47	总α放射性、总β放射性	P	HNO_3，1 L水样中加浓 HNO_3 10 mL	30 d	2000	如果样品已蒸发，不酸化

注：①P为聚乙烯瓶等材质塑料容器，G为硬质玻璃容器。②h表示小时；d表示天。③每个监测项目的建议采样量应保证满足分析所需的最小采样量，同时考虑重复分析和质量控制等的需要。④冷藏温度范围：0~5℃。